Verkehrsleittechnik für den Straßenverkehr

Band II
Leittechnik für den
innerörtlichen Straßenverkehr

Herausgegeben von
Rudolf Lapierre und Gerd Steierwald

Mit 110 Abbildungen

Springer-Verlag Berlin Heidelberg New York
London Paris Tokyo 1988

Professor Dr.-Ing. R. Lapierre

Ministerialrat i. R.
Honorarprofessor an der Rhein.-Westf. Techn. Hochschule Aachen
Sonnenscheinstr. 8
5300 Bonn-Bad Godesberg

Professor Dr.-Ing. G. Steierwald

ordentlicher Professor an der Universität Stuttgart
Direktor des Instituts für Straßen- und Verkehrswesen
Universität Stuttgart
Pfaffenwaldring 7
7000 Stuttgart 80

ISBN-13: 978-3-642-93329-5   e-ISBN-13: 978-3-642-93328-8
DOI: 10.1007/978-3-642-93328-8

CIP-Kurztitelaufnahme der Deutschen Bibliothek
Verkehrsleittechnik für den Straßenverkehr / Rudolf Lapierre; Gerd Steierwald
Berlin ; Heidelberg ; New York ; London ; Paris ; Tokyo : Springer
NE: Lapierre, Rudolf [Hrsg.]
Bd. 2. Leittechnik für den innerörtlichen Straßenverkehr. – 1988
ISBN-13: 978-3-642-93329-5

2160/3020-543210

Beitragsautoren

Behrendt, J., Dr.-Ing.,
Bundesanstalt für Straßenwesen, Bergisch-Gladbach

Böttger, R., Dr.,
Siemens AG, München

Boesefeldt, J., Dipl.-Ing.,
Heusch/Boesefeldt GmbH, Aachen

Everts, K., Dipl.-Ing.,
Heusch/Boesefeldt GmbH, Aachen

Kaemmerer, H., Dipl.-Ing.,
Straßenbauamt, Stadtverwaltung Düsseldorf

Krell, K., Dr.-Ing., Prof.,
Bundesanstalt für Straßenwesen, Bergisch-Gladbach

Lapierre, R., Dr.-Ing., Prof.,
Bonn

Philipps, P., Dipl.-Ing.,
Heusch/Boesefeldt GmbH, Aachen

Schneider, H.-W., Dipl.-Ing.,
Heusch/Boesefeldt GmbH, Aachen

Schönharting, J., Dr. techn.,
Steierwald Schönharting
und Partner GmbH, Stuttgart

Wimmer, W., Dipl.-Ing.,
Siemens AG, München

Vorwort

Der Anstieg des Verkehrs in den Verdichtungsräumen der hochmotorisierten Länder führte trotz intensiver planerischer und baulicher Maßnahmen zu zahlreichen Stauungen und Unfällen auf den innerörtlichen und außerörtlichen Straßen. Die daraus resultierenden negativen Erscheinungen im Raumleben von Stadt und Land mit hohen volkswirtschaftlichen Verlusten sind der Grund für die weltweiten Bemühungen, durch verkehrspolitische Programme nachhaltig auf eine Situationsverbesserung im Verkehrswesen hinzuwirken. Dies gilt nicht nur für das System Straße, sondern auch für die übrigen Verkehrssysteme. Die Bemühungen werden gestützt durch die jeder Regierung obliegende Aufgabe, eine ausreichende Transportqualität für den Austausch von Personen und Gütern sicherzustellen. Die finanzielle und wirtschaftliche Situation, das stärkere Umweltbewußtsein und die Energiekrise haben in den letzten Jahren bei den Fragen der Substanzerhaltung und der besseren Nutzung der vorhandenen Straßennetze neue Prioritäten gesetzt.

Die vielseitigen Anstrengungen, die für ein leistungsfähiges und sicheres Straßensystem notwendige Qualität zu erhalten, sind daher zu einem großen Teil auf die Verbesserung des Verkehrsablaufs und auf die optimale Nutzung der vorhandenen Straßenfläche zur Bewältigung großer Verkehrsmengen ausgerichtet.

Aufgrund dieser Entwicklung hat die Verkehrsleittechnik, die die Planung, den Bau und den Betrieb von Mitteln und Einrichtungen zur Steuerung und Regelung des Straßenverkehrs umfaßt, zunehmend an Bedeutung gewonnen. Als wichtiges Teilgebiet des Verkehrsingenieurwesens zählt sie heute zu jenen verkehrstechnischen Bereichen, ohne die der individuelle und öffentliche Straßenverkehr nicht mehr zu bewältigen sind.

Die gerade im letzten Jahrzehnt auf den Gebieten der Elektronik und Datenverarbeitung erzielten Fortschritte haben die betriebs- und verkehrstechnischen Möglichkeiten und den Anwendungsbereich für die Steuerung des Straßenverkehrs an Knotenpunkten, auf Straßenabschnitten und in Straßennetzen erheblich erweitert. Sie leiteten eine Innovationsphase ein, die zur Entwicklung adaptiver Steuerungskonzeptionen und Steuerungsverfahren führte. Dies gilt besonders für die situationsabhängigen Leittechniken, die eine flexible Anpassung an die mit veränderlicher Verkehrsnachfrage zeitlich wechselnden Verkehrssituationen und an sich ändernde Umfeldbedingungen gewährleisten. Ihre effiziente Anwendung setzt jedoch ein hohes Maß an Kenntnissen über die Gesetzmäßigkeiten im Verkehrsablauf, die Struktur und Wirkungsweise des Regelungssystems und die Möglichkeiten seiner technischen Realisierung für den jeweiligen Einsatzbereich voraus.

Forschung und Praxis auf dem Gebiet der Verkehrsleittechnik haben inzwischen einen Wissens- und Erfahrungsstand erreicht, der einer systematischen und präzisen Erfassung und Darstellung des Stoffes bedarf. Da dies bisher nicht nur in der deutschsprachigen Fachliteratur fehlt, haben die Herausgeber sich die Aufgabe gestellt, durch ein Handbuch die Lücke zu schließen und das vorhandene Wissen und die praxisbewährten Erfahrungen einem größeren Kreis von Fachleuten zugänglich zu machen.

Für die Mitarbeit konnten namhafte Fachleute aus dem wissenschaftlichen, industriellen und administrativen Bereich gewonnen werden. Damit ist sichergestellt, daß der erfaßte und aufbereitete Wissensstoff fachdisziplinär hinreichend abgedeckt und auch der Interessensbereich angrenzender Fachgebiete berücksichtigt ist. Darüber hinaus gewährleistet die Kooperation mit international erfahrenen Fachkollegen die Einbeziehung der Entwicklungen und Erkenntnisse in den wichtigsten europäischen und außereuropäischen Ländern. Dennoch muß betont werden, daß die innovatorische Phase auf diesem Gebiet keineswegs abgeschlossen ist. Die Verkehrsleittechnik läßt auch in den nächsten Jahren die Entwicklung neuer Technologien und Betriebssysteme erwarten.

Mit dem Buch soll der Fachwelt ein Instrumentarium an die Hand gegeben werden, das die wissenschaftlichen und praktischen Voraussetzungen für die erfolgreiche Anwendung bewährter Verkehrsleittechniken aufzeigt. Die beiden ersten Bände befassen sich mit den Grundlagen und der Technik (Band I) und mit der Verkehrsleittechnik für innerörtliche Straßen (Band II). Diese Beschränkung war wegen der zur Zeit sprunghaften Entwicklung in vielen anderen Bereichen notwendig, was insbesondere auch für die Schienenbahnen zutrifft, bei denen die Verkehrsleittechnik im Hinblick auf die notwendige Automation und Rationalisierung ebenfalls eine große Rolle spielt.

Der Inhalt des Buches ist so gegliedert, daß er den Gesamtkomplex der Probleme, Aufgaben und Lösungsansätze aufzeigt und systematisch in die jeweiligen Arbeitsschritte einführt. Die zur Verfügung stehende Hard- und Software werden aus der Sicht der Gerätetechnik und der Datenverarbeitung eingehend beschrieben und kritisch bewertet. Der sich mit den Modellvorstellungen zur Beschreibung des Verkehrsablaufs befassende Teil vermittelt das mathematische Rüstzeug für die aus der Theorie ableitbaren Berechnungsverfahren zur qualitativen Beurteilung des Systemeinsatzes. Die Teile Steuerungs- und Bewertungsgrößen und verkehrstechnische Steuerungsverfahren versetzen den Leser in die Lage, die Einsatzmöglichkeiten abzugrenzen und die Optimierungskriterien in ihrer Bedeutung und Wirkung realistisch abzuschätzen. Als Verständnis- und Anwendungshilfe dienen abschnittsweise eingestreute Beispiele aus der Praxis.

Das Buch richtet sich sowohl an den wissenschaftlich orientierten Fachmann wie an den Praktiker; für den Studierenden soll es gleichfalls als Lehrbuch gelten. Stofflich ist der Interessensbereich der Wissenschaft ebenso berührt wie der der Industrie und der Administration. Das Buch soll aber auch der Kommunikation dienen zwischen den verschiedenen Spezialdisziplinen und deren Randgebieten, die sich aus der Vielfalt und Verzahnung der komplexen Materie ergeben. Hier darf nicht übersehen werden, daß zahlreiche Begriffe definitorisch noch nicht einheitlich abgesichert sind. Die Herausgeber haben sich bemüht, begriffliche Unterschiede in den verschiedenen Fachdisziplinen auszugleichen.

Möge das kooperativ erstellte Werk schließlich dazu beitragen, durch eine gezielt angewendete Verkehrsleittechnik Angebot und Nachfrage im Straßenverkehr in eine vom technischen Aufwand her vertretbare Relation zu bringen. Die hierdurch erreichbare bessere Nutzung des vorhandenen Verkehrsraumes, die Einsparung von Zeit und Energie, die Verringerung der Verkehrsunfälle und die Einschränkung von Lärm und Abgasbelästigung rechtfertigen diesen Wunsch und stützen die Forderung nach systemgerechter Realisierung.

Die Herausgeber sind den Autoren für ihre Mitarbeit zu großem Dank verpflichtet. Ohne die Bereitschaft, ihr Fachwissen und ihre Erfahrung aus Lehre, Forschung, Beratung und Praxis zur Verfügung zu stellen, wäre es nicht möglich gewesen, den umfangreichen Stoff wissenschaftlich fundiert, aktuell und praxisnah für eine Buchveröffentlichung vorzubereiten.

Nicht zuletzt möchten wir dem Verlag danken für die vertrauensvolle und effiziente Zusammenarbeit und für die Herausgabe des Buches in dieser hervorragenden Ausstattung.

Bonn und Stuttgart, im Dezember 1987   Rudolf Lapierre, Gerd Steierwald

Inhaltsverzeichnis

Teil F Verkehrs- und regelungstechnische Gesichtspunkte und Strategien zur Lichtsignalsteuerung

Teil G Signalprogrammauswahl, Signalprogrammodifikation und Signalprogrammbildung

Teil H Verfahren zur Lichtsignalsteuerung für den öffentlichen Personennahverkehr (ÖPNV) (P. Philipps)

Teil I Fahrstreifensignalisierung (J. Behrendt und K. Krell)

Teil J Parkleitsysteme (H.-W. Schneider)

Teil D

Einführung

Der zweite Band behandelt die signaltechnischen Einrichtungen und betriebsorganisatorischen Anforderungen, die verkehrs- und regelungstechnischen Gesichtspunkte und die Strategien und Verfahren zur Steuerung und Regelung des Verkehrs im innerörtlichen Bereich mit dem Schwerpunkt Lichtsignalanlagen. Der Band ist gegliedert in sechs Hauptabschnitte, die über die einzelnen technologischen und konzeptionellen Entwicklungsphasen orientieren, das notwendige Maß an Kenntnissen über die Struktur eines Verkehrssteuerungssystems und die Möglichkeiten seiner technischen und strategischen Realisierung vermitteln, einschließlich Aufbau, Wirkungsweise, Einsatzbereiche und Einsatzgrenzen der praxisbewährten Verfahren zur bestmöglichen Adaption an gegebene Verkehrssituationen.

Der Hauptabschnitt E umfaßt die *Knotenpunktgeräte und Betriebsorganisation zur Lichtsignalsteuerung*. Die Forderungen, die heute an die Verantwortlichen für die Verkehrssteuerung in einer Stadt gestellt werden, sind außerordentlich hoch. Sie sind nur erfüllbar bei einer Konzeption, die die notwendige Flexibilität, Sicherheit und Verfügbarkeit des Gesamtsystems sicherstellt und die Einheit von Planung, Bau und Betrieb gewährleistet. Eingebunden in die Betrachtung ist der Einsatz von Mikrocomputern in der Verkehrssignaltechnik, die dem Verkehrsingenieur neue Dialogmöglichkeiten bei der Realisierung verkehrstechnischer Lösungen und weitere Sicherheitsfunktionen bei der Gerätetechnik einräumen.

Die beiden Kapitel des Hauptabschnitts F umfassen die *verkehrs- und regelungstechnischen Gesichtspunkte und die Strategien zur Lichtsignalsteuerung*. Dabei ist es das Ziel, den durch den Einsatz von Datenverarbeitungsanlagen möglichen Aufbau von Betriebssystemen mit Regelverhalten, d. h. mit dem Merkmal der Adaptierfähigkeit in Bezug auf aktuelle Verkehrszustände, deutlich zu machen und die räumlichen Einsatzbereiche (Punkt-, Linien-, Flächen-Steuerung) zu beschreiben (Kap. 1), ferner die Verkehrssteuerungsstrategien in ihrer zeitlichen Entwicklung und Anwendung in hochmotorisierten Ländern darzustellen und zu bewerten (Kap. 2). Die Fallbeispiele in Kap. 2 beschränken sich primär auf die Vereinigten Staaten von Amerika, Australien, Großbritannien und Kanada; die Entwicklungen in der Bundesrepublik Deutschland sind in den übrigen Hauptabschnitten bzw. Kapiteln des zweiten Bandes gegenübergestellt.

Hauptabschnitt G behandelt in drei Kapiteln die klassischen Steuerungsverfahren *Signalprogrammauswahl, Signalprogrammodifikation und Signalprogrammbildung*. Es werden sowohl die Einsatzkriterien und Arbeitsweisen dieser makroskopischen und mikroskopischen Verfahren als auch die damit erzielbaren unterschiedlichen Auswirkungen auf den Verkehrsablauf im Knoten-, Strecken- und Teilnetzbereich diskutiert, ausgehend von der jeweiligen Aufgabenstellung im Planungsbereich bis zur Bewertung des Systemeinsatzes in der Praxis. Auf die Systeme zur interaktiven Signalprogrammbearbeitung wurde bewußt nicht näher eingegangen, da ihre Entwicklung noch nicht abgeschlossen ist. Außer Zweifel sind hier noch weitere Innovationspotentiale zu erwarten.

Der Hauptabschnitt H ist dem *öffentlichen Nahverkehr* gewidmet. Bei der Verkehrsbeeinflussung in städtischen Straßennetzen handelt es sich um integrale Systeme, bei denen der öffentliche und der individuelle Verkehr nicht voneinander zu trennen sind. Bei der Bewertung der durch Verkehrsbeeinflussungsmaßnahmen für den öffentlichen Personennahverkehr erzielbaren Verbesserungen stehen die Auswirkungen auf die Fahrplanmäßigkeit (Pünktlichkeit) und Regelmäßigkeit des Betriebes, die Verringerung der Wartezeiten an den Haltestellen, die bessere Verfügbarkeit des Verkehrsmittels, die gleichmäßigere Auslastung der Fahrzeuge und die Verringerung der Reisezeiten im Vordergrund. Es wird gezeigt, wie sich die Signalverlustzeiten bei der Anwendung geeigneter Steuerungsmodelle verringern lassen und eine Priorisierung des öffentlichen Nahverkehrs möglich ist.

Mit der Verbesserung des Verkehrsablaufs durch *Fahrstreifensignalisierung* mit Wechselverkehrszeichen befaßt sich der Hauptabschnitt I. Die Möglichkeit der wechselweisen Zuweisung der Fahrstreifen einer Straße in Abhängigkeit von der stärker belasteten Verkehrsrichtung wird in den USA seit vielen Jahren mit Erfolg genutzt (reverse flow operation). Die Bewältigung größerer Richtungsverkehrsmengen bei besserer Nutzung des vorhandenen Straßenquerschnitts sind die Hauptmerkmale dieses Systems, das wegen seiner verkehrstechnischen Vorteile mehr als bisher zur Anwendung kommen sollte.

Der Band II schließt mit dem Hauptabschnitt J *Parkleitsysteme*. Hierbei handelt es sich um eine belegungsabhängige Steuerung des parkplatzsuchenden Verkehrs. Aufgabe derartiger Leitsysteme ist es, dem Parkplatzsuchenden entsprechend der Belegung der einzelnen angeschlossenen Parkflächen die günstigsten — in der Regel die kürzesten — Wege zu freien Stellplätzen anzuzeigen. Die Vorteile sind: Reduzierung des Parkplatzsuchverkehrs und der damit verbundenen negativen Begleiterscheinungen wie Zeitverlust, Umweltbelastungen, Kraftstoffverbrauch und Behinderung des fließenden Verkehrs.

Teil E

Knotenpunktgeräte und Betriebsorganisation zur Lichtsignalsteuerung

1 Funktion der Knotenpunktgeräte
Schaltgeräte und Steuergeräte

Die Umsetzung der in der Rechnerzentrale entwickelten Steuerstrategien in Informationen an den Verkehrsteilnehmer erfordert *Signale*, die eindeutig, verständlich und fehlerfrei sein müssen. Dies übernehmen die Geräte an den einzelnen Knotenpunkten, die die Fernmeldeinformationen der Datenverarbeitungsanlagen in Starkstromsignale verwandeln, die die Glühlampen zum Aufleuchten bringen. Die naheliegende Frage, warum die Zentrale nicht unmittelbar die Glühlampen der Signale an den Knotenpunkten schaltet, beantwortet sich aus historischen, wirtschaftlichen und sicherungstechnischen Gründen:

Historisch gab es zunächst die Geräte an den Knotenpunkten zum Schalten der Signale. Sie hatten bereits einen relativ hohen technischen Standard erreicht, bevor es Datenverarbeitungsanlagen gab.

Wirtschaftlich ist es unsinnig, eine Vielzahl unterschiedlicher Starkstromimpulse auf den relativ großen Entfernungen zwischen der Zentrale und den vielen Standorten der Glühlampen zu übertragen.

Sicherungstechnisch ist in unmittelbarer Nähe des Stromverbrauchers eine elektrotechnische Überwachung gegen Fehlerströme und gegen fehlerhafte Signalbilder notwendig.

Das Knotenpunktgerät bildet daher den Verknüpfungspunkt von Steuerung einerseits und Starkstromversorgung der Glühlampen andererseits. Im Steuerungssystem Datenverarbeitungsanlagen —Übertragung — Lichtsignalanlage ist es das letzte Glied einer Kette, in der die verschiedensten Hardware- oder Softwarefehler auftreten oder gemacht werden können. Gleichzeitig ist es die *Zentrale* aller Kabel und Glühlampen einer Lichtsignalanlage. Es bietet daher die sicherste und wirtschaftlichste Möglichkeit, alle Fehler zu erfassen, zu überprüfen und gegebenenfalls zu verhindern.

Die Sicherheit einer Lichtsignalsteuerung ist mithin letztlich und entscheidend vom Knotenpunktgerät abhängig, so daß eine Darstellung der Knotenpunktgeräte und ihrer technischen Entwicklung gleichzeitig auch die Diskussion der *Sicherheitsphilosophie* der Lichtsignalsteuerung mit sich bringt.

Grundsätzlich unterscheidet man Knotenpunktgeräte für elektrisch unabhängigen und für elektrisch abhängigen Betrieb [1]. Gemeint ist damit, daß die Geräte entweder einen Knotenpunkt ohne elektrische Verbindung mit einer übergeordneten Steuereinrichtung — also nach einem eigenen, im Gerät selbst enthaltenen *Signalprogramm* — steuern, oder eine elektrische Abhängigkeit des Signalprogrammablaufs von einer übergeordneten Steuereinrichtung besteht. Mit der ersten Gruppe hatte die Lichtsignalsteuerung begonnen, da es zunächst darauf ankam, einzelne, unter Umständen weit auseinanderliegende Knotenpunkte selbständig durch Signale zu regeln. Die zweite Gruppe entstand hauptsächlich innerhalb der Städte, da dort sehr schnell die Dichte der signalgeregelten Knotenpunkte zunahm und verkehrstechnisch *Koordinationen* erforderlich wurden, die dann übergeordnete Steuereinrichtungen voraussetzten.

Im folgenden werden die Merkmale der Knotenpunktgeräte ausschließlich unter dem Gesichtspunkt der Anwendung im abhängigen Betrieb behandelt, da nur sie für die Steuerung durch Datenverarbeitungsanlagen in Frage kommen.

Entsprechend ihrer Aufgabenstellung müssen diese Knotenpunktgeräte mindestens Einrichtungen für folgende Funktionen enthalten:

— Lampenschalter zum Umsetzen der Steuerbefehle in Starkstromsignale
— Stromversorgung mit Hauptschalter und elektrischen Sicherungen
— Übertragungseinrichtung zur Verbindung mit der übergeordneten Steuereinrichtung
— Sicherungsvorkehrung zur Verhinderung von *„feindlichen"* Signalen.

Die erste und einfachste Form eines solchen abhängigen Gerätes wurde *Schaltgerät* genannt, da es — im Gegensatz zum elektrisch unabhängigen *Steuergerät* — praktisch nur Schaltungen durchführte und keinerlei eigene Steuerfunktion hatte. Die Steuerung übernahmen die sogenannten *Relaiszentralen* oder — in kleinerer Form — *Dirigenten*, in denen die Signalprogramme elektromechanisch gespeichert waren. Während die Schaltgeräte aus heutiger Sicht primitiv anmuten, arbeiten sie äußerst wirtschaftlich und zuverlässig und boten die Möglichkeit, mit relativ geringem Aufwand schnell eine Vielzahl von Knotenpunkten zu koordinieren. Sie genügten damit auf jeden Fall dem damaligen verkehrstechnischen Standard einer zentral gesteuerten und überwachten koordinierten *Festzeitsteuerung*. Prinzipiell wären sie auch in der Lage gewesen, eine verkehrsabhängige Steuerung durch Datenverarbeitungsanlagen zu übernehmen, weil die vorausschauend angelegte Konzeption davon ausging, daß die Steuerbefehle ausschließlich in einer Zentrale gebildet werden und im Gerät selbst nur eine direkte Umsetzung in Starkstromsignale erfolgt, d. h., die Geräte waren von vornherein *„freizügig"* aufgebaut.

Da nicht überall zentrale Einrichtungen zur Bildung der Steuerbefehle zur Verfügung standen, mußten aufgrund der verkehrstechnischen Notwendigkeiten auch die eigentlich elektrisch unabhängig betriebenen Steuergeräte koordiniert werden. Dies geschah durch sogenannte *Gruppensteuerungen*, die — im Gegensatz zu den Dirigenten — nicht

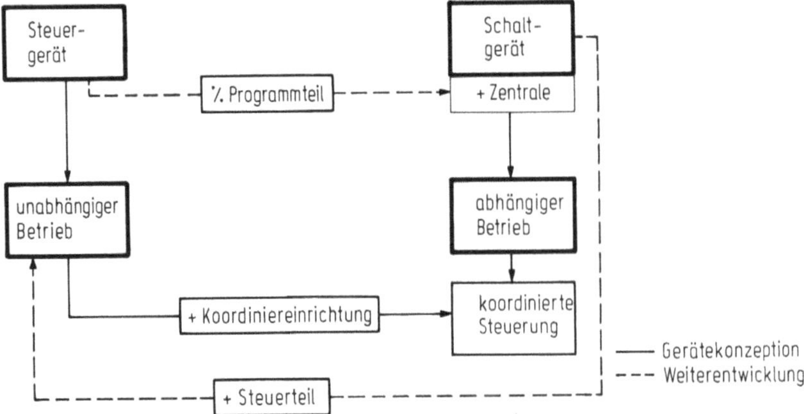

Bild 1. Zusammenhang zwischen Gerätekonzeption und Betriebsart

die Struktur der Steuerbefehle der eigenständigen Steuergeräte beeinflußten, sondern nur für einen synchronen Lauf der verschiedenen Knotenpunktgeräte sorgten. Steuergeräte waren daher konzeptionell zunächst nicht für eine Beeinflussung durch übergeordnete Steuereinrichtungen, wie z. B. Datenverarbeitungsanlagen geeignet.

Die Notwendigkeiten der Praxis und die Weiterentwicklung der Sicherheitsphilosophie führten im Laufe der Zeit zu einer Angleichung der beiden Gerätekonzeptionen, so daß heute dieser Unterschied nicht mehr relevant ist. Man spricht in der Regel nur noch von *Steuergeräten*, obwohl man wissen muß, daß die heutige Form praktisch aus der Nutzung der Vorteile beider Konzeptionen entstanden ist.

Bild 1 zeigt den Zusammenhang zwischen Steuergerät, Schaltgerät sowie abhängigem und unabhängigem Betrieb.

2 Steuerungstechniken
Einsatzpunktsteuerung und Signalgruppensteuerung

Infolge der im Laufe der Zeit sich ändernden verkehrstechnischen Anforderungen, der unterschiedlichen Wünsche der Betreiber und der besonderen Entwicklungen der verschiedenen Hersteller gibt es eine Vielzahl von Steuergerätetypen oder -techniken. Die verkehrstechnische Entwicklung in Deutschland ist dadurch gekennzeichnet, daß bis zur Mitte der 60er Jahre die Festzeitsteuerung dominierte und dann allmählich aufgrund der Erfahrungen an den Einzelanlagen der „freien Strecken" auch in den Städten verkehrsabhängige Beeinflussungen der Festzeitsteuerung entstanden bis hin zu den heutigen komplizierten verkehrsabhängigen Regelungen ganzer Straßenzüge. Die Anforderung an die Gerätetechnik bestand mithin zunächst darin, eine Vielzahl von Knotenpunkten mit festen, aber koordinierten Signalprogrammen wirtschaftlich und zuverlässig zu steuern. Mit Beginn der verkehrsabhängigen Steuerungen mußten die Geräte zusätzlich auch in der Lage sein, die aufgrund von Detektormeldungen gewünschten kurzfristigen oder langfristigen Änderungen der Signalprogramme zu verarbeiten, d. h., sie mußten — im Gegensatz zur bisherigen Konzeption — *flexibel* werden. Die Wünsche der Betreiber unterscheiden sich vor allem in den Organisationsformen der zentralen oder dezentralen Steuerung und in der Bedienungsausstattung.

Unabhängig von diesen Unterschieden lassen sich die Steuerungstechniken jedoch auf zwei Grundformen [1,2] zurückführen, deren prinzipielle Arbeitsweisen durch die Art der verwendeten Fernmeldeinformationen gekennzeichnet sind. Bild 2 zeigt die grafische Darstellung eines Signalprogramms. Unter der Zeitachse im Sekundenraster wird der Ablauf der Signale für jede einzelne Signalgruppe dargestellt. Jede Fahrzeugsignalgruppe nimmt während eines Umlaufs vier, jede Fußgängersignalgruppe in der Regel zwei verschiedene Zustände an. Deshalb ändert sich das Signalbild für die Kreuzung nicht in jeder Sekunde, sondern bleibt im allgemeinen für mehrere Sekunden gleich. Die Zeitpunkte, an denen ein neuer Signalzustand einsetzt, werden als *Einsatzpunkte* bezeichnet und durch senkrechte Striche markiert. An ihrer Anzahl läßt sich die Kompliziertheit des Signalprogramms erkennen. Die Anzahl der Zeilen (= Signalgruppen) gibt an, wieviele Verkehrsströme an dieser Kreuzung geregelt werden müssen. Die beiden Begriffe *Signalgruppe* und *Einsatzpunkt* ergeben sich aus der waagerechten, zeilenweisen bzw. der senkrechten, spaltenweisen Betrachtung des Signalzeitenplanes. Mit diesen beiden Begriffen sind zugleich die beiden Grundtypen der Steuertechniken charakterisiert, nämlich die *Einsatzpunktsteuerung* und die *Signalgruppenfernsteuerung*.

Bei der *Einsatzpunktsteuerung* sind die Signalisierungszustände jedes Einsatzpunktes im Knotenpunktgerät *fest verdrahtet*. Von der übergeordneten Steuereinrichtung (= Relaiszentrale, Dirigent oder Datenverarbeitungsanlage) kommt zu jedem Einsatzpunkt ein Fortschaltimpuls, der bewirkt, daß — entweder über eine Nockenwalze oder eine Relaiskette — das Gerät zum nächsten Signalisierungszustand weiterschaltet (Bild 3). Auf diese Weise kann die Zeitdauer zwischen den einzelnen Impulsen von

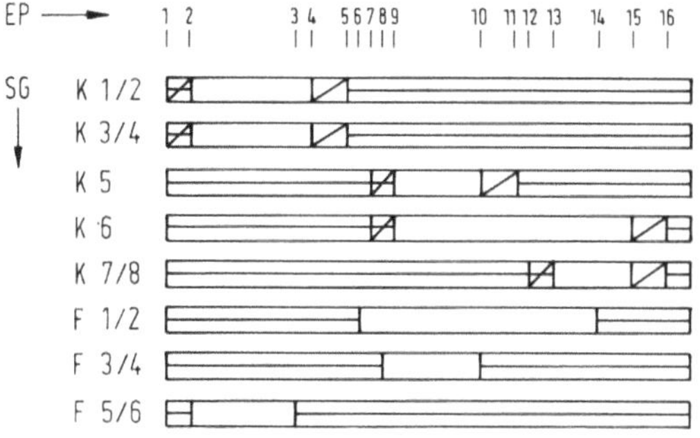

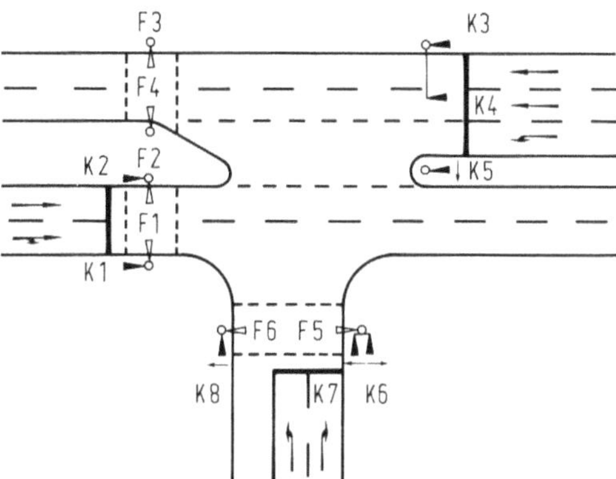

Bild 2. Signalzeitenplan mit Definition der Einsatzpunkte (EP) und Signalgruppen (SG)

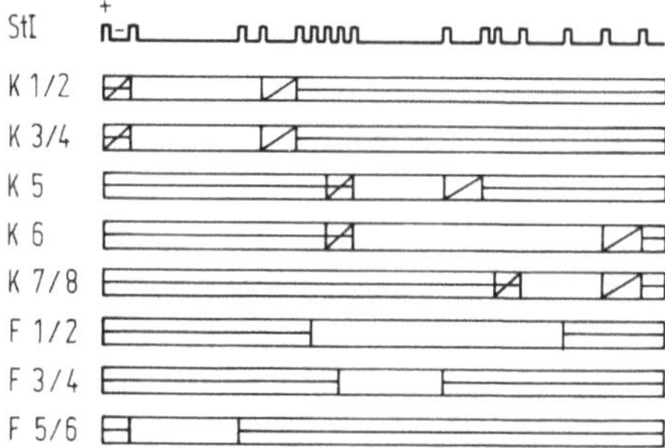

Bild 3. Ansteuerung eines Signalprogramms bei der Einsatzpunktsteuerung; StI = Steuerimpuls (1 Kanal)

der Zentrale aus variiert werden. Dagegen ist durch die Festlegung der Reihenfolge der Einsatzpunkte eine Beeinflussung der *Struktur* des Signalprogramms mit Hilfe der Fortschaltimpulse nicht möglich. Soll die Struktur, also die Phasenfolge, oder die Länge nur eines Teils der Grünzeiten (z. B. Verlängern von K 3/4 und Verkürzen von F 3/4 in Bild 2) unter Beibehaltung aller anderen Zeiten geändert werden, so ist hierfür die Umschaltung in ein anderes *Strukturprogramm* erforderlich. Das bedeutet, daß prinzipiell die Einsatzpunktsteuerung eine kurzfristige verkehrsabhängige Variation durch Datenverarbeitungsanlagen nur in Form von Verlängerungen bzw. Verkürzungen ganzer Phasen zuläßt. Der Einschub von Sonderphasen (z. B. Straßenbahn-Anforderungen) ist durch Zwischenschalten von Einsatzpunkten im Gerät, nicht aber von der Zentrale aus möglich. Programmschaltungen als Voraussetzung für Änderungen der Strukturen sind verkehrstechnisch nur nach Ablauf mehrerer Umläufe sinnvoll, so daß die Einsatzpunktsteuerung besonders für langfristige Verkehrsabhängigkeiten geeignet ist.

Bei der Einsatzpunktsteuerung unterschied man ursprünglich Geräte mit vier, acht oder zwölf Strukturen. Als Übertragungskanäle werden je eine Doppelader für die Fortschaltung und die Programmumschaltung benötigt. Erweiterungen und Ergänzungen erfordern in der Regel eine fast vollständig neue Verdrahtung der Einsatzpunkte (Bild 4).

Bei der *Signalgruppensteuerung* wird nicht das gesamte Signalprogramm im Zusammenhang betrachtet, sondern jede Zeile für sich. In der ursprünglichen Form der sogenannten *Verbundschaltung* wurden die vier verschiedenen Zustände einer Fahrzeugsignalgruppe durch zwei Spannungszustände von zwei Fermeldekanälen dargestellt (Bild 5). Jede Signalgruppe ist dadurch in der Ansteuerung völlig unabhängig von den anderen, so daß prinzipiell eine *„Freizügigkeit"*, die Voraussetzung für jede Art verkehrsabhängiger Modifikationen, gegeben war. Auf der anderen Seite erforderte die Verhinderung feindlicher Signalbilder eine steuerseitige Verriegelung der Signalgruppen untereinander, so daß dadurch die Freizügigkeit wieder eingeschränkt wurde. Bei der damals nur üblichen Festzeitsteuerung spielte dies zunächst jedoch keine Rolle.

Ein anderer Nachteil der Verbundschaltung bestand in dem hohen Aufwand an Fernmeldekanälen. Für nur zwei Fahrzeug- und zwei Fußgängersignalgruppen wurden bereits sechs Doppeladern benötigt. Dies ist ein wesentlicher Grund dafür, daß in der Anfangszeit der Zentralsteuerung äußerst einfache Knotenpunktregelungen entstanden. Grundsätzlich regelte man nur in zwei Phasen, wobei noch die Kraftfahrzeugsignalgruppen für Richtung und Gegenrichtung — und manchmal auch die dazu parallelen Fußgängergruppen — zu jeweils einer Signalgruppe zusammengefaßt wurden. Das Ergebnis war ein zwar wirtschaftlich einfaches und zuverlässiges, aber gleichzeitig

Bild 4. Gerät für Einsatzpunktsteuerung. Typ VSA 200 der Firma SEL, Baujahre 1965–1975 (14 Signalgruppen, 29 Einsatzpunkte, 1 Ortsprogramm, 40 V)

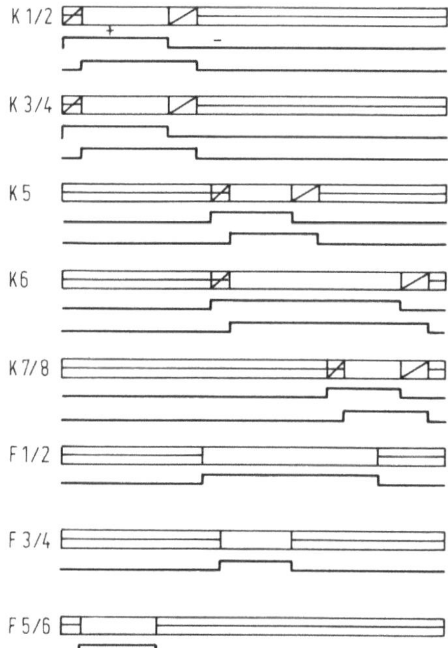

Bild 5. Ansteuerung eines Signalprogramms bei der Verbund-Steuerung; Stk = Steuerkanal

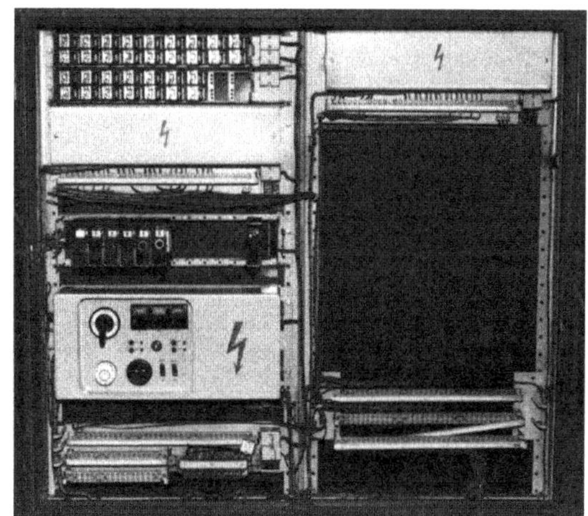

Bild 6. Verbundschaltgerät der Firma Siemens, Baujahre bis 1965 (10 Signalgruppen, 23 Einsatzpunkte, 220 V)

auch wenig flexibles Steuersystem. Jede Änderung bedeutete einen erheblichen Aufwand sowohl im Gerät als auch in der Zentrale (Bild 6).

Ein typisches, aus dieser Technik entstandenes und noch heute in Düsseldorf übliches Steuerungselement war die sogenannte *Taktdehnung*. Dabei wird unter Aufrechterhaltung aller Strukturen lediglich das Zeitraster verlängert oder verkürzt, so daß die Basis nicht mehr Ein-Sekundenschritte sind, sondern z. B. 0,95 oder 1,08, 1,14 s o. ä. Es ergeben sich dadurch also ohne Programmumschaltungen für ein ganzes Stadtgebiet geänderte Umlaufzeiten und damit Progressionsgeschwindigkeiten der Grünen Wellen sowie unterschiedlich lange absolute Grünzeiten. Diese Möglichkeit kann als *strategisches* Steuerungselement z. B. für den unterschiedlichen Tages-, Nachts- und Sonntagsverkehr oder für geringere Fahrgeschwindigkeiten bei Nebel, Glatteis o. ä. genutzt werden.

Um die oben genannten Nachteile der Verbund-Schaltgeräte auszugleichen, führte eine Weiterentwicklung Mitte der 60er Jahre zu der eigentlichen Signalgruppenfernsteuerung, bei der jede Signalgruppe nur noch von einem Fernmeldekanal angesteuert wird und die Übergangszeiten Gelb und Rot + Gelb im Gerät selbst gebildet werden. Mit dieser eigenständigen Funktion begann gleichzeitig der Übergang vom Schaltgerät zum Steuergerät. Von der Zentrale kamen in Form der Änderung des Spannungszustandes die Einsatzbefehle für Rot + Gelb-Beginn (= Grün) und Gelb-Beginn (= Rot) entsprechend der Darstellung in Bild 7. Mit dieser Art der Steuerung war die Grundlage für eine wirtschaftlich vertretbare Freizügigkeit der Geräte und damit die Möglichkeit einer verkehrsabhängigen Beeinflussung aller Signalisierungszustände durch Datenverarbeitungsanlagen gegeben. Die Geräte waren, mit anderen Worten, *voll flexibel* geworden (Bild 8, 9).

Im Gegensatz zu den verkehrstechnischen Vorteilen, die die Signalgruppenfernsteuerung in dieser Form zweifellos bot, trat nunmehr ein anderes, bisher nicht erhebliches Problem in den Vordergrund: die Sicherheit der Steuertechniken. Während bei der Einsatzpunktsteuerung die Reihenfolge der Signalwechsel konzeptionell unveränderbar ist, ist bei der Signalgruppensteuerung die mögliche Verschiebung der Signalwech-

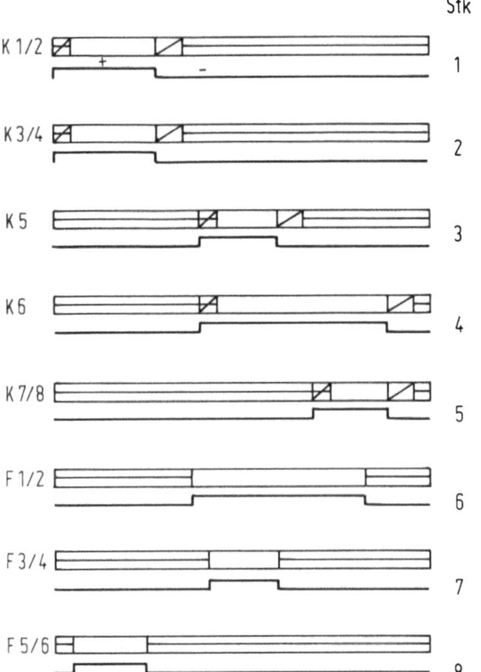

Bild 7. Ansteuerung eines Signalprogramms bei der Signalgruppensteuerung; Stk = Steuerkanal

Bild 8. Gerät für Signalgruppensteuerung Typ BS der Firma Siemens, Baujahre 1964–1969 (12 Signalgruppen, 23 Einsatzpunkte,
220 V)

Bild 9. Gerät für Signalgruppensteuerung Typ ESt der Firma Siemens, Baujahre 1970–1975 (15 Signalgruppen, 33 Einsatzpunkte,
3 Straßenbahn-Anforderungen,
1 Ortsprogramm, 40 V)

sel gegeneinander gewollt, d. h., auch *gefährliche* Verschiebungen aufgrund von Fehlern in der Programmierung oder Übertragung sind grundsätzlich möglich. Es erwies
sich daher als notwendig, hiergegen Maßnahmen zu ergreifen. Dies geschah zunächst
durch die Einführung der sogenannten *Rotlampenüberwachung* in den Knotenpunktge-
räten.
Sie beruht auf der Überlegung, daß abwechselnd in einer von zwei feindlichen Signalgruppen Rot sein muß. Bei feindlichen Signalgruppen muß also *immer* mindestens
eine Rotlampe brennen. Durch sogenannte *Rotketten*, die den Stromfluß aller Rotlampen überwachen, wird festgestellt, ob zu einer Rotlampe, die eigentlich brennen
müßte, kein Strom fließt. Ist das der Fall, so wird die Lichtsignalanlage automatisch abgeschaltet, da ein gefährlicher Zustand vermutet werden muß. Entweder brennt
eine wichtige Rotlampe nicht (z. B. in der Hauptrichtung), oder es ist sogar feindliches
Grün entstanden (weil offensichtlich die Signalgruppe nicht nach Rot geschaltet
hat).

Erfaßt wurden durch die Rotlampenüberwachung also direkt die ausfallenden Rotlampen und indirekt das — unter Umständen auch steuerseitig entstandene — feindliche Grün. Wie sich bald zeigte, war diese *indirekte Signalsicherung* unbefriedigend, weil plötzlich die Zahl der Ausfälle von Lichtsignalanlagen sprunghaft anstieg [3], und man erkannte, daß durch die Rotlampenüberwachung zwar das feindliche Grün erfaßt werden konnte, aber erst dann, wenn es bereits aufgetreten war. Da in diesen Fällen aber mit Sicherheit auch die Zwischenzeit gefehlt hatte, konnte dieser Zeitpunkt zur Verhinderung von Unfällen bereits zu spät sein.

Etwa gleichzeitig nahm aufgrund der Notwendigkeiten der Praxis nach schnellerem Ausbau der Signalnetze die Anzahl der Lichtsignalanlagen zu, die zunächst als Einzelläufer mit unabhängigen Steuergeräten konzipiert waren, dann aber in die koordinierten Systeme integriert werden mußten. Diese Geräte waren gemäß ihrer Aufgabenstellung ganz anders aufgebaut und besaßen eine eigene elektromechanische Steuerung, durch die — praktisch als Nebenprodukt — alle feindlichen Steuerbefehle gegeneinander *verriegelt* waren.

Es lag nun nahe, durch eine Kombination beider Konzeptionen — also der freizügigen Signalgruppensteuerung mit einer elektromechanischen oder elektrischen Verriegelung im Knotenpunktgerät selbst — eine Signalsicherung in zwei Stufen zu erreichen: Einmal die — steuerseitige — Verriegelung von feindlichen Befehlen und zum anderen eine Überwachung der Stromausgänge auf Ausfall der Lampen.

Sowohl auf Drängen der Betreiber als auch durch den Wettbewerb der Hersteller entstand daher in den folgenden Jahren eine lebhafte Diskussion über die *richtige* Signalsicherung. Auch die 1970 erfolgte Gründung eines Unterkomitees im Verein Deutscher Elektroingenieure (VDE), das die Aufgabe hatte, *Bestimmungen für Straßenverkehrs-Signalanlagen* [4] zu erarbeiten, war in dieser Situation offensichtlich notwendig geworden.

Alle Diskussionen führten in der ersten Hälfte der 70er Jahre zu einer völlig neuen Sicherheitskonzeption der Lichtsignalanlage, die einerseits auf einer gemeinsamen Betrachtung der verkehrstechnischen *und* elektrotechnischen Sicherheitsprobleme beruhte und andererseits das gesamte technische System von der Software in den Datenverarbeitungsanlagen bis zur letzten Glühlampe berücksichtigte. Man könnte das Ergebnis dieser Entwicklung als *Sicherheitsphilosophie der Lichtsignalanlagen* bezeichnen.

Obwohl es eine Vielzahl von Gerichtsurteilen zu speziellen Einzelfällen an Lichtsignalanlagen gibt, ist bisher weder im Straßenverkehrsgesetz, in der StVO oder in den VDE-Vorschriften die Bedeutung dieser Anlagen für die Sicherheit juristisch definiert. Nach der VDE 0800 [5] gehören z. B. Feuermeldeanlagen zu den Anlagen zur *Sicherheit von Leben und Gesundheit.* Eine derartige Festlegung — obwohl naheliegend — gibt es für Lichtsignalanlagen nicht. Trotzdem gehört es zum *Stand von Wissenschaft und Technik,* daß Lichtsignalanlagen besonders sorgfältig geplant, entworfen, gebaut und betrieben werden müssen [1].

Dies ist auch für jeden Planer, Hersteller und Betreiber von Lichtsignalanlagen, der täglich mit Verkehrsproblemen, Unfällen, Gerichtsfragen u. ä. zu tun hat, so selbstverständlich, daß sich offensichtlich bisher eine umfassende juristische Definition erübrigt hat. Alle Überlegungen zur Sicherheit der Lichtsignalanlage beruhen vielmehr auf verkehrstechnischen und elektrotechnischen Erkenntnissen und praktischen Erfahrungen.

3 Sicherheitsphilosophie der Lichtsignalsteuerung

3.1 Bedeutung der Lichtsignalanlagen

Lichtsignalanlagen dienen nach allgemeinem Verständnis der Erhöhung von Sicherheit und Leistungsfähigkeit der Knotenpunkte. Dabei wird unterstellt, daß ein Knotenpunkt schon von der baulichen Gestaltung her gewisse Mindestanforderungen an die Sicherheit und Leistungsfähigkeit erfüllt, also auch ohne Lichtsignalanlagen *„funktioniert"*. Im Falle einer Störung oder eines Ausfalls von Lichtsignalanlagen gilt eine eindeutige Verkehrsregelung durch die vorhandene Beschilderung oder die allgemeinen Verkehrsvorschriften. Dies ist eine rechtliche und aufgrund der technischen Gegebenheiten notwendige Voraussetzung. Bis zu einer gewissen, von der Einzelsituation abhängigen Grenze soll diese Vorstellung einen sicheren, wenn auch nicht immer störungsfreien Verkehrsablauf ermöglichen. Die Erfahrungen im heutigen Großstadtverkehr beweisen jedoch, daß beim Ausfall von Lichtsignalanlagen einerseits die Anzahl der Verkehrsunfälle sprunghaft ansteigt und andererseits der Verkehr in ganzen Stadtteilen zusammenbrechen kann.

Damit erhält die Signaltechnik im Straßenverkehr einen ganz anderen, über die allgemeine Vorstellung hinausgehenden Stellenwert. Sie ist in Wirklichkeit das einzige Mittel, um auch bei hoher Verkehrsdichte noch eine flüssige Verkehrsabwicklung unter voller Ausnutzung der Leistungsfähigkeit der vorhandenen Straßen und Knotenpunkte zu gewährleisten, und ihr Versagen verringert den volkswirtschaftlichen Wert eines Straßenzuges oder -netzes beträchtlich.

Eine wichtige Forderung an die Signaltechnik besteht deshalb darin, durch geeignete Wahl der Betriebsmittel und einen sinnvollen Organisationsaufbau die Anzahl der Störungen, Ausfälle und Abschaltungen der Lichtsignalanlagen herabzusetzen. Zwar lassen sich Störungen schon aus wirtschaftlichen Gründen nicht vollständig vermeiden, doch wurden im Laufe der letzten Jahre erhebliche Fortschritte gemacht, um eine geringere Störungshäufigkeit zu erreichen.

Wie noch zu zeigen ist, besteht ein direkter Zusammenhang sowohl zwischen den technischen Betriebsmitteln und der Erfüllbarkeit verkehrstechnischer Forderungen, als auch zwischen der Organisationsform einer Signalsteuerung und den technischen Betriebsmitteln. Technische Betriebsmittel und Organisationsform müssen als Einheit betrachtet und den verkehrstechnischen Forderungen angepaßt sein.

3.2 Anforderungen an die Gerätetechnik

Kennzeichnend für ein großstädtisches Verkehrsnetz und seine Verknüpfungspunkte ist, daß der straßenbauliche Standard mit plangleichen Kreuzungen und einer für *„freien"* Verkehr zu geringen Anzahl von Fahrstreifen in der Regel ohne Lichtsignalanlagen einen sicheren und flüssigen Verkehrsablauf nicht mehr ermöglicht. Die Signalsteuerung bildet damit erst die Voraussetzung für das Funktionieren des Verkehrsablaufs, dessen Qualität hoch oder niedrig angesetzt sein kann, je nachdem, welche Ansprüche gestellt werden. Dieses Anspruchsniveau, nach HCM „*level of service*" [6] genannt, läßt sich durch folgende Maximal- bzw. Minimalforderungen beschreiben:

— im Idealfall muß der Verkehr sicher und ohne Behinderung abgewickelt werden,
— im Minimalfall muß er ständig sicher abgewickelt werden, wobei Behinderungen in Kauf zu nehmen sind.

Hat sich einmal die Notwendigkeit einer Signalsteuerung erwiesen, dann erfüllt der normale Straßenstandard ohne sie keine der beiden Forderungen mehr, günstigstenfalls ist er in der Lage, *kurzzeitig* einen einigermaßen sicheren Verkehr zu gewährleisten (vgl. dazu auch die Problematik der „*Nachtabschaltung*" [7]). Damit ist bei Versagen der Signalsteuerung nur noch ein *Notbetrieb* möglich, der früher durch Polizeiregelung beherrscht werden konnte. Nachdem aus Personalmangel und wegen der praktischen Unmöglichkeit, moderne Knotenpunkte noch von Hand zu regeln, diese Alternative im allgemeinen nicht mehr zur Verfügung steht, bietet der normale Straßenstandard mithin eine Qualität *unterhalb* der verkehrstechnischen Minimalforderung. Der Qualitätsbereich zwischen verkehrstechnischer Minimal- und Maximalforderung ist dagegen durch die Güte der Signalsteuerung beeinflußbar.

Bei der Einrichtung einer Signalsteuerung sind zwei Aufgaben zu erfüllen, nämlich die verkehrstechnische Planung und die signaltechnische Verwirklichung. Sie sind voneinander abhängig. Die beste verkehrstechnische Planung nützt nichts, wenn sie durch die signaltechnischen Betriebsmittel nicht realisiert werden kann, und aufwendige Technik ist sinnlos, wenn die Planung sie nicht ausnutzt.

Die Maximalforderung wird in erster Linie durch die verkehrstechnische Planung erfüllt, indem sie dafür sorgt, daß bestimmte Verkehrsmengen sicher und mit geringstmöglicher Behinderung bewältigt werden. Die Signaltechnik stellt dabei die Hilfsmittel zur Verfügung, aber sie beeinflußt das Ergebnis nur insoweit, als sie flexibel genug sein muß, um allen verkehrstechnischen Wünschen zu genügen. Diese Bedingung kann durch die bereits beschriebene Signalgruppenfernsteuerung als erfüllt angesehen werden.

Die Erfüllung der Minimalforderung ist dagegen fast nur von der Signaltechnik abhängig, weil ein verkehrssicherer Betrieb nur dadurch garantiert werden kann, daß sie selbst sicher funktioniert und möglichst dauernd zur Verfügung steht, völlig unabhängig von der Güte der verkehrstechnischen Planung. Als zusätzliche Anforderung an die Signaltechnik ergibt sich hieraus, daß sie *verkehrssicher* und *dauernd verfügbar* sein muß. Sicherheit und Verfügbarkeit haben hier die gleiche Rangordnung. Eine Lichtsignalanlage, die nur einen hohen Sicherheitsstandard besitzt und daher bei jeder noch so unbedeutenden Störung abschaltet, schützt zwar den Betreiber im juristischen Sinne, hat verkehrstechnisch aber nur einen geringen Nutzen, da sie nicht einmal die genannte Minimalforderung für eine Verkehrsabwicklung erfüllt.

Die Realisierung aller Anforderungen bedeutet in der Praxis, daß bei voller Funktionsfähigkeit ein hoher verkehrstechnischer Standard mit flexiblen Anpassungsmöglichkeiten zur Verfügung steht, während bei Störungen zwar die Flexibilität eingeschränkt werden kann — im Extremfall bis hinunter zu einem unsynchronisierten *Notprogramm* — aber immer noch ein sicherer Betrieb des Einzelknotenpunktes ermöglicht wird.

3.3 Verwirklichung der Forderungen nach Sicherheit und Verfügbarkeit

Die Verwirklichung der in Abschn. 3.2 beschriebenen Forderungen bedeutet die Erfüllung folgender Bedingungen:

Für die Sicherheit:
1. verkehrsgefährdende Signalisierungszustände dürfen nicht auftreten,
2. verkehrstechnisch wichtige Sperrsignale müssen funktionsfähig sein;
für die Verfügbarkeit:
3. die Lichtsignalanlage muß — wenn auch unter Umständen mit verkehrstechnischen Einschränkungen — möglichst ununterbrochen in Betrieb sein.

(Auf die elektrischen Sicherheitsbedingungen zur Vermeidung von Gefährdungen durch Berührungsspannung wird im Rahmen dieser verkehrstechnischen Betrachtungsweise nicht eingegangen.)

Wenn man Bedingung 1 nur als *„Verhinderung eines feindlichen Grüns"* definiert, werden die Bedingungen 1 und 2 durch die in Abschn. 3.2 beschriebene Rotlampenüberwachung erfüllt. Allerdings widerspricht die Rotlampenüberwachung diametral der Bedingung 3, da die Abschaltung der Lichtsignalanlage im Falle einer Störung das erklärte Ziel dieser Überwachung ist.

Eine Analyse der Rotlampenüberwachung bezüglich der Bedingung 1 ergibt denn auch folgendes: zum einen wird durch den elektrischen Vergleich der Ausgangsströme zu den Signallampen das letzte Glied einer Funktionskette überwacht. Dadurch können zwar alle Fehler erfaßt werden, aber eben erst am Ende der Kette. Fehler, die etwa am Anfang der Kette auftreten und auch auf andere Weise beseitigt werden könnten, führen so auch zum Abschalten der Lichtsignalanlage. Zum anderen wird durch diese Art der Überwachung nur festgestellt, daß ein ungewollter Zustand *bereits eingetreten ist.* Da es aber dann schon zu spät ist, gibt es keinen anderen Ausweg mehr als abzuschalten, und der einzig noch verbleibende Spielraum besteht in der Festlegung, wie schnell das Abschalten erfolgen muß, beispielsweise die vieldiskutierten 0,1 oder 0,3 s nach Eintreten des verkehrsgefährdenden Signalisierungszustandes.

Was die Rotlampenüberwachung überhaupt nicht erfassen kann, sind Signalwechsel, also vor allem die *Zwischenzeiten*, die ihrem Wesen nach eine feste Abhängigkeit darstellen und sich damit als Restriktion der Flexibilität auswirken.

Die richtige Einhaltung der Zwischenzeiten hängt davon ab, ob

— kein Fehler im Signalprogramm vorliegt und
— die elektrischen Befehle genau in den zeitlich vorgesehenen Abständen verwirklicht werden.

Es liegt auf der Hand, daß beide Bedingungen nicht immer mit absoluter Sicherheit garantiert werden können. Ein Signalprogramm kann zwar in der Regel durch die üblichen mehrfachen Kontrollen als sicher gelten, problematischer ist es jedoch bei einer größeren Anzahl von verkehrsabhängigen Eingriffen und bei komplizierten Programmumschaltungen. Hier können schwer durchschaubare und auch seltene Kombinationen auftreten, die eine automatische Kontrolle gebieten.

Die richtige Ausführung der elektrischen Befehle ist von der Zuverlässigkeit der Steuerleitungen sowie von den Fehlermöglichkeiten innerhalb des Steuergerätes abhängig. Auch hier gibt es zahlreiche Störquellen, wie die Ausfallhäufigkeit durch die Rotlampenüberwachung beweist.

Der Weg, der sich deswegen anbietet, besteht in einer Verbindung der Forderungen nach Sicherheit und Verfügbarkeit, indem die Matrix der Mindestzwischenzeiten im Steuergerät, früher elektromechanisch, heute meist elektronisch, nachgebildet und als zusätzliche Bedingung für die Freigabe der Grünbefehle in die Steuerkette eingebaut wird. Es entsteht somit ein *Und-Gatter*, was bedeutet, daß ein Signal nur dann freigegeben werden kann, wenn der Steuerbefehl von der üblichen Programmrangierung (von einer Zentrale oder einem örtlichen Zeitgeber) vorhanden ist *und* die Zwischenzeiten aller feindlichen Verkehrsströme vorher abgelaufen sind.

Mit einer solchen *Zwischenzeitverriegelung* lassen sich die Sicherheit und Verfügbarkeit der Lichtsignalanlage *gleichzeitig* wesentlich verbessern: die Verhinderung der Ausführung eines falschen Befehls garantiert von der Steuerseite her die Einhaltung aller Mindestzwischenzeiten (ggf. einschließlich von Mindestgrünzeiten). Da auf diese Weise kein falscher Befehl ausgeführt und damit die Rotlampenüberwachung nicht angesprochen wird, schaltet auch die Lichtsignalanlage nicht ab.

Sicherheit und Verfügbarkeit sind auf diese Weise durch eine Zwei-Fehler-Bedingung miteinander verknüpft. Tritt ein Fehler im Befehlseingang auf, so verhindert die Verriegelung die Ausführung. Bei einem Fehler in der Verriegelung bleibt die Zwischenzeit erhalten, weil sie durch die Programmierung garantiert ist. Ein verkehrsgefährdender Signalisierungszustand, der das Abschalten der Anlage tatsächlich erforderlich macht, entsteht also erst bei Auftreten von zwei Fehlern gleichzeitig. Es ist unstreitig, daß die Wahrscheinlichkeit hierfür wesentlich geringer ist als ohne Zwischenzeitenverriegelung.

Was passiert nun beim Auftreten eines derartigen Fehlers, der praktisch nicht registriert wird? Zunächst einmal können sich grundsätzlich nur Grünzeiten verkürzen. Die Verkürzung kann sich auf einige Sekunden beschränken, es ist aber auch möglich, daß die Grünzeit ganz ausfällt; ungünstigstenfalls bleibt die Anlage dann in Rot oder im jeweiligen Signalbild stehen. Im übrigen sind die Auswirkungen von der Art und Häufigkeit des Fehlers abhängig. Tritt der Fehler nur einmal auf, so läuft die Anlage anschließend völlig normal weiter. Bei einem Dauerfehler tritt die Grünzeitverkürzung in jedem Umlauf auf, im übrigen arbeitet die Anlage normal. Da sich der Fehler auf die Verkehrsabwicklung des Knotenpunktes auswirkt, wird er nach kurzer Zeit bemerkt. Dies ist jedenfalls wesentlich sicherer als die totale Abschaltung. Nur im Falle des Stehenbleibens ist eine Abschaltung über eine *Umlaufkontrolle* erforderlich.

Vielfach wird heute auch eine aus der beschriebenen Konzeption abgeleitete *Zwischenzeitüberwachung* eingesetzt. Dabei werden die Zwischenzeiten nicht als Bedingung für eine Freigabe des Grünbefehls benutzt, sondern durch eine Vergleichsschaltung auf ihre absolute Länge überprüft. Ist die vorgeschriebene Zwischenzeit unterschritten, kann diese Feststellung entweder zum automatischen Abschalten der Anlage benutzt oder als Meldung an eine Überwachungszentrale abgegeben werden, so daß eine Fehlersuche eingeleitet werden kann.

Bezüglich der Sicherheit werden hier hohe Ansprüche erfüllt. Es muß aber darauf hingewiesen werden, daß dadurch die ursprüngliche Konzeption, nämlich eine Optimierung von Sicherheit *und* Verfügbarkeit ohne erkennbare andere Vorteile verfälscht wird. Zusätzliche und ebenfalls verspätete (!) Meldungen von Störungen — ganz abgesehen von den automatischen Abschaltungen —, die bei der Verriegelung nicht zu gefährlichen Zuständen führen würden, erhöhen lediglich den Unterhaltungs- und Organisationsaufwand ohne direkten Nutzen für den Verkehrsteilnehmer.

Ähnlich wie bei der genannten Sicherheitsbedingung 1 läßt sich auch die Sicherheitsbedingung 2 mit einer konsequenten technischen Konzeption einhalten, ohne die Verfügbarkeit entscheidend zu verletzen. Erfahrungsgemäß stellt die Glühlampe ein hohes Verfügbarkeitsrisiko dar. Wegen der zweiten Sicherheitsbedingung ist die Überwachung von Sperrsignalen mit Hilfe der Rotlampenüberwachung auf Ausfall erforderlich. Die Lebensdauer der Glühlampen ist trotz aller Bemühungen der Lampenindustrie aus physikalischen Gründen begrenzt. Selbst innerhalb der für die Lampentypen angegebenen Brenndauer liegt die Ausfallquote bei 3 %, so daß sich auch bei bester Organisation eines turnusmäßigen Wechseldienstes Ausfälle nicht vermeiden lassen. Der Ausfall einer überwachten Rotlampe bedeutet jedoch immer die Abschaltung der gesamten Lichtsignalanlage. Insofern kann das Problem der Glühlampen bei Betrachtungen über die Verfügbarkeit von Lichtsignalanlagen nicht außer acht gelassen werden.

Aus rein physikalischen Gründen ist die Glühlampe für 220 V als solche nicht mehr zu verbessern. Man kann zwar die Brenndauer insgesamt unter Inkaufnahme anderer Nachteile, wie z. B. geringerer Leuchtkraft, verlängern, jedoch liegt das weder im Interesse der Verkehrstechnik, noch ist dadurch das gründsätzliche Problem des Einzelausfalls gelöst. Damit stellt sich die Frage, ob es auf Dauer vertretbar ist, ein Verfügbarkeitsrisiko in Kauf zu nehmen, das durch Doppelfadenlampen erheblich reduziert werden kann. Doppelfadenlampen gibt es, ebenfalls aus physikalischen Gründen, nur in Kleinspannung. In der Signaltechnik für den Straßenverkehr hat sich die Spannung von 40 V (früher 42 V) angeboten. Diese sogenannte *40-V-Technik*, die außer der Möglichkeit des Einsatzes von Doppelfadenlampen auch noch andere Vorteile aufweist, z. B. bessere Ausleuchtung der Signale, geringerer Stromverbrauch für gleiche Lichtleistung, geringere elektrische Gefährdung bei Berührung u. ä., hat sich inzwischen in Grenzen durchgesetzt, ihre Verbreitung ist jedoch bei weitem noch nicht so groß, wie es angesichts der erheblichen Erleichterungen für Betrieb und Unterhaltung erwünscht wäre.

Um die Vorteile der besseren Verfügbarkeit voll ausschöpfen zu können, ist folgende Betriebsorganisation erforderlich: alle Sperrsignale werden mit Doppelfadenlampen ausgerüstet. Im Normalfall brennt nur ein Faden, der sogenannte *Hauptfaden*. Fällt dieser aus, so schaltet eine Automatik auf den *Nebenfaden* um und zwar nur an der defekten Glühlampe. Gleichzeitig erfolgt eine Anzeige im Steuergerät, daß eine und welche Lampe umgeschaltet hat. Eine allgemeine Meldung, daß überhaupt eine Lampe umgeschaltet hat, wird bei zentral überwachten Anlagen an die Zentrale weitergegeben, von wo aus der Bereitschaftsdienst benachrichtigt werden kann. Wesentlich ist dabei, daß das Auswechseln nicht sofort — wie bei Einfadenlampen der 220-V-Technik — erfolgen muß, da die Lichtsignalanlage weiter in Betrieb ist. Ein 24-Stunden-Sofortbereitschaftsdienst ist daher nicht mehr erforderlich, obwohl gleichzeitig die Verfügbarkeit erhöht wird.

Da zur vollen Ausschöpfung der Verfügbarkeit eine Meldung und deren Auswertung erforderlich sind, bietet sich diese Methode für ein zentral gesteuertes und überwachtes System geradezu an. Zwar ist die 40-V-Technik auch für Einzelanlagen bereits ein erheblicher Fortschritt, bei einer Zentralsteuerung ist sie dagegen die optimale Lösung des Problems der Glühlampenverfügbarkeit.

4 Knotenpunktgeräte mit Zwischenzeitenverriegelung

Als Konsequenz aus der beschriebenen Sicherheitsphilosophie sind in der zweiten Hälfte der 70er Jahre neue Gerätetypen entstanden, deren Steuerungstechnik man als *indirekte* oder *bedingt abhängige* Signalgruppensteuerung [1] bezeichnet. Sie beruht auf folgender Überlegung: Wegen der Verriegelung der Zwischenzeiten ist eine Freigabe einer Signalgruppe erst möglich, wenn vorher alle feindlichen Zwischenzeiten abgelaufen sind, d. h., der Einsatzbefehl einer Grünzeit liegt nicht bei Beginn Grün, sondern am Ende der längsten feindlichen Zwischenzeit. Dies sind im allgemeinen wegen der langen Räumzeiten die feindlichen Fußgängersignalgruppen. Damit stellen sie die eigentliche Restriktion der verkehrstechnischen Flexibilität dar. Dies entspricht auch der verkehrsplanerischen Programmierung, da z. B. zur verkehrsabhängigen Freigabe einer Fahrzeugsignalgruppe der letztmögliche Abfragezeitpunkt und damit die räumliche Lage des Detektors zeitlich in einem der längsten Fußgängerzwischenzeit entsprechenden Abstand angeordnet werden muß.

Die Ausnutzung dieser ohnehin vorhandenen Einschränkung gestattet es, auf die freizügige Ansteuerung der Fußgängersignalgruppen zu verzichten und sie als von den Fahrzeugsignalgruppen *abhängige* Signalgruppen über diese mitzusteuern. Ebenso wie Fußgängersignalgruppen können natürlich auch Hilfssignale als abhängige Signalgruppen definiert und entsprechend angesteuert werden. Dies geschieht dadurch, daß nach Beginn eines Grünbefehls im Gerät über eine Zeitrangierung alle feindlichen Fußgängersignale im vorgegebenen zeitlichen Ablauf über die Übergangszeiten nach Rot geschaltet werden. Ebenso werden nach Ablauf des Grünbefehls diese abhängigen Signalgruppen wieder im notwendigen zeitlichen Ablauf freigegeben. Es entsteht so eine *doppelte* Verriegelung, die auch bei Auftreten *eines* feindlichen Befehls keine Unterschreitung von Zwischenzeiten zuläßt.

Der wirtschaftliche Gewinn dieser Technik besteht darin, daß man zusätzlich — ohne daß die Freizügigkeit mehr eingeschränkt wird, als es ohnehin aus den verkehrstechnischen Randbedingungen erforderlich ist — Übertragungskanäle und Signalgruppen in der Datenverarbeitungsanlage einspart und dabei trotzdem noch eine größere Sicherheit gegen Programmierungs- oder Übertragungsfehler gewinnt, da derartige Fehler im Geräte selbst korrigiert werden.

Die weiterhin direkt angesteuerten Signalgruppen werden je nach Hersteller z. B. *Leitsignalgruppen* oder *Phasensatzgruppen* genannt. In Bild 10 ist die Ansteuerung des Signalprogramms nach diesem Prinzip dargestellt. Selbstverständlich ist es auch möglich, falls es verkehrstechnisch unbedingt erforderlich oder sinnvoll ist, einzelne Fußgängersignalgruppen oder z. B. Diagonal-Grünpfeile als *Leitsignalgruppen* auszubilden. Die doppelte Verriegelung bleibt dabei erhalten, jedoch ist in jedem Einzelfall der verkehrstechnische Gewinn gegen den zusätzlichen Aufwand abzuwägen.

Eine andere Weiterentwicklung der modernen Geräte gegenüber der ursprünglichen Signalgruppensteuerung ist der Einbau eigener *Ortsprogramme*. Bereits Anfang der

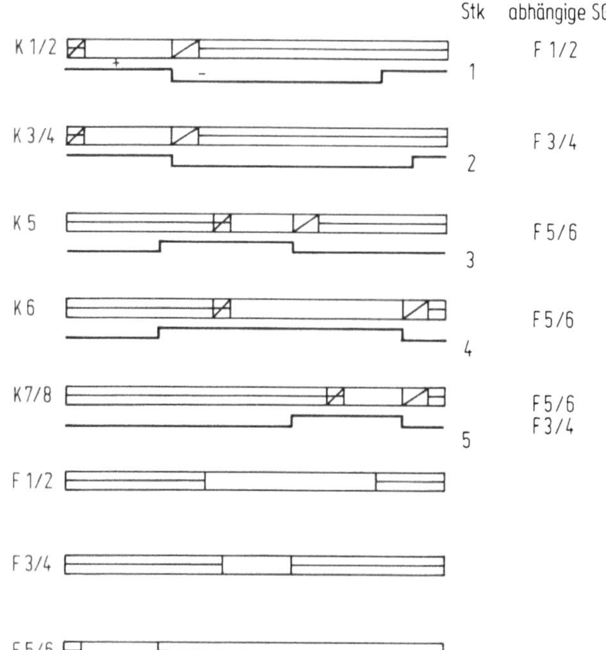

Bild 10. Ansteuerung eines Signalprogramms bei der indirekten Signalgruppensteuerung; Stk = Steuerkanal, SG = Signalgruppen

70er Jahre gab es die ersten Geräte mit einem sogenannten *Notprogramm*, das sich als notwendig erwiesen hatte, da die Rechner der ersten Generation — im Gegensatz zu den Relaiszentralen — häufig ausfielen und zunächst noch zahlreiche „Kinderkrankheiten" zu überwinden waren.

Dieses Notprogramm war jedoch unzulänglich, da es bei den starken Programmunterschieden für die jeweiligen Verkehrsbelastungsrichtungen fast nie paßte und eine Koordinierung mehrerer Knotenpunkte nicht möglich war.

Mit dem Notprogramm war damit zwar die in Abschn. 3.2 beschriebene Minimalforderung an die Signaltechnik gerade erfüllt, für den praktischen Betrieb erwies sich diese Lösung jedoch als unbefriedigend und — wegen der fehlenden Koordinierung — oft auch als verkehrsgefährlich.

Für brauchbare Ortsprogramme mußten daher folgende Bedingungen erfüllt werden:

— es mußten mehrere Programme sein, z. B. mindestens drei: für Morgenspitze, Abendspitze und Tagesverkehr;

— sie mußten mit anderen Lichtsignalanlagen koordinierbar sein;

— sie mußten sich automatisch bei Ausfall der Zentrale ohne Unterbrechung oder „Alles Gelb" sofort aus dem Programm einschalten.

Die erste Bedingung war nur eine Frage des Platzaufwandes im Geräteschrank. Die zweite Bedingung setzte voraus, daß ein einheitlicher, überall zu generierender Basistakt vorhanden war. Versuche erwiesen sehr bald, daß es möglich war, Straßenzüge oder gar Netze über Wochen auch ohne Kabelverbindung untereinander synchron zu halten, wenn bei allen Geräten und eventuell auch parallel laufenden Zentralen die

Netzfrequenz als Zeittaktgeber (und nicht z. B. Quartzuhren!) gewählt wurde. Solange die dritte Bedingung noch nicht erfüllbar war, konnte daher eine festzeitgesteuerte Grüne Welle mit *einem* Signalprogramm dadurch aufrechterhalten werden, daß die Geräte vor Ort im entsprechenden zeitlichen Abstand mit Hilfe einer Stoppuhr eingeschaltet wurden oder sie sich automatisch in vorher eingeplanten Einsatzpunkten koordiniert einzeln hintereinander einschalteten. Wenn kein Stromausfall auftrat und

Bild 11. Gerät für indirekte Signalgruppensteuerung. Typ GSL der Firma Siemens, Baujahre 1975–1980 (9 Leitsignalgruppen, 6 abhängige Fußgängersignalgruppen, 28 Einsatzpunkte, 3 Ortsprogramme, 40 V)

Bild 12. Gerät für indirekte Signalgruppensteuerung. Typ BPHE der Firma Signalbau Huber-Designa, Baujahre 1969–1976 (8 Phasensatzgruppen, 8 abhängige Fußgängersignalgruppen, 56 Einsatzpunkte, 5 Straßenbahn-Anforderungen, 3 Ortsprogramme, 40 V)

auf eine Programmumschaltung verzichtet werden konnte, war so auch ein koordinierter Ersatzbetrieb möglich, allerdings mit der Einschränkung eines unterbrochenen Übergangs aus dem Normalprogramm.

Die Erfüllung der dritten Bedingung erforderte schließlich zusätzlich übergeordnete Steuereinrichtungen wie Gruppensteuerungen. Spätestens hier begegnen sich die Entwicklungen der Schaltgeräte vom ursprünglich völlig abhängigen Betrieb zu einer selbständigen Steuereinrichtung und der Steuergeräte vom eigenständigen Betrieb zu einer Abhängigkeit im Verbundbetrieb (Bild 1). Das Optimum hat sich so aus der Ausnutzung der Vorteile beider Technologien ergeben. Geräte mit dieser Ausstattung sind in Bild 11 und 12 dargestellt.

Gefördert wurde die Entwicklung durch die Fortschritte der Elektronik bis hin zur heutigen Mikroelektronik. Durch die ständige Verkleinerung der Bauteile und Steuerelemente war es möglich, auf kleinstem Raum auch innerhalb der Abmessungen eines Geräteschrankes am Knotenpunkt immer mehr *Intelligenz* unterzubringen. Die modernsten Mikroprozessor-Geräte gehen inzwischen weit über die Anforderungen des *Ersatzbetriebes* hinaus und sind in der Lage, auch ohne Datenverarbeitungsanlagen den vollen verkehrstechnischen Komfort einer koordinierten und zugleich verkehrsabhängig beeinflußten Steuerung zu bieten (vgl. Abschn. 6.).

5 Betriebsorganisation

5.1 Zentralsteuerung

Bei der Steuerung des Verkehrs mit Datenverarbeitungsanlagen ist der Betrieb der Lichtsignalanlagen in der Regel in Form einer Zentralsteuerung organisiert. Die ursprünglich für die *Festzeitsteuerung* mit Hilfe der *Relaisämter* entwickelte Zentralsteuerung ist dadurch gekennzeichnet, daß alle Befehle zur Weiterschaltung der örtlichen Schaltgeräte in der Zentrale gebildet und über direkte Steuerleitungen von der Zentrale zu jeder einzelnen Lichtsignalanlage weitergegeben werden. Im Schaltgerät werden die Befehle lediglich in Starkstromimpulse zur Speisung der Signallampen umgesetzt.

Abgesehen von der weiteren Entwicklung, bei der in den örtlichen Geräten die Gelb- und Rot + Gelb-Zeiten gebildet und die Signalsicherungen abgearbeitet werden, sind die Geräte sonst in keiner Weise an der Programmrangierung beteiligt. Zweifellos hat dieses System bezüglich der verkehrstechnischen Flexibilität erhebliche Vorzüge, da die Programmierung für ganze Signalnetze an einer Stelle hergestellt und verändert werden kann und zugleich die Möglichkeit einer zentralen Überwachung und Bedienung großer Netze von Lichtsignalanlagen besteht (Bild 13).

Es war daher durchaus konsequent, diese Organisation auch bei Einführung der Da-

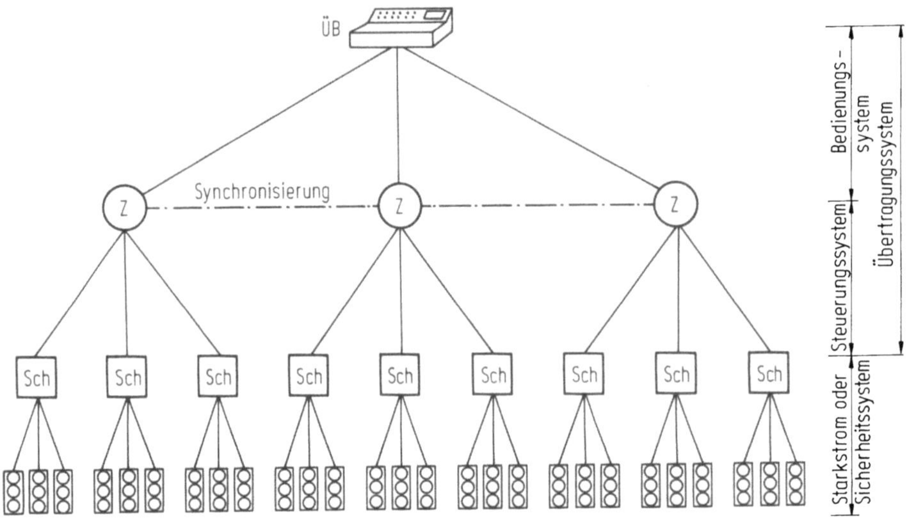

Z Zentrale (Relaiszentrale, Rechner)   ÜB Überwachung, Bedienung   Sch Schaltgerät

Bild 13. Zentralsteuerung

tenverarbeitungsanlagen in die Signalsteuerung zu übernehmen, da hiermit die idealen Voraussetzungen für die Ausnutzung der hohen Flexibilität der Datenverarbeitungsanlagen gegeben waren. Damit traten aber folgende Probleme auf:
Die alten Relaisämter hatten eine außerordentlich große Zuverlässigkeit. Selbst bei Störungen wirkte sich ein Fehler — bis auf seltene Ausnahmen — höchstens auf eine Lichtsignalanlage aus. Störungen in den Datenverarbeitungsanlagen, die gerade in den ersten Jahren besonders häufig waren, aber auch heute noch vorhanden und grundsätzlich nicht auszuschließen sind, wirken sich, je nach der technischen Konzeption der Datenverarbeitungsanlage, in der Regel auf ein ganzes Signalnetz aus.
Damit tauchte erstmals in aller Deutlichkeit die Verfügbarkeit der Lichtsignalanlagen als Organisationsproblem auf. Zwar gab und gibt es durchaus Bemühungen, durch entsprechende Organisation innerhalb der Datenverarbeitungsanlagen und durch sogenannte *Ersatzzentralen* die Folgen von Ausfällen zu begrenzen und Auswegmöglichkeiten anzubieten. Außer der Tatsache aber, daß auch hierbei erhebliche technische und organisatorische Probleme auftreten, war damit das Grundproblem aber nur teilweise, und vor allem nur durch erheblichen zusätzlichen Aufwand gelöst.
Aus der Konzeption der Zentralsteuerung ergibt sich, daß sie im Prinzip aus drei Elementen besteht, nämlich aus der Zentraleinheit, dem Übertragungssystem und dem Knotenpunktgerät der Lichtsignalanlage. Alle drei Elemente haben ihre eigenen Grenzen der Verfügbarkeit. Eine besondere Rolle spielt dabei das Übertragungssystem, das im allgemeinen als ausreichend zuverlässig angesehen wird. Abgesehen von relativ selten auftretenden Kabelschäden gilt das aber nur dann, wenn sichergestellt werden kann, daß die Leitungen und Verteiler gegen Fremdeinflüsse ausreichend geschützt sind. Werden Kabel mit anderen Leitungsträgern gemeinsam benutzt, so kann die Anzahl von Störungen und damit der Ausfälle von Lichtsignalanlagen durch Fehlimpulse beträchtlich sein. Solche Erfahrungen wurden vor allem in Düsseldorf gemacht, wo ein ausgedehntes Zentralsteuerungssystem über gemietete Postleitungen betrieben wurde. Nicht zuletzt diese Erfahrungen haben dazu beigetragen, hier sehr früh die Probleme und Lösungsmöglichkeiten zur Verbesserung der Verfügbarkeit der Lichtsignalanlagen zu untersuchen.
Prinzipiell kann daher das Übertragungssystem nicht aus den Betriebssicherheits- und Verfügbarkeitsbetrachtungen ausgeklammert werden. Bezieht man es aber ein, so bedeutet dies, daß auch Ersatzlösungen von der Möglichkeit der Nicht-Verfügbarkeit ausgehen müssen.

5.2 Dezentrale Steuerung

Im Gegensatz zur Zentralsteuerung ist die dezentrale Steuerung dadurch gekennzeichnet, daß die Programme in den einzelnen Steuergeräten der Lichtsignalanlagen rangiert sind; jede Anlage hat somit ein vollständiges *„Eigenleben"*, das durch übergeordnete Koordinierungseinrichungen wie Gruppensteuergeräte mit anderen Anlagen synchronisiert wird. Naturgemäß ist die verkehrstechnische Flexibilität eines solchen Systems geringer als bei einer Zentralsteuerung. Andererseits liegt es auf der Hand, daß die Verfügbarkeit größer ist. Schon der Aufbau eines solchen Systems ist wesentlich einfacher, da die einzelne Lichtsignalanlage nach Fertigstellung in Betrieb genommen werden kann, auch wenn die Steuerleitungen zur Zentrale oder die Zentrale selbst noch gar nicht vorhanden sind. Bei einer Zentralsteuerung ist dies nicht möglich, da der Betrieb der Lichtsignalanlage die Zentrale, einen Platz in der Zentrale und eine mehrkanalige Verbindung dorthin voraussetzt. Wegen der oft dringenden Notwendigkeit, eine Lichtsignalanlage schnell in Betrieb nehmen zu müssen, hat dieser Gesichtspunkt gerade in den 70er Jahren, als die Zahl der Lichtsignalanlagen sprunghaft zunahm, erheblich an Bedeutung gewonnen.

Umgekehrt gilt das Gleiche für den Ausfall übergeordneter Steuerorgane oder der Übertragungsleitungen; die Einzelanlage bleibt weiter verfügbar, wenn auch mit unter Umständen wesentlicher Einschränkung der Flexibilität.

5.3 Indirekte Zentralsteuerung

Wie der Vergleich von Zentralsteuerung und dezentraler Steuerung zeigt, haben beide Systeme ihre Vor- und Nachteile hinsichtlich Flexibilität und Verfügbarkeit. Es lag daher nahe, in einem kombinierten System unter Beachtung der Vor- und Nachteile die optimale Lösung zu suchen. Eine solche Kombination erfordert für ein Signalnetz selbständige Steuergeräte an den Knotenpunkten, übergeordnete Gruppensteuerungen zur Koordination von verkehrstechnisch zusammenhängenden Einzelanlagen und eine zentrale Datenverarbeitungsanlage, die die Programmgestaltung sowohl von Gruppen als auch von Einzelanlagen koordinieren und variieren kann.

Ein derartiges System ist hierarchisch aufgebaut und besteht aus drei Ebenen, wobei jeweils die niedrigere Ebene auch ohne die höhere funktionsfähig ist. Von unten nach oben nimmt die Flexibilität, also der verkehrstechnische Komfort einer Signalsteuerung zu, während von oben nach unten die Verfügbarkeit steigt. Im einzelnen haben die drei Ebenen die folgenden Funktionen:

1. Das *Einzelsteuergerät*, das nach dem Prinzip der *Zwischenzeitenverriegelung* aufgebaut ist, hat eine eigene Programmrangierung in Form von mehreren *Ortsprogrammen*. Sofern es auch eine Schaltuhr besitzt, ist eine zeitplanabhängige Signalplanauswahl, unter anderem auch mit einfachen verkehrsabhängigen Eingriffen möglich.

2. Durch die *Gruppensteuerung* ist eine zeitplanabhängige Signalplanauswahl für eine Gruppe von Einzelanlagen möglich. Eine Gruppensteuerung sollte jedenfalls immer eine Schaltuhr besitzen. Die Anzahl der Programme in den Einzelanlagen bestimmt die verkehrstechnische Qualität der Gruppensteuerung. Auch eine verkehrsabhängige Signalplanauswahl ist grundsätzlich möglich, obwohl im Einzelfall abzuwägen wäre, ob sich dieser Aufwand für ein Ersatzsystem lohnt. Eine Gruppensteuerung kann auch an eine Überwachungszentrale angeschlossen werden, so daß sowohl eine Programmumschaltung von Hand, als auch eine Zustandsüberwachung der Gruppensteuerung verwirklicht werden könnte.

3. Mit Hilfe der *zentralen Datenverarbeitungsanlage* sind dann alle Möglichkeiten zeitplanabhängiger und verkehrsabhängiger Signalsteuerung gegeben. Dabei werden die in den Einzelanlagen vorhandenen Programmrangierungen abgeschaltet, so daß die Datenverarbeitungsanlage direkt die einzelnen, gegenseitig aufgrund der Zwischenzeitenmatrix verriegelten Signalgruppen ansteuern kann.

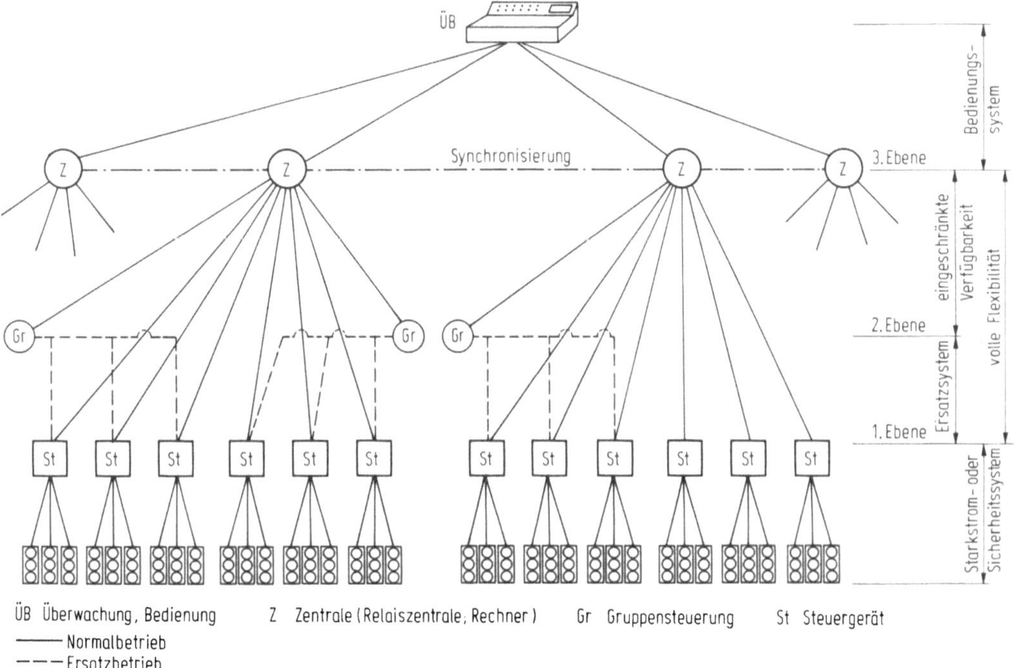

Bild 14. Indirekte Zentralsteuerung

Fällt die Datenverarbeitungsanlage oder das Übertragungssystem aus, so übernimmt die Gruppensteuerung das Kommando; fällt auch diese aus, so ist immer noch der Einzelbetrieb möglich. Eine Umschaltung von einer Betriebsart auf die andere erfolgt ohne Dunkel- oder Alles-Gelb-Schaltung an der Einzelanlage.
Die jeweils neue Programmstruktur wird, ähnlich wie bei einer Programmumschaltung, völlig unterbrechungsfrei übernommen (Bild 14).

6 Neuere Entwicklungstendenzen

6.1 Aufbau und Arbeitsweise von Microcomputern

Die in allen Bereichen der Technik eingesetzten Microcomputer lassen auch Verbesserungen in den Leistungseigenschaften von Verkehrssignalanlagen erwarten. Ein Microcomputer stellt im Prinzip eine komplette Datenverarbeitungsanlage (DVA) dar. Er unterscheidet sich lediglich in zwei, allerdings sehr wesentlichen Punkten von einer herkömmlichen DVA, nämlich

— in den räumlichen Abmessungen und
— im Aufbau der Speicher.

Zu den räumlichen Abmessungen: wie das Wort Micro schon andeutet, handelt es sich um vergleichsweise kleine Dimensionen, im Extremfall um einen einzigen Chip mit den Abmessungen von ca. 10 × 20 mm. Noch winziger ist das eigentlich aktive Teil dieses Micros. Es besteht aus einem Siliziumkristall mit den Abmessungen von 4 × 5 mm. Wie fast überall in der Technik, steht der Anwender vor einer nahezu unübersehbaren Typenvielfalt, sobald er sich mit der Auswahl eines Micros befaßt. Je nach Rechengeschwindigkeit, Wortbreite und Komfort des verlangten Befehlssatzes unterscheiden sich Microcomputer sehr stark in Leistung, Preis und Abmessungen. Dabei können 1-Chipmicrocomputer, wie oben beschrieben, unterschieden werden von solchen Typen, bei denen nur der eigentliche Microprozessor auf dem Chip untergebracht ist, die übrigen Teile wie Ein- und Ausgabeeinrichtungen und Speicher dagegen in weiteren Chips enthalten sind (Bild 15).
Zum Aufbau der Speicher: während bei einer herkömmlichen DVA nur ein einziger

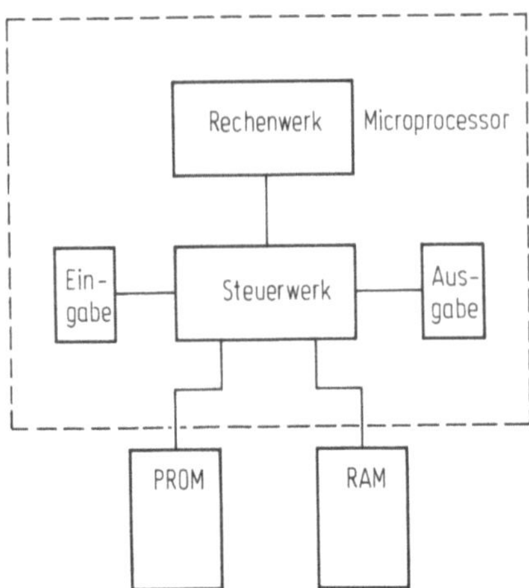

Bild 15. Blockschaltbild eines Microcomputers

Speicher vorhanden ist, in dem sowohl das Programm als auch die zu verarbeitenden Daten stehen, ist beim Microcomputer konstruktiv eine Aufteilung in Programmspeicher und Datenspeicher festgelegt. Der Programmspeicher besteht meist aus einem sogenannten PROM (programmed read only memory). Dieser Speicher kann nur ein einziges Mal und zwar durch den Hersteller beschrieben werden. Sind Korrekturen notwendig, weil sich Fehler im Programm herausgestellt haben, so muß der Programmspeicher verworfen werden und ein neuer PROM mit dem korrigierten Programm eingesetzt werden. Diesem Nachteil steht der Vorteil gegenüber, daß das Programm nicht versehentlich überschrieben werden kann, wie dies gelegentlich bei herkömmlichen DVA vorkommt. Um den Nachteil zu vermeiden, daß bei jeder Korrektur ein neuer Speicher zum Einsatz kommen muß, haben die Hersteller inzwischen sogenannte EPROM entwickelt. Bei diesem Speicher kann durch intensive Bestrahlung mit ultraviolettem Licht der gesamte Speicherinhalt gelöscht werden. Anschließend ist der Speicherchip wieder neu programmierbar.

Der Datenspeicher dagegen kann vom Anwender oder vom Microcomputer selbst mit Informationen beliebig geladen werden. In diesem Speicher stehen z. B. Signalprogramme und Parameter für die verkehrsabhängige Steuerung. Solche beliebig löschbaren Speicher werden als RAM-Speicher (random access memory) bezeichnet, weil sie einen freien Zugriff zu jeder beliebigen Speicherzelle gestatten, wobei die Speicherzelle sowohl gelesen, als auch neu beschrieben werden kann. Derartige Speicher sind meist nach dem Prinzip der bistabilen Kippstufe aufgebaut und enthalten zu diesem Zweck eine Riesenzahl von Transistoren, in deren Schaltzustand die Information niedergelegt ist. Da Transistoren zur Erhaltung des Schaltzustandes elektrische Leistung benötigen, ist es notwendig, für Zeiten des Netzausfalles eine kleine Batterie zur Bereitstellung der Leistung zu verwenden.

Die Programmierung von Microcomputern erfolgt in der gleichen Weise wie bei herkömmlichen DVA, und genau wie bei ihnen ist der Programmierkomfort sehr stark vom verwendeten Typ abhängig. So sind heute bereits Microcomputer mit Compilern für Fortran, Pascal und andere höhere Programmiersprachen auf dem Markt, die in ihren Leistungseigenschaften kleinen DVA in nichts nachstehen. Der Anwender braucht nur den für seinen Zweck optimalen Typ auszuwählen. Darüber hinaus werden die Microcomputer immer preiswerter. Für die Kosten eines Microcomputers mit einigen Kilo-Byte-Speichern vor wenigen Jahren erhält man heute Systeme, die aus Mehrfachrechnern bestehen und Speicherkapazitäten und Rechengeschwindigkeiten besitzen, die an Großrechner heranreichen. Dabei ist die Entwicklung noch keineswegs abgeschlossen.

6.2 Einsatzmöglichkeiten und Vorteile

Kreuzungsgeräte

Der Microcomputer eignet sich insbesondere zum Einsatz in einem Kreuzungsgerät, in dem verhältnismäßig viel Information zu speichern ist, z. B. die Signalprogramme, die Zwischenzeitmatrix, Mindestgrünzeit, Dauer der Gelb- und der Rot—Gelb-Zeiten usw. Außerdem ist eine große Anzahl logischer Verknüpfungen durchzuführen, z. B. Detektormeßwerte mit Schwellwerten vergleichen, aus dem Betriebszustand des Kreuzungsgerätes Meldungen an die Zentrale ableiten usw.

Das Speichern von Daten und ihre logischen Verknüpfungen beherrscht der Microcomputer optimal. Deshalb bietet er sich in erster Linie für den Einsatz im Kreuzungsgerät an. Welche Funktion dabei der Microprozessor übernehmen kann, zeigt Bild 16.
Aus dem Blockschaltbild sind auch die Vorteile gegenüber einem nur elektronischen
Gerät erkennbar. Im einzelnen ergeben sich folgende Verbesserungen:

— Die billige Speicherung einer großen Anzahl von Signalprogrammen und sonstiger,
  für Festzeitsteuerung oder Verkehrsabhängigkeit notwendiger Daten, die z. B. von
  einer zentralen Stelle aus eingegeben werden können.
— Die automatische Bildung der optimalen Übergangszeiten, unter Beachtung der
  Räumzeiten und Mindestgrünzeiten.
— Die Entgegennahme, Verarbeitung und Verknüpfung von Meßwerten aus Detekto-
  ren für die verkehrsabhängige Steuerung.
— Die Übertragung von Steuer- und Meldeinformationen von und zur Zentrale.
— Der Dialog mit dem Verkehrsingenieur, wenn er das Gerät neu versorgt oder Ände-
  rungen vorhat. Dabei kann der Verkehrsingenieur seine Anweisungen in einer
  Sprache eingeben, die z. B. der der Verkehrsrechner sehr ähnlich ist. Die Übersetz-
  zung in den Code des Microprozessors geschieht durch den im Gerät vorhandenen
  Compiler.
— Anwendung neuer Verfahren z. B. SDM (Signalgruppensteuerung mit dezentraler
  Modifikation von Rahmensignalplänen). Bei diesem Verfahren kann stufenlos von
  strenger Festzeitsteuerung im Spitzenverkehr bis zur Verkehrsabhängigkeit bei
  Nacht übergewechselt werden, ohne daß im Gerät ein Eingriff erforderlich ist.

Einrichtung zur drahtlosen Koordinierung von Kreuzungen

Bei stark ausgeprägtem Richtungsverkehr über mehrere Kreuzungen im Zuge einer
Hauptstraße bietet die Koordinierung zu einer Grünen Welle unbestrittene Vorteile.
Genauso unbestritten sind leider auch die hohen Kosten einer Kabelverlegung. Das
Problem der Koordinierung kann jedoch ohne Kabel gelöst werden, wenn in jedem

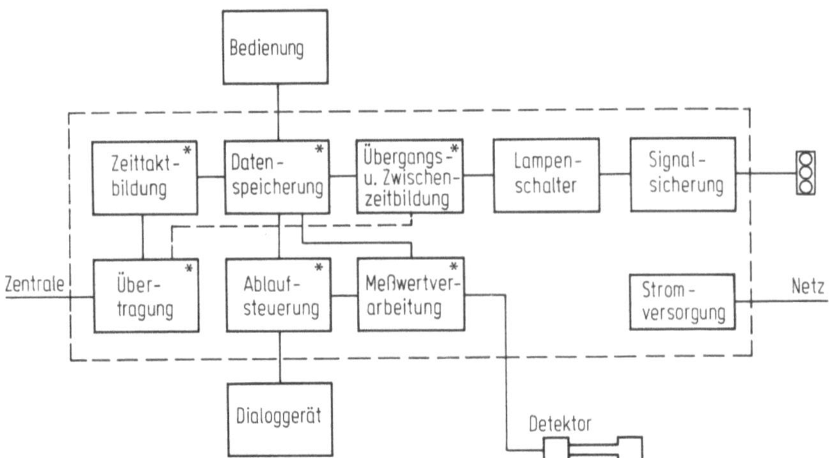

Bild 16. Blockschaltbild des Knotenpunkt-Geräts M 32. Die mit * gekennzeichneten Funktionen
werden vom Microcomputer ausgeführt

Kreuzungsgerät die sekundengenaue Zeit vorhanden ist und der Grünbeginn der Hauptstraße an jedem Knoten so festgelegt werden kann, daß eine Grüne Welle entsteht. Die genaue Zeit kann eine Quarzuhr oder der Zeitzeichensender der Bundespost liefern. Das Speichern der richtigen Zeitpunkte, das Umschalten der Signalpläne und die dazu notwendigen Verknüpfungen können ideal von einem Microcomputer erledigt werden. Der Einsatz eines Microcomputers bringt auch hier bedeutende Vorteile.

6.3 Auswirkungen auf die Gesamtkonzeption

Verkehrsrechner wurden in der Vergangenheit hauptsächlich für folgende Aufgaben eingesetzt:

— Zentrale Überwachung des Betriebes mit Protokollierung aller Schaltvorgänge und Störungsmeldungen.
— Zentrale Versorgung der Knotenpunktgeräte mit den notwendigen Daten (Signalprogramme usw.).
— Meßwertstatistik.
— Ein-, Aus- und Umschalten der Knotenpunktgeräte von Hand oder in Abhängigkeit von Uhrzeit, Wochentag und Verkehrsaufkommen.
— Verkehrsabhängige Steuerung der Knotenpunktgeräte.

Bei einer größeren Anzahl komplizierter Knotenpunkte bringt die verkehrsabhängige Steuerung die hauptsächliche Belastung des Rechners sowohl im Hinblick auf die Rechenzeit als auch auf die Speicherkapazität. Die Verlagerung dieser Aufgaben an den Knotenpunkt selbst entlastet daher den Rechner sehr wesentlich. Andererseits wurde in den letzten Jahren von den Verkehrsingenieuren die Forderung gestellt, von den Routinearbeiten entlastet zu werden. Zur Lösung dieser Aufgaben hat die Industrie Programme und Systeme entwickelt, welche die Verwaltungs- und Zeichenarbeit durch den Rechner ermöglicht, aber auch z. B. den Entwurf von Signalprogrammen. Diese Programme sind auf dem Verkehrsrechner ablaufbar, soweit genügend Speicher und Rechenkapazität zur Verfügung steht. Sie bringen für den Verkehrsingenieur eine wesentliche Entlastung und ermöglichen es ihm, sich stärker mit der verkehrsabhängigen Steuerung befassen zu können.

7 Literatur

1 Richtlinien für Lichtsignalanlagen. Forschungsgesellschaft für Straßen- und Verkehrswesen 1981
2 Merkblatt über Steuerungssysteme für Lichtsignalanlagen in innerörtlichen Straßennetzen. Forschungsgesellschaft für das Straßenwesen 1978
3 Kittel: Ermittlung von Kriterien für eine einheitliche Signalsicherung nach verkehrstechnischen Gesichtspunkten. Essen: Forschungsbericht des BMV 1975
4 VDE 0832/DIN 57832; Bestimmungen für Straßenverkehrs-Signalanlagen, Deutsche Elektrotechnische Kommission im DIN und VDE
5 VDE 0800; Bestimmungen für Errichtung und Betrieb von Fernmeldeanlagen. Deutsche Elektrotechnische Kommission im DIN und VDE
6 Highway Capacity Manual. Washington: Highway Research Board 1965
7 Hinweise zum zeitweisen Abschalten von Lichtsignalanlagen. Forschungsgesellschaft für das Straßenwesen 1979

Teil F

Verkehrs- und regelungstechnische
Gesichtspunkte und Strategien
zur Lichtsignalsteuerung

1 Verkehrs- und regelungstechnische Gesichtspunkte

1.1 Einführung

In den Richtlinien für Lichtsignalanlagen (RiLSA) [1] heißt es, daß ein Steuerungsverfahren die verkehrstechnische Realisierung der Verkehrssteuerung — hier insbesondere durch Lichtsignalanlagen — darstellt. Ebenfalls wird dort eine Systematik vorgestellt zur Einordnung der für Lichtsignalanlagen maßgeblichen Verfahren. Die Anwendung dieser Verfahren richtet sich nach den verkehrstechnisch wirksamen Kriterien und den jeweiligen örtlichen Voraussetzungen.

Ansatzpunkte für die Anwendung von Steuerungsverfahren — bzw. im weitergehenden Sinn von Verkehrsbeeinflussungsverfahren — sind die Elemente sogenannter Verkehrssysteme, wie sie beispielsweise in [2] beschrieben und eingehend diskutiert werden. Durch den Einsatz von Datenverarbeitungsanlagen wurde der Aufbau von Betriebssystemen mit Regelverhalten, d. h. mit dem Merkmal der Adaptierfähigkeit in Bezug auf aktuelle Verkehrszustände, auch für diese Verkehrssysteme möglich. Damit ist von einer über die bisherige Steuerung hinausgehenden automatischen Regelung des Verkehrsgeschehens zu sprechen.

Die Festlegung des Einsatzorts und die Bestimmung der Einsatzgrenzen sowie die Bewertung und Beurteilung verkehrsbeeinflussender betrieblicher Maßnahmen stellen eine komplexe Aufgabe dar, zumal diese Maßnahmen nicht einzeln, sondern im Zusammenhang mit anderen nach den jeweils vorliegenden strategischen Gesichtspunkten zum Einsatz kommen. Dabei kann das Gewicht einer Einzelmaßnahme je nach zeitlichen und örtlichen Gegebenheiten sehr unterschiedlich sein. Wichtig erscheinen hier die zugrundeliegende Gesamtstrategie und die kontrollierte Koordinierung beim Einsatz der verschiedenen Maßnahmen.

Mit fortschreitender technologischer Entwicklung auf dem Gebiet der Informationstechnik wachsen auch die Möglichkeiten einer Beeinflussung des Verkehrsverhaltens. Die Informationen können mit weiterentwickelten Kommunikationsmitteln auf optisch-akustische Art dem Verkehrsteilnehmer zunehmend aktueller und sinnfälliger dargeboten werden. Damit dürfte sich seine Bereitwilligkeit, die Gebote und Empfehlungen zu befolgen, erhöhen, selbst wenn ihm im Einzelfall Sinnfälligkeit und Vorteile für seine individuelle Zielvorstellung vielleicht nicht einleuchten.

Sollen dem Verkehrsteilnehmer aktuelle, eindeutige und ausreichende Informationen für ein systemgerechtes Verhalten im Verkehrsgeschehen geboten werden, so ist es erforderlich, die verkehrstechnischen Voraussetzungen und Zielstellungen stärker als bisher unter regelungstechnischen Gesichtspunkten zu betrachten. Der hier erzielte Übereinklang ist als Maßstab bei Entwurf und Realisierung von Betriebssystemen zur Verkehrsbeeinflussung anzusehen.

1.2 Straßenverkehrssystem

Das Straßenverkehrssystem dient der Erfüllung von Verkehrsaufgaben, also dem Transport von Personen und Gütern. Als Elemente des Systems (Bild 1.1) können zunächst angesehen werden:

— der Mensch als Fahrzeugführer,
— das Fahrzeug zur Aufnahme und Bewegung des Transportguts,
— das Verkehrswegenetz als System von Verkehrsverbindungen, Kreuzungs- und Verzweigungspunkten.

Der Verkehrsablauf ist in diesem Sinne zu verstehen als zeitliche und räumliche Folge des Zusammenwirkens der einzelnen Elemente. Dabei wirken physikalische, soziale und organisatorische Einflüsse auf das System ein oder werden auch von ihm erzeugt.

Der Mensch beeinflußt den Verkehrsablauf maßgeblich nach einer permanenten Aufnahme und Verarbeitung von Information durch Umsetzen der Ergebnisse in Entscheidungen. Dabei treten Reizwahrnehmung und -aufnahme, Kenntnisse und Wissen, Informationsverarbeitung sowie Entscheidung und Reaktion als Funktionskette in Erscheinung. Das Systemverhalten des Menschen ist ausschlaggebend für den Verkehrsablauf. Es ist meßbar anhand von Wahrnehmungsgrad und Befolgungsgrad im Verkehrsgeschehen und damit abhängig vom Leistungsangebot.

Grundlagen des menschlichen Leistungsangebots in Bezug auf verkehrstechnische Problemstellungen sind Fähigkeiten, Disposition und Motivation. Aus der Fülle relevanter Motivationen sei hier erwähnt das Streben nach eigenen Vorteilen (kurze Fahrzeit, hohe Reisegeschwindigkeit, guter Fahrkomfort, Sicherheit) oder das Solidaritätsgefühl innerhalb der gleichen Gruppe wie Fußgänger, Radfahrer usw. Auf diese inneren Antriebe kann durch geeignete Kommunikationsmittel Einfluß genommen werden. Insbesondere der eigene Vorteil muß anscheinend deutlich erkennbar sein, soll beispielsweise eine gewünschte Bewegungsrichtung eingeschlagen werden.

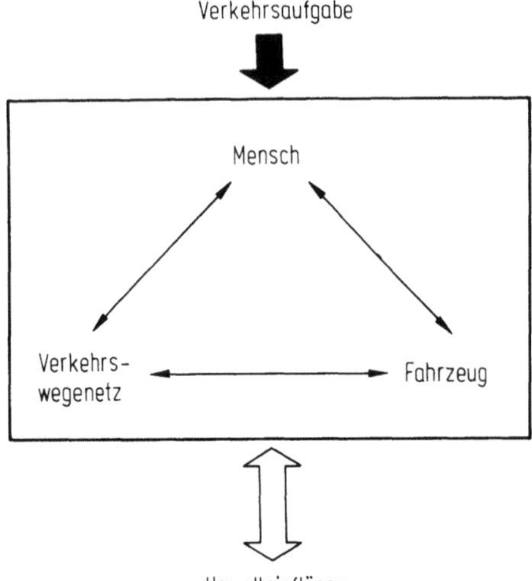

Bild 1.1. Straßenverkehrssystem

Das Fahrzeug — im Sonderfall der Mensch selbst als Fußgänger — prägt das Erscheinungsbild des Verkehrsablaufs einmal als Einzelobjekt und zum anderen, bei Zusammenfassung mehrerer Objekte, als Teilkollektiv. Das Einzelobjekt ist zunächst in der ungestörten Bewegung zu betrachten und läßt sich dabei durch eine Reihe von Kenngrößen beschreiben wie z. B.

Fahrweg, Fahrzeit, Haltezeit, Fahrgeschwindigkeit,
Zeitkosten, Lärmentwicklung, Abgasemission und Energiebedarf.

In städtischen Bereichen gewinnen die Daten für das Fahrzeugkollektiv erhöhte Bedeutung. Sie werden auch als Kenngrößen des Verkehrsablaufs bezeichnet. Zu ihnen gehören u. a.:

Verkehrsstärke, Verkehrsdichte, mittlere Fahrzeit oder -geschwindigkeit, mittlere Reisezeit oder -geschwindigkeit, mittlere Verweilzeit, Spurbelegung, Zu- und Abflußrate, mittlere Haltezeit und -häufigkeit, mittlere Staulänge und -dauer, mittlere Zeit- und Betriebskosten, Umweltbelastung, Kraftstoffverbrauch.

Ihre Bestimmung geschieht durch die Erfassung des zeitlichen und räumlichen Auftretens sowie durch die Auswertung der Konstruktions- und Leistungsdaten.
Das Verkehrswegenetz bietet die für die Bewältigung der Verkehrsaufgabe notwendigen räumlichen Kapazitäten an. Kennzeichnend ist der Ausbauzustand der angebotenen Verkehrsflächen im Bereich der Strecken- und Knotenpunkte:
— Länge der Streckenabschnitte
— Anzahl und Breite der Fahrspuren pro Streckenabschnitt
— Neigungsverhältnisse und Fahrbahnbeschaffenheit
— Sichtverhältnisse
— Anzahl der Spuren pro Knotenpunktzufahrt
— Länge des Stauraums pro Spur
— Ausbaugeschwindigkeit bzw. festgelegte Höchstgeschwindigkeit
— Markierung und Beschilderung.

Auf das Zusammenspiel dieser Systemelemente wirken störende und fördernde Umwelteinflüsse ein. Aber auch das System selbst kann, wie schon bei der Aufzählung der Kenngrößen des Verkehrsablaufs deutlich wurde, Einflüsse erzeugen, die sich — meistens unangenehm — auf die Umwelt auswirken. Bekannt sind physikalische, soziale und organisatorische Umwelteinflüsse.
Physikalische Einflüsse wirken direkt auf Fahrzeuge und Verkehrswegenetz, indirekt aber auch auf den Menschen. Dazu gehören Witterungskomponenten wie Trockenheit, Nässe, Schnee, Eis, Nebel, Sonne, Dunkelheit sowie Bewuchs der Randzonen und Industrieemissionen, aber auch die allgemeine Beschaffenheit des Fahrwegs hinsichtlich Trassierung und Fahrbahneigenschaften sowie die Leistungsdaten des Fahrzeugs.
Soziale Einflüsse ergeben sich einmal aus dem Vorhandensein unterschiedlicher Verkehrs- und Produktionssysteme, zum anderen durch straßenverkehrsrechtliche Gegebenheiten. Letztere spielen in diesem Zusammenhang eine grundsätzliche Rolle.
Organisatorische Umwelteinflüsse werden dem Menschen im Straßenverkehrssystem in der Regel bewußt und gewollt über Kommunikationsmittel nahegebracht. Damit soll auf die Entscheidungsphase des Menschen als Bewegungsobjekt oder Fahrzeugführer Einfluß genommen werden, und zwar autoritär durch gesetzliche Ge- und Ver-

bote oder hinweisend durch Vorwarnungen, Empfehlungen, Ankündigungen oder Richtlinien. Die Manipulation der organisatorischen Umwelteinflüsse bietet noch am ehesten Ansätze zur Verwendung adaptiver Steuerungssysteme.

Die Einwirkung auf den Menschen geschieht durch eine Reihe von Maßnahmen, die sich nach gewissen strategischen Gesichtspunkten richten. Dem Menschen tritt sozusagen ein alternatives Steuerungssystem zur Seite, das ihm Entscheidungen abnimmt. Die Steuerung vollzieht sich nach Regeln und Gesetzmäßigkeiten, die entsprechend den vorliegenden Erfahrungen die gewünschte Form des Verkehrsablaufs gewährleisten sollen. Die Summe dieser Vorgaben führt zu einem Wirkungsablauf, der sich wie in Bild 1.2 beschreiben läßt:

Allgemein wird ein Stellglied — beispielsweise eine Signalanlage — so betätigt, daß eine gewählte Regelgröße (z. B. Staulänge) innerhalb der Regelstrecke (Stauraum) konstant bleibt. Als Störgröße z tritt hier die Schwankung des Zuflusses auf. Um ihren Einfluß zu eliminieren, wirkt die Stellgröße y (Freigabezeitlänge) über das Stellglied (Signalanlage) auf die Regelgröße x (Staulänge), damit diese entsprechend der eingangs definierten Forderung konstant bleibt.

Beim *offenen* Wirkungsablauf — der den ursprünglichen Begriff der *Steuerung* impliziert — wird nur die Regelgröße beeinflußt, ohne daß die Auswirkungen unmittelbar analysiert und bei Abweichungen von den Sollwerten kurzfristig korrigiert werden können.

Im Gegensatz dazu steht der *geschlossene* Wirkungsablauf. Wesentlicher Bestandteil dieses Ablaufs ist der Regler (z. B. Verkehrsrechner), der die Istwert-Abweichung der Regelgröße vom vorgegebenen Sollwert (Führungsgröße w) ermittelt und über eine unmittelbare Veränderung der Stellgröße die Regelabweichung zu minimieren versucht. Ein derartiger Wirkungsablauf — häufig als adaptive, dynamische oder verkehrsabhängige Steuerung bezeichnet — entspricht dem physikalischen Begriff der Regelung bzw. des Regelkreises.

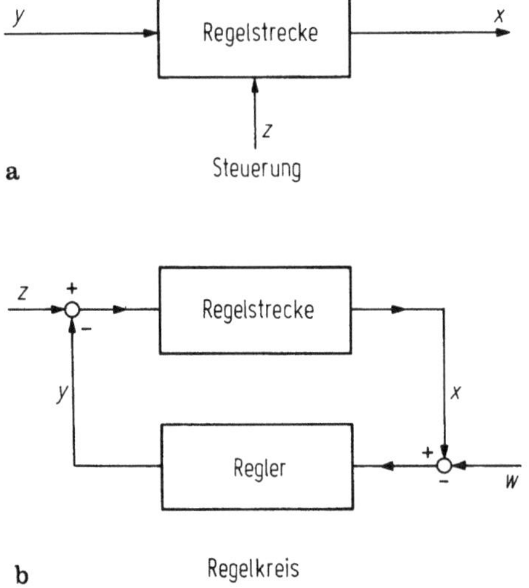

Bild 1.2 a und b. Prinzip des Wirkungsablaufs. a offener Wirkungsablauf, b geschlossener Wirkungsablauf. x = Regelgröße, y = Stellgröße, z = Störgröße, w = Führungsgröße

1.3 Regelkreis

Ein Regelkreis erfordert im wesentlichen einen Regler, also eine Vorrichtung, welche die Differenz zwischen dem augenblicklichen Wert (Istwert), der Regelgröße und dem vorgegebenen Wert (Sollwert) feststellt und dieser Differenz entsprechend das Stellglied betätigt. Diese Reglerfunktionen können inzwischen durch Datenverarbeitungsanlagen (Verkehrsrechner) wahrgenommen werden, so daß sich vielfältige Möglichkeiten einer automatischen Verkehrsbeeinflussung eröffnen.

Der prinzipielle Ablauf, wie er im Regelkreis zum Verkehrslenkungssystem umgesetzt werden kann, stellt sich entsprechend Bild 1.3 wie folgt dar:

— Meßfühler und Umformer (hier z. B. Induktionsschleifen und Auswerteschaltungen) messen die Regelgröße x, also die aktuelle Anzahl der Fahrzeuge im Stauraum (= Staulänge) und formen die Informationen in ein geeignetes Signal um, das zum Regler (Verkehrsrechner) übertragen wird.

— Im Regler wird ein Sollwert, die Führungsgröße w, für die Staulänge vorgegeben, an der sich die Regelung orientiert; dieser Wert kann als Mittelwert, Maximalwert o. ä. anzusehen sein.

— Die Stellgröße y ist Ausgangsgröße des Reglers, die zur Betätigung des Stellglieds, hier einer Signalanlage, dient. Im vorliegenden Fall kann eine Freigabezeitlänge übermittelt werden.

— Die Schwankung des Zuflusses stellt in diesem Fall die Störgröße z dar, die in der Regelstrecke (Stauraum) zur Veränderung gegenüber der möglicherweise gewünschten konstanten Staulänge führt.

— Stellgröße und Störgröße führen über das Stellglied zu einer neuen aktuellen Regelgröße, die wiederum gemessen und übertragen werden kann, womit der Kreis geschlossen ist.

Die Vorteile eines derartigen Regelkreises sind zu sehen in:
— gegenüber baulichen Maßnahmen vergleichsweise geringen Kosten bei der Einrichtung
— günstiger Kapazitätsausnutzung des Verkehrswegenetzes
— großer Flexibilität bei der Anpassung an aktuelle Situationen
— großer Flexibilität bei der Anpassung an langfristige Bedarfsänderungen aufgrund der Lernfähigkeit des Systems
— Entlastung des Menschen als Fahrzeugführer durch Abnahme oder Erleichterung von Entscheidungen
— Bereitstellung umfangreichen Informationsmaterials zur Bewertung und Beurteilung des Verkehrsablaufs.

Demgegenüber fallen im allgemeinen weniger ins Gewicht die Probleme wie:
— verhältnismäßig hoher betrieblicher Aufwand
— Störanfälligkeit hochautomatisierter Systeme
— schwerer absehbare Akzeptanz der Verkehrsteilnehmer
— Implausibilitäten für den Verkehrsteilnehmer aufgrund von Störungen bzw. Inkaufnahme von Nachteilen für Teilkollektive.

Vor- und Nachteile sind bei der Einsatzplanung unter Berücksichtigung der maßgebenden Einsatzkriterien sorgfältig gegeneinander abzuwägen. Dazu steht je nach vorliegenden Zielvorstellungen ein umfangreicher Maßnahmenkatalog zur Verfügung.

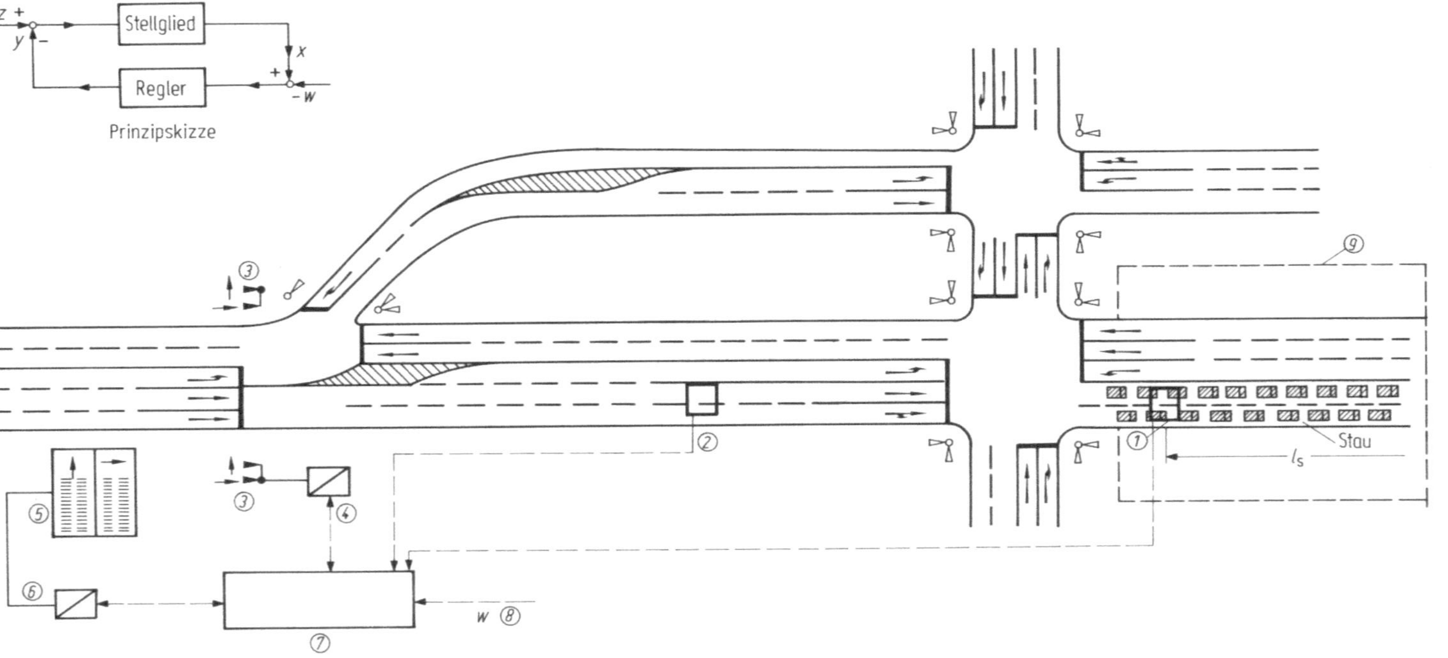

Bild 1.3. Verkehrslenkungssystem als Regelkreis. z = Störgröße, x = Regelgröße, w = Führungsgröße, y = Stellgröße.
1 Induktionsschleife zur Erfassung der Staulänge, 2 Induktionsschleife zur Erfassung der Schwankung des Zuflusses (Störgröße), 3 Beeinflußbare Signalgruppen, getrennt für Links- und Geradeausfahrt (Stellglied), 4 Schaltkasten für Signalgeber, 5 Wechselwegweiser (Stellglied), 6 Schaltkasten für Wechselwegweiser, 7 Rechner (Regler), 8 Schwellenwert für Staulänge (Führungsgröße), 9 Stauraum (Regelstrecke)

1.4 Einsatzbereiche

Der Aufwand für den Einsatz verkehrsbeeinflussender Maßnahmen wird im wesentlichen durch den räumlichen Einsatzbereich der gewählten Steuerungsstrategie bestimmt. Hier werden meistens drei Einsatzbereiche unterschieden (Bild 1.4):

— Punktsteuerung
— Liniensteuerung
— Flächensteuerung.

Maßgebend für die Eingliederung eines Steuerungsverfahrens in einen dieser Bereiche ist die räumliche Ausdehnung der unmittelbaren Auswirkungen sowohl der Steuerungsmaßnahmen als auch deren Kontrolle. So erfaßt die Punktsteuerung nur den Knotenpunkt mit seinen Zu- und Abfahrten und läßt weitergehende Auswirkungen auf Streckenabschnitte und Netzbereiche unbeachtet. Die Liniensteuerung erfaßt den Bereich einer Strecke oder eines Streckenzugs ohne Überwachung der Einflüsse auf das Netz. Die Flächensteuerung schließlich integriert mehrere einzelne, ein gemeinsames Ziel verfolgende Punkt- oder Liniensteuerungen zu einem Gesamtkonzept.

Der zutreffende Einsatzbereich bestimmt die festzulegenden Systemgrenzen und damit auch den erforderlichen Aufwand für Datenerfassung, Datenübertragung und Kommunikationseinrichtungen.

Der Einsatz der verschiedenen Maßnahmen erfolgt dann koordiniert unter wirtschaftlicher Ausnutzung der Erfassungs-, Übertragungs- und Datenverarbeitungsgeräte. Dabei sind die Beeinflussungsmaßnahmen und die zugehörigen Steuerungsverfahren im allgemeinen aufgrund der vorliegenden Erkenntnisse [3] im Zusammenhang zu sehen. Dies gilt sowohl aus regelungstechnischen Gründen (gemeinsame Nutzung der Regelungseinrichtungen) als auch aus verkehrstechnischen Gründen, da eine strenge Zuordnung der nachfolgend genannten Maßnahmen zu nur einem der drei Einsatzbereiche kaum möglich ist.

Wenn jedoch jeder Maßnahme ein Einsatzbereich zugeordnet wird, dann nur, um die schwerpunktmäßigen Akzente zu setzen. Bei der Einzelplanung sind stets die übergreifenden Auswirkungen mit zu berücksichtigen.

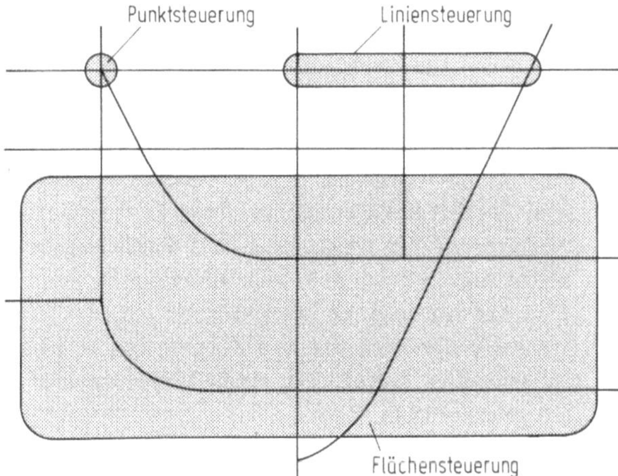

Bild 1.4. Steuerungsbereiche

— *Steuerung durch Lichtsignalanlagen (Punktsteuerung, Liniensteuerung)*

Die gebräuchlichen Verfahren sind in den RiLSA [1] aufgeführt und ausführlich
beschrieben. Sie beziehen sich auf alle Verkehrsarten vom Fußgänger bis zur
Stadtschnellbahn, sofern diese über kein eigenes kreuzungsfreies Wegesystem verfügen.

Insbesondere aus Gründen der Sicherheit nehmen sie eine zentrale Rolle in der
Verkehrsbeeinflussung ein. In Verbindung mit Rechnerzentralen wurde für das System lichtsignalgeregelter Knotenpunkte eine koordinierte Linien- und teilweise
Netzsteuerung unter weitergehenden Zielvorstellungen möglich. So lassen sich
durch makroskopische und mikroskopische Verfahren Komfort und Wirtschaftlichkeit des Verkehrsablaufs steigern. Auch die Umwelt ist damit in gewissen Grenzen
beeinflußbar.

Mit der großen Verbreitung gewinnen jedoch auch die für den Regelkreis aufgezählten Probleme an Gewicht; hier sei insbesondere hingewiesen auf den relativ
hohen betrieblichen Aufwand beim Einsatz mikroskopischer Steuerungsverfahren.
Aus diesen Gründen hat man sich wohl auch erst an wenigen Stellen dazu durch-
ringen können, von dem offenen Wirkungsablauf der Steuerung (zeitplanabhängige Signalsteuerung) zum geschlossenen Ablauf einer Regelung (verkehrsabhängige Signalsteuerung) überzugehen.

— *Fahrstreifensignalisierung (Liniensteuerung)*

In Netzbereichen mit eindeutig wechselnden Richtungsverkehren können bestimmte Fahrstreifen oder auch ganze Straßenzüge der jeweiligen Hauptverkehrsrichtung zugeteilt werden. Das System zielt dabei in erster Linie auf eine Erhöhung der Leistungsfähigkeit und muß vorwiegend als Mittel der Liniensteuerung
angesehen werden, obwohl auch Auswirkungen auf die Fläche zu erwarten sind,
wenn die betreffende Strecke ein großes Einzugsgebiet hat.

Der Einsatz kann bei günstigen netzstrukturellen Voraussetzungen eine Alternative zum Neu- oder Ausbau von Straßenzügen darstellen, wenn die auftretenden
Richtungsverkehrsstärken wirklich eindeutig und wechselnd sind, wie dies in der
Regel auf Radialstraßen der Fall ist. Hier ist neben Tunnel und Brücken sowie Zufahrten zu Massenveranstaltungen das eigentliche Einsatzgebiet zu sehen. Signalsteuerung und Wegweisung sind dabei auf das System abzustimmen (vgl. Hauptabschn. I).

— *Bevorzugung des öffentlichen Personennahverkehrs (Liniensteuerung, Punktsteuerung)*

Auf stark belasteten Streckenabschnitten wird dem öffentlichen Personennahverkehr (ÖPNV) zeitweise ein gesonderter Fahrstreifen zugewiesen zu seiner aus-
schließlichen Benutzung. Dies bewirkt eine Qualitätssteigerung des ÖPNV durch
Verringerung der Reisezeiten und damit zunehmende Attraktivität und Wettbe-
werbsfähigkeit gegenüber dem Individualverkehr. Der Einsatz des Systems ist jedoch nur dort möglich, wo genügend Fahrstreifen zur Verfügung stehen, um eine
Trennung der Verkehrsarten durchzuführen, und wo die dem Individualverkehr
verbleibenden Kapazitäten einen Verkehrsablauf ohne unzumutbare Behinderungen gewährleisten.

Kommt es in Spitzenzeiten zu über die betroffenen Streckenabschnitte hinausgehenden Störungen, kann der Vorteil auch für den ÖPNV wieder verloren gehen, weil beispielsweise der reservierte Fahrstreifen erst gar nicht erreicht oder am Ende nicht mehr verlassen werden kann. Derartige kritische Bereiche können aber ggf. durch entsprechende Ein- und Ausfahrregelungsmaßnahmen entschärft werden.

So kann durch die Signalsteuerung mit eigenen Phasen für den ÖPNV ein problemloses und bevorzugtes Eingliedern ermöglicht werden. Bei der Schaltung dieser Phasen als Anforderungsphasen wird die Behinderung des Individualverkehrs minimiert.

An kritischen Knotenpunkten kann ebenfalls durch Sonder- und Anforderungsphasen für eine bevorzugte Abwicklung des ÖPNV gesorgt werden. Sofern besondere Stauräume zur Verfügung stehen (Busschleusen), entfallen eigene Phasen, so daß am Knotenpunkt selbst Beeinträchtigungen durch zusätzliche Phasen vermieden werden.

Im Zuge der Einrichtung von durchgehenden Sonderfahrstreifen wird durch eine entsprechende Signalisierung in Knotenpunktbereichen für einen weitgehend störungsfreien und koordinierten Fahrverlauf von Fahrzeugen des ÖPNV gesorgt. Voraussetzung für die Einbeziehung in einen Regelkreis ist die Standorterfassung der zu bevorzugenden Fahrzeuge und die Weiterverarbeitung der damit verbundenen Fahrinformationen (vgl. Hauptabschn. H).

— *Parkleitsystem (Flächensteuerung)*

Die statische Hinweisbeschilderung reicht bei der Parkplatzsuche im allgemeinen nicht aus. Will man den Kraftfahrer zu freien Flächen weisen und dabei möglichst überlastete Streckenabschnitte für die Anfahrtrouten vermeiden, so ist dazu eine dynamische Wechselwegweisung erforderlich. Aus dem Zusammenspiel der Wechselwegweiser zum Angebot der günstigsten Fahrtrouten ergibt sich die Notwendigkeit eines geschlossenen Regelkreises innerhalb eines Parkleitsystems. Ein derartiges System ist als flächenhaftes Lenkungssystem mit der generellen Zielsetzung einer ausgewogenen Verkehrsverteilung einsetzbar [4].

Diese und weitere Maßnahmen sind im Rahmen eines Gesamtkonzepts der städtischen Verkehrsbeeinflussung einzusetzen. Sie gewährleisten bei sorgfältiger Planung und ständiger Anpassung an die aktuellen baulichen und verkehrlichen Voraussetzungen eine wirtschaftliche Nutzung der gemeinsamen Systemkomponenten wie beispielsweise des Datenübertragungssystems und der zentralen Datenverarbeitungsanlagen sowie eine optimale Ausnutzung der vorhandenen Transportkapazitäten (vgl. Hauptabschn. I).

1.5 Entwicklungsstand

Die aufgezählten Steuerungsverfahren geben einen Eindruck von den zur Zeit bestehenden Möglichkeiten der Verkehrsbeeinflussung in städtischen Bereichen. Ihr koordinierter Einsatz gewährleistet einen Verkehrsablauf, der den genannten Zielvorstellungen (vgl. auch 1.1) gerecht werden kann.

Indessen zeigen sich bisher nur vereinzelt Ansätze eines Gesamtkonzepts zur städtischen Verkehrsbeeinflussung. Das mag einmal an der Komplexität des hier angesprochenen Maßnahmenbereichs liegen. Zum anderen treten beim Betreiben derartig hochautomatisierter Systeme Probleme auf, die vielleicht zur Zeit noch manchen Betreiber etwas abschrecken. Schließlich läßt sich die Effizienz des Systemeinsatzes oft nur schwer und mit erheblichem Aufwand über längere Meßreihen o. ä. nachweisen. Hier haben jedoch von der Forschungs- und Entwicklungsseite her bereits entsprechende Bestrebungen eingesetzt. Einmal wurden Richtlinien und Hinweise erarbeitet, mit denen eine bessere Durchdringung der verfahrens- und gerätetechnischen Probleme gewährleistet wird. Desweiteren wird versucht, die Systemkomponenten klar zu gliedern und die Störanfälligkeit zu verringern. Schließlich werden zur Zeit Verfahren entwickelt, die eine wirtschaftliche, verkehrstechnische Gesamtbewertung von Steuerungs- und Regelungssystemen im Hinblick auf die Erfüllung vorgegebener Zielvorstellungen erlauben. Dabei sollen die automatisch erhobenen Meßdaten ausgewertet und direkt zur Bewertung verwendet werden.

Die Entwicklung von Strategien zur Signalsteuerung ist nach wie vor weltweit von großer Wichtigkeit. Sie ist abhängig von der Verfügbarkeit und dem Fortschritt der Systemtechnik, den Modellvorstellungen und der wechselnden Bedeutung von Kenngrößen des Verkehrsablaufs. Hier seien beispielhaft nur die Bereiche Emissionen und Kraftstoffverbrauch angeführt, die in letzter Zeit zunehmendes Gewicht erhalten haben. Während in den Bereichen der Punkt- und Liniensteuerung zahlreiche direkte (online) Verfahren einsetzbar sind, bestehen für eine Flächensteuerung bisher lediglich indirekt (off-line) zur Vorbereitung von geeigneten Steuerungen angewendete, allgemein anerkannte Verfahren. Dies liegt wohl vor allem an der umfangreichen Datenbasis, die für jeden Einzelfall aktuell bereitgehalten werden muß, und an der Menge der auftretenden Zielkonflikte, die nur sehr schwer in der verfügbaren Zeit automatisch zu lösen sind. Mit verstärktem Einsatz der Mikrotechnik und einer interaktiven Prozeßsteuerung in modernen Leitzentralen lassen sich jedoch mit Sicherheit in absehbarer Zeit auch für die Flächensteuerung direkt wirkende Strategien verwirklichen.

Das makroskopische Verfahren der Signalprogrammauswahl ist wohl bisher am weitesten verbreitet, und insbesondere die zeitplanabhängige Version des Verfahrens genießt ob ihrer einfachen Handhabung nach sorgfältiger Aufstellung geeigneter Signalprogramme große Anerkennung. Eine verkehrsabhängige Signalprogrammauswahl erfordert einen höheren betrieblichen Aufwand entsprechend den Anforderungen eines geschlossenen Wirkungsablaufs. Dafür entfallen die Aufstellung und laufende Überwachung der Zeitpläne. Außerdem kann die Steuerung besser auf unvorhersehbare Situationen und Anforderungen reagieren (vgl. Kap. G1).

Die Reaktionen oder auch Anpassungen an mehr oder weniger zufällige Verkehrsschwankungen lassen sich im Knotenpunktbereich erzielen durch gewisse Modifizierungen der laufenden Signalprogramme, etwa durch Verlängerung oder Verkürzung einer laufenden Freigabezeit. Dabei sind der Modifikation durch die Einbindung der Knotenpunktregelung in die Linien- und Flächensteuerung enge Grenzen gesetzt (vgl. Kap. G2).

Die Grenzen lassen sich bei dem verkehrsabhängigen Verfahren der Signalprogrammbildung wesentlich weiter fassen. So werden hier die Steuerungsmerkmale an einem Knotenpunkt wie Umlaufzeit, Phasenfolge und Freigabezeitversätze zu umliegenden Knotenpunkten als weitgehend veränderlich vorausgesetzt. Das Verfahren beruht auf dem Einsatz eines Optimierungsmodells und erfordert einen höheren systemtechnischen und zeitweise auch betrieblichen Aufwand. Unter Beachtung der Anforderungen aus der Linien- und Flächensteuerung im Steuerungsbereich läßt es sich vorteilhaft bei stark wechselnden Verkehrsbelastungen und Richtungsübergewichten anwenden (vgl. Kap. G3).

Die Fahrstreifensignalisierung stellt einen besonderen Fall der Steuerung durch Dauerlichtzeichen dar. Zielsetzung und Einsatzkriterien sowie bauliche und betriebliche Voraussetzungen dieses Steuerungsverfahrens der Liniensteuerung sind deshalb nachfolgend noch eingehender darzustellen. Zu beachten ist in innerstädtischen Bereichen die Einbindung in die Flächensteuerung. Probleme ergeben sich im Kreuzungs- sowie im Ein- und Ausfahrbereich (vgl. Hauptabschn. I).

Mit der zunehmenden Erkenntnis, daß der Abwicklung des öffentlichen Verkehrs aus Umwelt- und Wirtschaftlichkeitsgesichtspunkten höhere Bedeutung als bisher beizumessen ist, setzten Überlegungen ein, diese Verkehrsart bei der Signalsteuerung zu bevorzugen. Dies ist bei eigenem Aufstellraum durch Sondersignale möglich, bei Benutzung des allgemeinen Straßenraums muß bei Feststellung von Fahrzeugen des ÖPNV eine entsprechende Wichtung der betreffenden Fahrzeugströme vorgenommen werden. In beiden Fällen bieten die mikroskopischen Steuerungsverfahren der Signalprogrammodifikation und der Signalprogrammbildung die Grundlage für entsprechende Eingriffs- und Bevorzugungsmöglichkeiten (vgl. Hauptabschn. H).

Die Wegweisung wird in zunehmendem Maße als Verkehrsbeeinflussungsmittel begriffen. Mit zielgerechter kollektiver Verkehrsführung lassen sich Sicherheit und wirtschaftliche Abwicklung des Individualverkehrs erhöhen. Der Einsatz von Parkwegweisungen und Parkleitsystemen hat nachweislich zur gleichmäßigeren Verteilung und über die Vermeidung von Fehlfahrten zur Verringerung des Verkehrs geführt (vgl. Hauptabschn. J).

Der hier angesprochene Entwicklungsstand ist im weitergehenden Zusammenhang mit der Erprobung etwa von individuellen Zielführungs- und Warnsystemen zu sehen. Er steht mit dem zunehmenden Potential neuer und in den verschiedenen Teilbereichen bereits erprobten Technologien am Beginn einer nach [5] durch die Stichworte Integration und Information bestimmten Wirkungsphase. Dabei hängt der Anwendungserfolg neben dem Nachweis der Wirtschaftlichkeit einmal ab von der Leichtigkeit der Handhabung durch den Betreiber und zum anderen von der Einsichtigkeit und Zuverlässigkeit für den Benutzer, also den Menschen als Verkehrsteilnehmer [6].

1.6 Literatur

1 Richtlinien für Lichtsignalanlagen RiLSA. Köln: Forschungsgesellschaft für das Straßenwesen e.V. 1977
2 Albrecht, H.; Schneider, H.-W.: Verkehrsbeeinflussung durch Wechselverkehrszeichen. Schriftenreihe Forschung Straßenbau und Straßenverkehrstechnik. Hg. Bundesminister für Verkehr, Heft 206 (1976)
3 Boesefeldt, J.; Everts, K.; Philipps, P.: Untersuchungen zur verkehrsabhängigen Signalsteuerung — Teil D: Integriertes Betriebssystem für Netze. Schriftenreihe Forschung Straßenbau und Straßenverkehrstechnik. Hg. Bundesminister für Verkehr, Heft 188 (1976)
4 Boesefeldt, J.; Kunze, W.: Erfahrungen mit der Planung und dem Einsatz von Parkleitsystemen. Bonn: Kirschbaum. Heft 4 (1982)
5 Etschberger, K.; Everts, K.; Kirchhoff, P.; Rüenaufer, P.; Zackor, H.: Technologien für integrierte Straßenverkehrssysteme. Kirschbaum. Straßenverkehrstechnik Heft 4 (1982)
6 Lapierre, R.: Integrierte Verkehrsbeeinflussung in städtischen Bereichen. Köln: Forschungsgesellschaft für das Straßenwesen e.V. 1979

2 Signalsteuerungsstrategien

2.1 Definition

Der Anspruch an die Flexibilität eines Verkehrsleitsystems für städtische Straßennetze setzt geeignete Steuerungsstrategien voraus. Unter Strategie wird hierbei die Bestimmung eines an der örtlichen Situation orientierten Einsatzplanes für Signalsteuerungsverfahren verstanden, mit dem maßgebende Zielfunktionen zur Bewältigung der zeitlich und räumlich wechselnden Verkehrszustände im Steuerungsbereich realisiert werden. Grundsätzlich ist jeder Strategie eine Zielbestimmung unterstellt, deren Art, Umfang und Wirkung durch das für die Zielerreichung im Verkehrsleitsystem notwendige Anspruchsniveau festgelegt sind, das mit den Planungsvorgaben und haushaltmäßigen Möglichkeiten im Einklang stehen muß.

Obwohl der Begriff „Strategie" fachterminologisch nicht festgelegt ist, werden die Begriffe „Strategie" und „Taktik" in der Signalsteuerung seit längerem verwendet [1]: Danach stellt die „strategische" Komponente einer Steuerung einen übergeordneten, zeitlich längerfristigen und zugleich räumlich ausgedehnten Plan für Steuerungsmaßnahmen dar, die „taktische" Komponente betrifft dagegen die aktuelle, kurzfristige und örtlich beschränkte Steuerung. Ordnet man einem Verkehrsleitsystem eine Hierarchie von Steuerungsentscheidungen zu, die von der Gesamtsituation im Straßennetz ausgehen und Einzelentscheidungen stets an übergeordneten Festlegungen orientieren, so lassen sich diese entsprechend ihrer zeitlichen Auswirkung in „strategische" (langfristige), „taktische" (mittelfristige) und „örtliche" (kurzfristige) Entscheidungen einteilen [2-4].

Grundsätzlich ist allen im Laufe der Zeit entwickelten Signalsteuerungsstrategien gemeinsam, daß sie mit zeitplanabhängigen oder verkehrsabhängigen Steuerungsverfahren auf den Verkehrsablauf einzuwirken versuchen. Maßgebende Zielbestimmungen sind dabei die Erhöhung der Verkehrssicherheit, die Verbesserung bzw. Ausschöpfung der Leistungsfähigkeit von Verkehrsanlagen, die Erhöhung der Wirtschaftlichkeit im Verkehrsablauf und die Minimierung der Umweltbelastung. Die Wahl des Steuerungsverfahrens ist in erster Linie nach verkehrstechnischen Kriterien zu entscheiden. Diese lassen sich durch Zielgrößen beschreiben, mit deren Hilfe Steuerungsmodelle entwickelt werden. Die direkt oder indirekt meßbaren Zielgrößen dienen zur Steuerung von Lichtsignalanlagen und zur Bewertung der Steuerungsverfahren. Als Steuerungsgrößen müssen sie on-line erfaßbar sein, als Bewertungsgrößen können sie auch off-line ermittelt werden. Zu den gebräuchlichen Zielgrößen gehören die Anzahl der Halte, die Wartezeit, die Staulänge, der Belastungsquotient und die Reisezeit; ihre Definition, Meßbarkeit und die Zielvorstellungen sind in den Richtlinien für Lichtsignalanlagen [5] und, soweit es die Modelle zur Bestimmung der Wartezeit angeht, in den einschlägigen Kapiteln dieses Buches und in [6] beschrieben und bewertet. Voraussetzung für die Wahl des geeigneten Steuerungsmodells ist die für den zu steuernden Be-

Tabelle 1. Für eine Signalsteuerungsstrategie relevante Zielsetzungen

Zielgröße	Zielvorstellungen
Anzahl der Halte minimieren	Verbesserung des Fahrkomforts
	Reduzierung der Abgasemission und Lärmbelästigung
	Verringerung der Wahrscheinlichkeit für Auffahrunfälle
	Erhöhung der Leistungsfähigkeit der Zufahrt bei starkem Schwerlastverkehr
	Energieersparnis
Wartezeit minimieren	Zeitersparnis für die Gesamtheit der Verkehrsteilnehmer
	Verminderung volkswirtschaftlicher Verluste
	Reduzierung der Abgasemission
Staulänge minimieren	Reduzierung der Abgasemission und Lärmbelästigung
	Verminderung der „Stress"-Situation für den einzelnen Kraftfahrer
Belastungsquotient optimieren	Ausreichende Zuweisung der Freigabezeiten für die vorhandenen Zuflußbelastungen
	Günstige Ausnutzung des vorhandenen Straßenraums
Reisezeit minimieren	Zügigere Verkehrsabwicklung in dem System
	Zeitersparnis für die Gesamtheit der Verkehrsteilnehmer in dem System

reich maßgebende verkehrstechnische Konzeption, die, im Zusammenhang mit den gerätetechnischen Voraussetzungen (z.B. lokale, zentrale und dezentrale Systeme) den Rahmen für den Aufbau einer Steuerungsstrategie festlegt.

Einen Überblick über die für eine Signalsteuerungsstrategie relevanten Zielsetzungen gibt die Zusammenfassung der in [5] für die Zielgrößen zur Steuerung und Bewertung formulierten Zielvorstellungen (Tabelle 1).

Prinzipiell kann davon ausgegangen werden, daß jedem Steuerungsverfahren eine Strategie zugrunde liegt. Zur definitorischen Abgrenzung soll nachfolgend jedoch nur dann von Steuerungsstrategie gesprochen werden, wenn der Steuerungsbereich über einen unabhängigen Knotenpunkt hinausgeht, d.h. mehrere für die Steuerung voneinander abhängige Knotenpunkte einschließt (Koordinierung) oder wenn eine verkehrsabhängige Steuerung zur Anwendung kommt.

Auf eine zeitliche Zuordnung der verschiedenen Entwicklungen, in der Fachliteratur oft nach „Generationen" unterschieden, wird bewußt verzichtet, weil sich die einzelnen Entwicklungsphasen meistens in Zeiträumen überlappen und den nachfolgenden Ausführungen keine chronologische Bedeutung unterstellt ist. Hinzu kommt, daß die Vielfalt und Komplexität der mit der Entwicklung einhergehenden Untersuchungen es an dieser Stelle nur zuläßt, die für den praktischen Einsatz relevanten Ergebnisse aufzuzeigen, ohne dabei den Anspruch auf Vollständigkeit zu erheben. Zur weitergehenden Information ist versucht worden, die dafür einschlägige Literatur nachzuweisen. Soweit es sich um Steuerungsstrategien handelt, die im Zusammenhang mit den in anderen Kapiteln dieses Buches besonders abgehandelten Steuerungsverfahren stehen, wird auf diese verwiesen.

Eine vergleichende Bewertung der einzelnen Strategien, qualitativ oder quantitativ, ist schwierig und bleibt meistens ohne schlüssige Aussage. In der Regel fehlt es an Feldvergleichen mit Vorher-Nachher-Untersuchungen und an einem für den Vergleich und die Bewertung maßgebenden Basisverfahren als neutrales Bezugssystem. Untersuchungsergebnisse dieser Art sind deshalb auf diese Voraussetzungen hin zu prüfen. Hinweise zum Einsatz von Verfahren zur Bewertung der Wirksamkeit unterschiedlicher Steuerungsmaßnahmen sind in [7] gegeben.

2.2 Ausgangslage

Das Grundprinzip der Lichtsignalsteuerung im Straßenverkehr besteht in der alternierenden Fahrtfreigabe für kollidierende Verkehrsströme an Knotenpunkten. Die in allen hochmotorisierten Ländern auf diesem Grundprinzip aufbauenden Steuerungsverfahren weisen zunächst mehr oder weniger die gleichen Merkmale auf: Festzeitprogramme mit Zuteilung ausreichender Freigabezeit für die auf den Knotenpunktzufahrten erwarteten Verkehrsbelastungen; Koordinierung der Signalprogramme benachbarter Knotenpunkte, bei der die Mehrzahl der Fahrzeuge bei der Einhaltung einer bestimmten Geschwindigkeit mehrere Knotenpunkte ohne Halt passieren kann; zeitabhängige Auswahl aus mehreren vorzuhaltenden Signalprogrammen unter Berücksichtigung periodisch wiederkehrender Verkehrssituationen im Tages- und im Wochenrhythmus; rechnergestützte verkehrsabhängige Auswahl von Signalprogrammen. Die weiteren Entwicklungen erstrecken sich auf rechnergestützte verkehrsabhängige Anpassung der (oder einiger) Freigabezeiten im Rahmen eines Signalprogramms und die Signalprogrammbildung. Die diesen Steuerungsverfahren zugrundeliegenden Methoden zur Signalprogrammentwicklung sind in Teil G eingehend behandelt.

Eine detaillierte Übersicht über verkehrsabhängige Signalsteuerungsverfahren bis zum Beginn der 70er Jahre ist in [2] gegeben. Sie sind gekennzeichnet von den Bemühungen, die Entwicklung der soft- und hardware in Verbindung mit derjenigen rechnergestützter Systeme zur Verbesserung adaptiver Steuerungsverfahren und für den Einsatz praxisreifer Steuerungsstrategien zu nutzen.

Rückblickend ist festzustellen, daß die Anwendung von Steuerungsstrategien im o. g. Sinne bereits 1917 in den USA einsetzte mit einer koordinierten Signalsteuerung in Salt Lake City, Utah und 1922 in Housten, Texas. Die verkehrsabhängige Steuerung wurde 1928, ebenfalls in den USA, eingeleitet. Als vehicle-actuated control fand dieses Steuerungsverfahren mit Beginn der 30er Jahre auch in Europa, besonders in Großbritannien, verbreitet Anwendung. Das Verfahren arbeitet nach folgendem Prinzip [2, 8]: Maßgebend sind zusammenwirkende Zeitintervalle.

Das „Anfangsintervall" (initial-interval) bemißt für den Verkehrsstrom, der gerade die Vorfahrt bekommen hat, eine Mindestgrünzeit so, daß alle Fahrzeuge, die sich zu dieser Zeit zwischen Detektor und Haltlinie befinden, die Haltlinie überfahren können. Das „Verlängerungsintervall" (vehicle-extension) garantiert den Fahrzeugen, die während des Anfangsintervalls und der darauf folgenden Verlängerungsintervalle den Detektor überqueren, eine Freigabezeitverlängerung, mit der auch sie die Haltlinie vor dem Umschalten des Signals erreichen können. Kommt im Fahrzeugstrom eine Zeitlücke vor, die größer ist als das Verlängerungsintervall, so schaltet das Steuerungsgerät zur anderen Richtung um. Das „Maximum-Intervall" (maximum-interval) soll vermeiden, daß ein starker Verkehrsstrom fortwährend das Verlängerungsintervall betätigt und damit die Freigabezeit für sich behält. Nach Ablauf des Maximum-Intervalls wechselt die Vorfahrt zur Querrichtung.

Das genannte Steuerungsverfahren ist in verschiedenen Variationen in den Richtlinien des Institute of Traffic Engineers (ITE) von 1958 als semi-traffic actuated, full-traffic actuated und traffic-actuated controllers with speed control functions [9] aufgeführt. Ein weiterer Schritt in dieser Entwicklung ist ein Verfahren, das als Menge-Dichte-Steuerung (volume-density-control) bekannt wurde [10]. Die Besonderheit dieses Verfahrens liegt darin, daß das Maximumintervall in Abhängigkeit von der Verkehrsdichte beider Zufahrtsströme beeinflußt wird. Über die Koordinierung mehrerer Menge-Dichte-Steuerungen mit Hilfe der sog. Pulkanmeldung, die eine Reduzierung des Verlängerungsintervalls bewirkt, wird 1966 berichtet [11]. Steuerungsverfahren, die der verkehrsabhängigen Signalprogrammauswahl zuzuordnen sind, wurden im Zusammenhang mit dem Einsatz koordinierter Festzeitsteuerungen u. a. aus Los Angeles bekannt [12], wo eine koordinierte Lichtsignalsteuerung über 28 Knotenpunkte mit Hilfe des sog. PR-Systems betrieben wurde. Das PR-System, das unter Anwendung von Analogrechnern arbeitet, kam erstmals 1952 in Denver zum Einsatz. Der Verkehr wird in Abständen von 3 Minuten an 12 Meßpunkten gezählt; dabei werden die Hauptverkehrsrichtung und der höchstbelastete Knotenpunkt bestimmt, nach dem die Umlaufzeit festgelegt wird. Entsprechend Belastung und Umlaufzeit werden aus vorgegebenen Tabellen die günstigsten Versatzzeiten ausgewählt. Ähnliche Verfahren, die als zusätzliches Kriterium die Verkehrsgeschwindigkeit einführen bzw. auf den Kriterien Belastungsverhältnis, Impulslänge von Schleifendetektoren und Verkehrsstärke aufbauen, sind Mitte der 60er Jahre auch in Hamburg angewendet worden [13, 14].

Das PR-Verfahren, in seinem funktionellen Aufbau näher in [2] beschrieben, kann zu den ersten zentral gesteuerten verkehrsabhängigen Systemen gezählt werden. Da sich die Strategie besonders für rasterförmige Straßennetze geeignet hat, wurde sie vorwiegend in Städten der USA eingesetzt. Das PR-Verfahren ist später in den meisten Fällen durch den Einsatz der hinsichtlich Kosten und Flexibilität vorteilhafteren Prozeßrechner abgelöst worden.

Im Laufe der Zeit ist eine Reihe weiterer Steuerungsverfahren zum Einsatz gekommen, die für die Entwicklung von Steuerungsstrategien von geringerer Bedeutung waren; das gilt insbesondere für Verfahren, denen keine Optimierung einer Zielfunktion zugrunde liegt [2].

2.3 Ausgewählte Steuerungsstrategien

Der Einsatz von Prozeßrechnern in der Verkehrsleittechnik dürfte für den Bereich der Signalsteuerung die größten Fortschritte gebracht haben. Er hat vor allem die Weiterentwicklung von Steuerungsverfahren zur mittelbaren und unmittelbaren Optimierung des Verkehrsablaufs in Straßennetzen und in Netzteilen gefördert und damit den Einsatzbereich hierfür wirksamer Steuerungsstrategien erheblich erweitert. Zusammenfassende Darstellungen finden sich u. a. in [15, 16].

Der Einsatz eines Prozeßrechners zur Lichtsignalsteuerung erfolgte erstmals in Toronto, Kanada, im Jahre 1961. Nach einer mit Erfolg durchgeführten Testphase mit unterschiedlichen Steuerungsverfahren wurde 1963 ein System in Betrieb genommen, das 9 Straßenzüge mit 159 Knotenpunkten für koordinierte Festzeitsteuerung umfaßte. Die Signalprogramme wurden im off-line-Verfahren berechnet und im Zentralrechner gespeichert. Nach stufenweiser Erweiterung des Systems mit koordinierter Netzkontrolle und verkehrsabhängiger Freigabezeitaufteilung folgte der Ausbau auf mehr als 900 Knotenpunkte mit Ersatz der Prozeßrechnerausrüstung durch Minicomputer.

In der Folgezeit sind weitere Entwicklungen bekannt geworden, die ein breites Spektrum von Steuerungsstrategien umfassen und wichtige Stationen in der Verbreitung von off-line-Optimierungsverfahren markieren.

COMBINATION-Methode [17, 18]

Diese Methode wurde hauptsächlich in Großbritannien angewendet (Glasgow und London) und 1972 auch in Hamburg eingesetzt. Es handelt sich um ein Modell zur Berechnung koordinierter Signalsteuerungen. Der Anwendungsbereich erstreckt sich auf Straßenzüge mit Zweirichtungsverkehr, auf offene Netze, Netzmaschen und zusammenhängende Straßennetze. Bestimmte geschlossene Netzformen können nur nach geringfügigen Änderungen des Netzsystems bearbeitet werden. Bei der Untersuchung wird nur der Kraftfahrzeugverkehr berücksichtigt.

Zielgröße ist die Summe der Verlustzeiten. Die Anzahl der Halte kann durch Umrechnung in Zeitwerte berücksichtigt werden. Ziel des Modells ist es, die Summe der Verlustzeiten zu minimieren. Es können Netze mit bis zu 99 Verbindungsstrecken bearbeitet werden (jeder Richtungsverkehr zwischen zwei Knotenpunkten erfordert eine Verbindungsstrecke).

SIGOP (Traffic signal optimization program) [19]

Das SIGOP-Verfahren wurde in den USA entwickelt und in verschiedenen Städten getestet; in Glasgow wurde es mit dem Optimierungsmodell TRANSYT verglichen. Außerdem baut auf dem mathematischen Modell von SIGOP das in Washington D.C. eingesetzte Steuerungssystem UTCS (urban traffic control system) auf. SIGOP ist ein Modell zur Versatzzeitoptimierung mit Signalprogrammberechnung für koordinierte Signalsteuerungen. Es kann angewendet werden auf einfache Straßenzüge mit Zweirichtungsverkehr, auf Netzmaschen, offene Netze sowie auf zusammenhängende Stadtstraßennetze. Es wird nur der Kraftfahrzeugverkehr berücksichtigt.

Ziel des Modells ist es, die Summe der Verlustzeiten zu minimieren. Die Verlustzeiten enthalten die Wartezeiten in Knotenpunktbereichen, bestehend aus Haltezeiten, Anfahr- und Beschleunigungsverlusten sowie dem Mehrbedarf an Reisezeiten zwischen den Knotenpunkten infolge geringerer Fahrgeschwindigkeit als der idealen Geschwindigkeit. Die Anzahl der Halte und die Kosten können in die Minimierung einbezogen werden. In die Berechnung lassen sich bis zu 150 Knotenpunkte und bis zu 750 Einbahnstrecken einbeziehen.

VLANG [14]

Das Steuerungsmodell, zur verkehrsabhängigen Auswahl von Signalprogrammen in Hamburg angewendet, erstreckt sich auf Gruppen von Knotenpunkten, die zusammen betrachtet werden können und gemeinsam ein Netz bilden. Auch die Anwendung auf Einzelknoten ist möglich. Für die verkehrsabhängige Programmauswahl wird nur der Kraftfahrzeugverkehr berücksichtigt; Pkw und Lkw werden mit Hilfe einer Zusatzauswertung unterschieden und bewertet.

Die Zielgrößen sind Staulänge oder Auslastungsgrad. Ziel des Modells ist es zunächst, die Staulänge zu minimieren, oder, falls kein Stau vorhanden ist, den Auslastungsgrad zu optimieren.

TRANSYT [20, 21]

Von den weiteren in Glasgow getesteten Steuerungsverfahren wie FLEXIPROG (flexible progression), EQUISAT (equal degree of saturation mode), PLIDENT (platoon identification scheme) und TRANSYT, hat letzteres besondere Bedeutung erlangt. Das vom Transport and Road Research Laboratory in Großbritannien 1967 entwickkelte Verfahren wird zur off-line-Optimierung eines festzeitgesteuerten Straßennetzes angewendet. Ziel des Modells war es, die durchschnittliche Reisezeit im Netz zu minimieren. In den darauffolgenden Jahren wurde das Verfahren TRANSYT mehrfach weiterentwickelt [22]. Während in COMBINATION die Optimierung weitgehend noch per Hand nachvollzogen werden mußte und nur Entscheidungsparameter bereitgestellt wurden, konnte in TRANSYT ein optimales Ergebnis durch eine heuristische Methode vom Programm selbst angenähert werden.
Es wurden in Großbritannien zunächst 6 Versionen entwickelt, die fortlaufende Verbesserungen in der Eingabeform, dem Optimierungsteil, dem Ausgabeteil und dem Teil zur Simulation des Verkehrs aufwiesen. In den USA wurde die sechste Version auf amerikanische Maßeinheiten umgestellt und um ein Modul zur Bestimmung des Benzinverbrauchs und die sich hieraus ergebenden Schadstoffemissionen ergänzt. In Großbritannien wurden Verbesserungen am Optimierungsmodell vorgenommen, so daß die Laufzeit des Programms in seiner Version 7 in etwa linear (nicht wie in der sechsten Version quadratisch) von der Anzahl aller berücksichtigten Ströme abhängt. Weitere Adaptionen zur Berücksichtigung verkehrlicher Gegebenheiten konnten erfolgen, so daß heute eine achte Version vorliegt, in der Engpaßsituation und Stauerscheinungen realitätsnäher abgebildet und die Kosten für Wartezeiten und Halte miterfaßt werden können [23]. Auf die Steuerungsstrategie bezogen waren bei TRANSYT besonders diejenigen Entwicklungen relevant, die eine Erweiterung der Zielfunktion mit sich brachten, was sicherlich mit ein Grund dafür ist, daß das Verfahren in mehreren Ländern zur Anwendung gekommen ist. In den USA wurde u. a. ein Modellalgorithmus zur Bestimmung des Kraftstoffverbrauchs implementiert. Für verkehrstechnische Untersuchungen zum Modal-Split wurde ein Programmsystem zur Berechnung von Verkehrsverlagerungen infolge der Reisezeitverhältnisse angeschlossen, wodurch es möglich ist, Verkehrsverlagerungen im individuellen Verkehrsnetz infolge der Signalsteuerung abzuschätzen. Ferner wurden einfache Modellansätze zur Bestimmung von Abgasemissionen aufgenommen. In Großbritannien wird das Programm ständig verbessert, um die Laufzeit der Simulation zu verringern und das tatsächliche Stauende genauer vorherzusagen.

SCOOT [24]

Weiterhin wird die Anwendung des zur adaptiven, verkehrsabhängigen Steuerung entwickelten Programmsystems SCOOT (Split, Cycle and Offset Optimising Technique) vorangetrieben.
Die Entwicklung von SCOOT wurde vom Transport and Road Research Laboratory (TRRL) im Jahr 1973 begonnen [24]. Hauptziel war es, ein Programm zu entwickeln, das selbständig, ohne eine vorherige off-line-Optimierung und Vorgabe von Festzeit-

programmen, den Verkehrsablauf besser steuern könnte als ein gutes und auf aktuellen Verkehrsdaten basierendes Festzeitprogramm. Eingesetzt wurde das Programm bisher vor allem in Glasgow, Coventry und London.

Mit Hilfe des Programmsystems SCOOT sollen Wartezeiten und Halte in offenen oder vermaschten Netzen minimiert sowie die Ausbreitung von Stauungen über kritische Punkte hinaus verhindert werden. Alle Anlagen des Netzes werden von einem zentralen Rechner aus gesteuert. Optimiert werden Freigabezeitaufteilung, Versatz- und Umlaufzeit. Phasenanzahl und Phasenfolge werden vom Anwender für jeden Knotenpunkt vorgegeben.

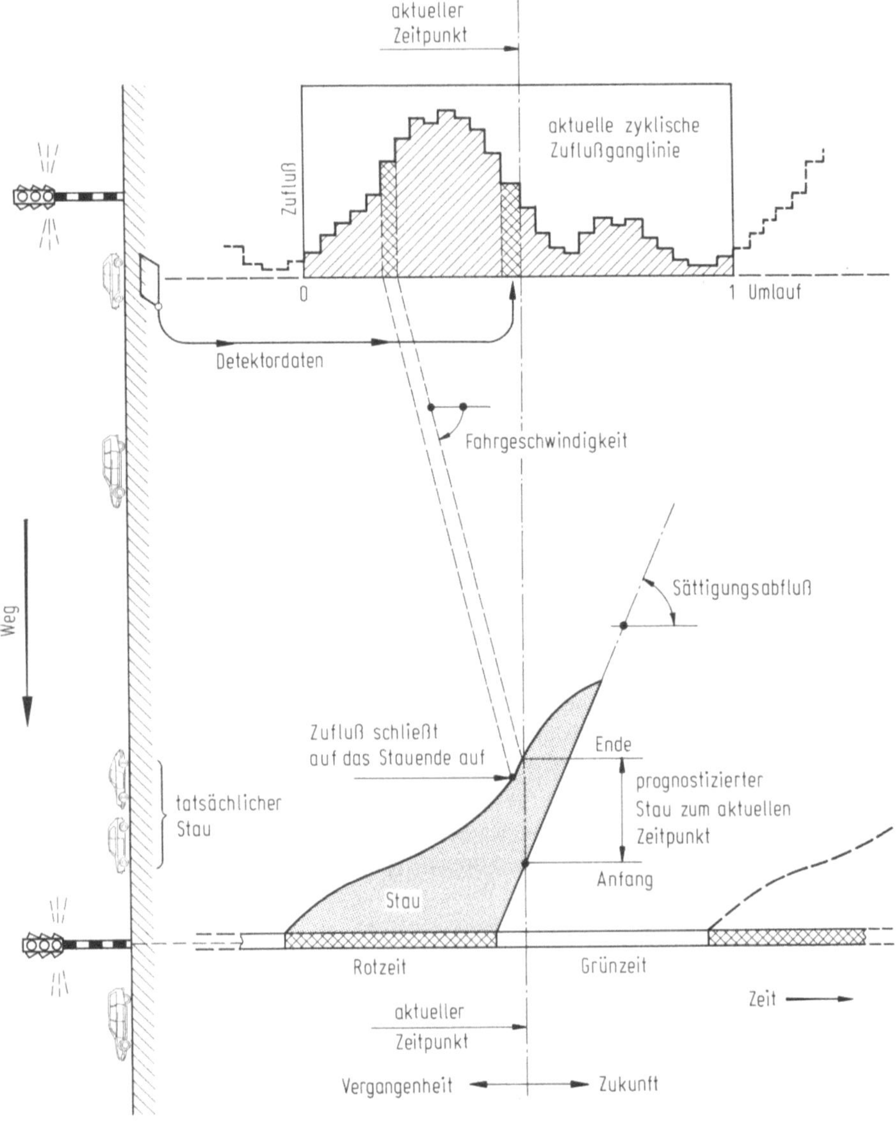

Bild 1. Prinzip des Verkehrsmodells SCOOT [25]

Die Anwesenheit von Fahrzeugen in den Zufahrten sowie die Belegungsdauer der Schleifen werden an Zuflußdetektoren erfaßt und vom Rechner unter Berücksichtigung bereits aus den vorhergehenden Umläufen vorhandener Daten zu Pulkprofilen aufbereitet. Unter Berücksichtigung der erwarteten Fahrgeschwindigkeit, der Pulkauflösung und des Signalisierungszustandes werden dann daraus Staulängen, Zeitverluste und Halte abgeleitet, die neben der Auslastung der Zufahrten als Bewertungs- und Zielgrößen dienen. Das Prinzip des Modells zeigt Bild 1.

SCOOT ist ein Optimierungsprogramm, das sowohl ein Verkehrsmodell als auch einen in sich geschlossenen Optimierungsalgorithmus enthält und damit in der Lage ist, selbständig, ohne allzu weitgehende Vorgaben des Benutzers, Signalprogramme zu erstellen. Die Allgemeingültigkeit und damit auch leichte Übertragbarkeit des Programms auf neue Netze sowie das Bestreben nach Stetigkeit im Verkehrsablauf bedingen allerdings auch eine gewisse Starrheit, die sowohl individuell auf spezielle Knotengegebenheiten angepaßte Lösungen als auch eine rasche Anpassung an sich sprunghaft ändernde Verkehrsverhältnisse erschwert. Neuere Erfahrungen mit SCOOT und künftige Entwicklungstendenzen sind in [25] mitgeteilt.

Entwicklungen und Aktivitäten in der Bundesrepublik Deutschland zielen zum einen darauf ab, neben rechner- und verkehrstechnischen Verbesserungen und Erweiterungen (Berlin, Karlsruhe, München) TRANSYT auf deutsche Verhältnisse umzusetzen und für den Anwender benutzerfreundlich aufzuarbeiten (Aachen) [26]. Eine Weiterentwicklung auf der Basis der Version C liegt als TRANSYT 6D vor. Die weiteren Bemühungen gehen dahin, die durch den Betrieb von koordinierten Lichtsignalanlagen bedingten Widerstände bei der Routensuche im Verkehrsplanungsalgorithmus zu berücksichtigen. Diesbezügliche Untersuchungen zur Kopplung der Modelle „Planungsalgorithmus" und „TRANSYT" scheinen erfolgversprechend [6]. Die Realisierung einer Verknüpfung von makroskopischen Verfahren zur Bestimmung des Abbildes des Raum-Zeit-Systems des Verkehrs mit mehr mikroskopischen Algorithmen zur Festlegung optimaler Betriebsformen bei gegebenen Randbedingungen würde die Beantwortung der wichtigen verkehrsstädtebaulichen Frage erlauben, in welchem Maße Verkehssteuerungsmaßnahmen auf das städtische Widerstandsgefüge einwirken und damit das Raum-Zeit-System eines Stadtstraßennetzes mitbestimmen. Die in ein solches Verfahren implizierte Steuerungsstrategie würde zudem der keineswegs neuen, aber bisher nicht hinreichend erfüllbaren Forderung nach Übereinstimmung der planerischen Annahme von Widerständen der einzelnen Elemente des Verkehrssystems und den sich unter praktischen Betriebsverhältnissen wirklich ergebenden Widerständen Rechnung tragen. [27]

TRANSYT-ISBAC

Ziel des in Aachen untersuchten Systems ist die Kopplung der Modelle „Planungsalgorithmus" und „Signaloptimierung" (Bild 2). Grundlage für die Berechnung von Verkehrsgeschehen in Gesamtverkehrsmodellen ist die Vorstellung, daß sich die Verkehrsströme umgekehrt proportional zu einer Funktion der ihnen entgegenstehenden Widerstände verteilen. Der genauen Bestimmung des Widerstandsgefüges kommt daher eine zentrale Bedeutung zu. Insbesondere auf den hochbelasteten innerstädtischen Hauptverkehrsstraßen, die in der Regel lichtsignalgesteuert sind, kann es bei falschen Annahmen über die Zeitverluste zu schwerwiegenden Verzerrungen kommen. Möglichkeiten, diese betriebsbedingten Kenngrößen im Gesamtverkehrsmodell zu berück-

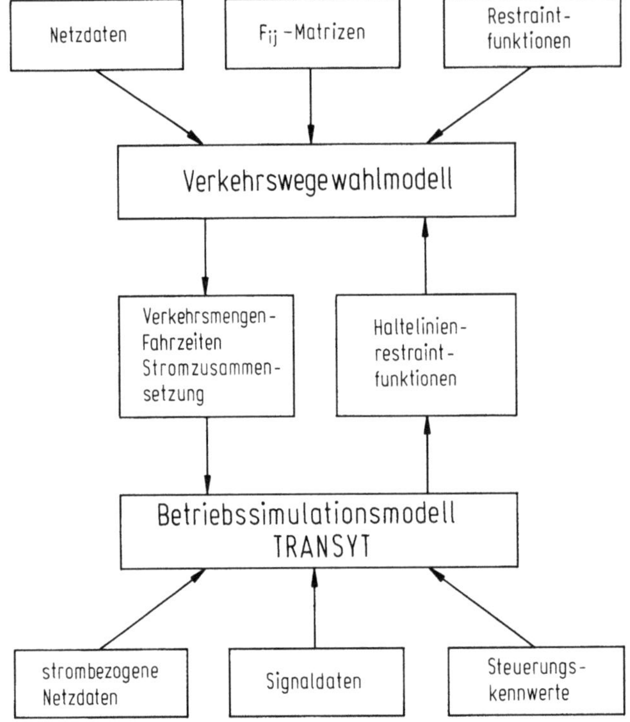

Bild 2. Modellkopplung TRANSYT-Verkehrswegewahlmodell

sichtigen, bietet die Verknüpfung der makroskopischen Verfahren der bestehenden Modellkette des Planungsalgorithmus mit einem mesoskopischen Planungsansatz zur Steuerung des Straßenverkehrs. Bei der mit der Anwendung des Modells TRANSYT-ISBAC geschaffenen operationalen Kopplung ist es möglich, den Verkehrsablauf auf koordinierten lichtsignalgesteuerten Streckenzügen oder Netzteilen detaillierter zu erfassen, die Einflüsse der Betriebskenngrößen zu erkennen sowie ihre Auswirkungen genauer zu berechnen und damit das sich dem Raumgefüge überlagernde Widerstandsgefüge realitätskonformer zu bestimmen.

Damit ergibt sich die Möglichkeit, im Rahmen einer Auswirkungsanalyse schon im Vorfeld der Planung festzustellen, ob Verkehre durch Veränderungen in der Steuerung aus betrachteten Strecken verdrängt oder zusätzliche Verkehre übernommen werden.

Wesentliche, für die Simulation unbedingt notwendige und sonst aufwendig zu ermittelnde Kennwerte erhält das TRANSYT-Modell als Übergabegrößen aus dem Umlegungsmodell. So werden nicht nur die relevanten Verkehrsmengen abbiegerichtungsscharf für jeden Strom nach Verkehrsmitteln getrennt bestimmt, sondern darüber hinaus die anteilige Zusammensetzung eines Stromes aus den Summandenströmen berechnet. Ferner gehen als weitere Kennwerte die Zeitverbräuche eines jeden Summandenstromes auf der Fahrt von einer Haltelinie zur nächsten Haltelinie in die Berechnung ein.

Als Ergebnis der Simulation liefert das Modell u. a. die Wartezeiten eines jeden Stromes in Form von Capacity Restraint-Kurven. Diese gehen als veränderte Netzcharakteristik in dem mehrfach rückgekoppelten Prozeß in eine erneute Verkehrswegewahl ein. Für alle nicht im Modell behandelten Knoten wird der Knotenwiderstand mit den vorgegebenen Restraint-Kurven ermittelt. Dieser Widerstand ist dann belastungsunabhängig.

Mit dieser genaueren Abbildung des Raum-Zeit-Systems lassen sich das Widerstandsgefüge, die Verkehrsmengen, deren Verteilung im Netz und Fahrgeschwindigkeiten, aber auch die relevanten Umweltemissionen wesentlich genauer und mit weniger Iterationsschritten bestimmen. Rückkopplungen ergeben sich sowohl zur Stadt- und Netzstruktur aber auch zur Verhaltensstruktur in den verschiedenen Stufen des Algorithmus.

Das Modell bietet damit die Möglichkeit, auch bei kleinteiligen Netzveränderungen, wie z. B. die temporäre Sperrung einer Straße infolge einer Baustelle, die Auswirkungen der Verlagerung der Verkehre auf das umliegende Straßennetz zu quantifizieren, planerische Hinweise für die Einrichtung von Umleitungen zu geben und eine der Situation bestmöglich angepaßte Lichtsignalsteuerung zu empfehlen. Nach [28] liefert das TRANSYT-ISBAC dem Verkehrsplaner: Verkehrsbelastungspläne, Lärmbelastungspläne, Abgasbelastungspläne, Trennwirkungspläne, Knotenskizzen, Signalzeitenpläne, Zeit-Weg-Diagramme, Wochen-Einsatzpläne.

SIGMA [29]

Ziel eines in der Bundesrepublik Deutschland entwickelten Projekts ist es, dem Verkehrsplaner in der Praxis ein einfach zu handhabendes Werkzeug zur Verfügung zu stellen, das ihn beim Entwurf von Lichtsignalprogrammen zur optimalen Koordinierung festzeitgesteuerter Anlagen unterstützt. SIGMA von **Sig**nal **Ma**nagement abgeleitet und Kürzel für Projekt und Programmsystem verfolgt diese Zielsetzung. Dabei finden Berücksichtigung

- die bislang mit den vorab beschriebenen Verfahren in der Anwendung gewonnenen Erfahrungen,
- neuere Erkenntnisse der Algorithmenforschung über Optimierungsverfahren sowie
- netz-, verkehrs- und planungsbezogene Gegebenheiten in Mitteleuropa.

Daraus ergeben sich für SIGMA folgende konzeptionelle Neuerungen:

- Zwei benutzerabhängige Strategien, eine zur Netzoptimierung, die andere zur Optimierung bevorzugter Hauptverkehrstraßen.
- Strategie- und benutzerabhängige Bewertungsmöglichkeiten, in die verschiedene Bewertungskriterien, -indikatoren und -verfahren eingehen können.
- Ein mehrstufiger Optimierungsprozeß, in dem strategie- und stufenabhängig verschiedene Steuerungsgrößen und Algorithmen eingesetzt werden. Da wegen der Aktionskombinatorik mathematisch exakte Optimierungen nur selten möglich und effizient sind, werden vornehmlich heuristische Algorithmen eingesetzt. Diese können auf bestimmten Optimierungsstufen durch Interaktionsmöglichkeiten und intuitive Verfahren des Benutzers ergänzt werden.
- Stufenabhängige Abbildungen des Verkehrsablaufs, am Anfang des Optimierungsprozesses so grob wie möglich, am Ende so fein wie nötig.

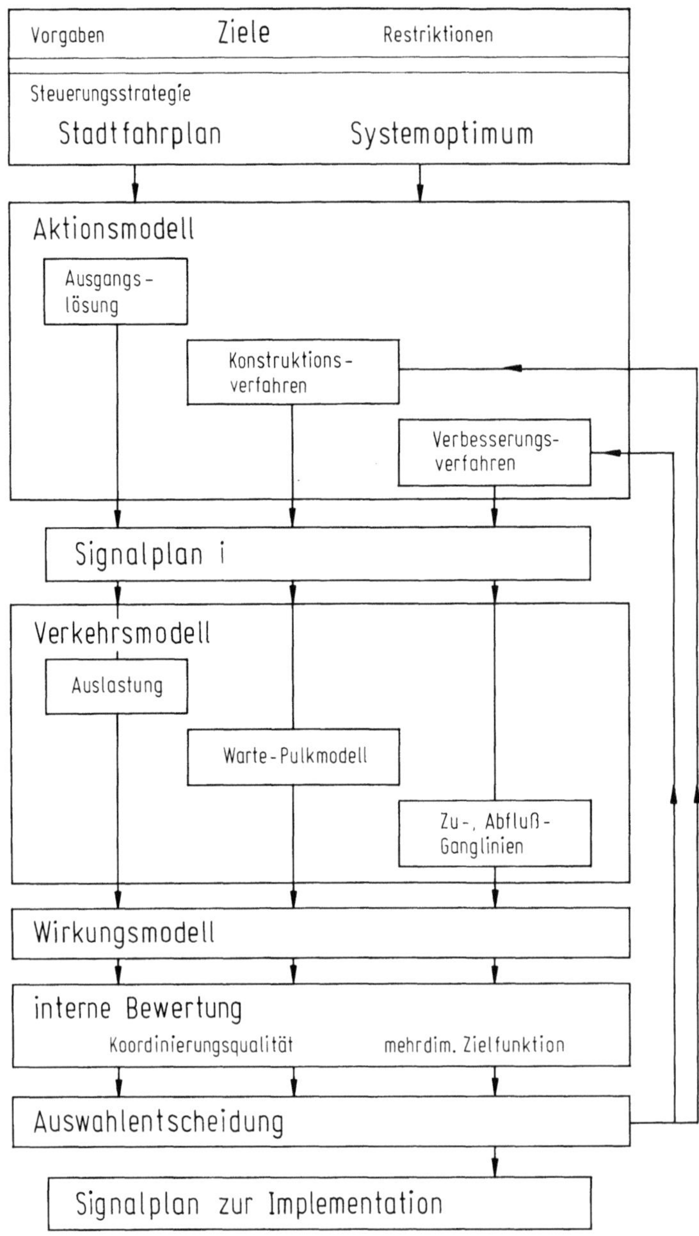

Bild 3. SIGMA-Verfahrensgrobstruktur [29]

SIGMA bietet dem Benutzer zwei verschiedene Strategien zur Koordinierung der Lichtsignalanlagen an (Bild 3):
- Bei der einen Strategie soll die Hierarchie des zu steuernden Straßennetzes bevorzugt berücksichtigt werden, d. h. es sollen vor allem die Lichtsignalanlagen auf den Hauptverkehrsstraßen optimal koordiniert werden.

– Bei der anderen Strategie sollen sämtliche Lichsignalanlagen des betrachteten Netzes optimal koordiniert werden.

Die erste Strategie – hier als Stadtfahrplan bezeichnet – steht bewußt im Gegensatz zur zweiten Strategie – der Systemoptimierung. Die Systemoptimierung entspricht weitgehend den netz- und verkehrsbezogenen Bedingungen sowie der Steuerungsphilosophie und -praxis in angelsächsischen Ländern und ist überwiegend in den dort entwickelten DV-Systemen – etwa TRANSYT – implementiert. Die Stadtfahrplanoptimierung entspricht dagegen eher den historisch gewachsenen Gegebenheiten sowie der Steuerungsphilosophie und -praxis bei der Verkehrsplanung in Städten Mitteleuropas, denn der Benutzer kann bei dieser Strategie die besonderen netz- und verkehrsbezogenen Bedingungen eines Steuerungsgebietes in den Stadtfahrplan einbringen und dabei sowohl die Funktion von Streckenzügen im Netz als auch die großräumige Verbindungsfunktion beachten und fördern.

Beide Strategien enthalten einen Optimierungsalgorithmus, wobei die Systemoptmierung zur Verfügung stehen muß, wenn der Anwender keinen Stadtfahrplan vorgibt oder ein Vergleich von Strategien durchgeführt werden soll.

Beide Strategien verfolgen dieselbe generelle Zielsetzung jeder Verkehrssteuerung, die Verbesserung oder gar Optimierung der Verkehrsqualität. Diese generelle Zielsetzung ist jedoch strategieabhängig unterschiedlich durch Kriterien, Indikatoren und Verfahren zu präzisieren. Ergänzend ist nach der Funktion der Bewertung zwischen der verfahrensinternen Bewertung zur Ermittlung möglichst optimaler Signalprogramme sowie der verfahrensexternen Bewertung nach der Realisierung dieser Signalisierungen im Netz zu unterscheiden. –

Als markante Schritte in der Entwicklung von Steuerungsstrategien sind darüber hinaus das Anfang der 60er Jahre in San Jose, USA, eingesetzte Signalsteuerungssystem und das Anfang der 70er Jahre als Versuch in Washington D.C. installierte UTCS (urban traffic control system) bekannt geworden. Während sich beide Systeme, ähnlich dem in Toronto, durch einen für die damalige Zeit hohen Aufwand im Einsatz von hardware (Computer und Detektoren) und im Umfang des Versuchsprogramms auszeichneten, lag die Besonderheit des UTCS in der forschungsbegleitenden Weiterentwicklung bewährter Steuerungstrategien unter besonderer Berücksichtigung der Planung, Implementierung, des Betriebs und der Unterhaltung städtischer Verkehrssteuerungssysteme.

Die aus zahlreichen Städten hochmotorisierter Länder schließlich bekanntgewordenen Einsatzfälle großräumiger Verkehrssteuerung weisen generell Entwicklungstendenzen auf, die dem sukzessiv wachsenden Anspruch an die Flexibilität des Steuerungssystems und an die bereitzustellende hardware folgen. Sie sind zudem durch die Integration von Einzelstrategien gekennzeichnet, die eine bessere Adaption an die über die Zeit veränderliche Verkehrsnachfrage darstellen und gezielter darauf ausgerichtet sind, Instabilitäten im Straßennetz vorzubeugen und Verkehrsstauungen mit Auffahrunfällen und Lärm- und Abgasbelästigungen sowie erhöhtem Energieverbrauch entgegenzuwirken: z. B. Sydney Coordinated Adaptive Traffic System; Washington Urban Traffic Control System. Viele dieser Strategien beinhalten die Einbeziehung einer off-line-Optimierungsmethode in ein on-line-System, wobei durch Modifizierung der off-line-Verfahren eine Verringerung der Operationszeit und damit die Nutzung der Ergebnisse im Realzeit-Algorithmus erreicht wird.

Besondere Strategien zur Verminderung der Zuflüsse in durch hohe Verkehrsbelastung kritisch gewordene Straßenzüge oder Netzbereiche sind u. a. im Zusammenhang mit Untersuchungen für Toronto, Tokyo und London bekanntgeworden[2], sowie spezielle Strategien zur Steuerung von Stauungen für Washington D.C., Aachen, Sydney und Bordeaux, wozu auch das Verfahren der Signalprogrammbildung (PBIL) zu rechnen ist[30, 31] (Vergleiche Teil G 3 Signalprogrammbildung).

PBIL ist ein Steuerungsverfahren zur Signalprogrammoptimierung. Es wird angewendet auf Einzelknotenpunkte mit verkehrlichen Abhängigkeiten zu benachbarten Knotenpunten (System „Hauptknoten mit Nachbarknoten") und, mit einem zusätzlichen Programmbaustein, auf offene Netze und Netzmaschen (System „Netzmasche mit Zwischenknoten"). Grundlage ist der Kraftfahrzeugverkehr ohne Unterscheidung der Fahrzeugarten.

Ziel des Steuerungsverfahrens ist es, die Verlustzeiten im System zu minimieren. Die Verlustzeiten sind definiert als Mehrbedarf der tatsächlichen Reisezeit von der Erfassung an bis zum Verlassen des Systems gegenüber einer theoretisch möglichen Reisezeit. In die Verlustzeiten sind Verzögerungs- und Haltezeiten an den Nachbar- und Zwischenknoten eingeschlossen, die durch die dort geschalteten und über PBIL nicht beeinflußbaren Signalprogramme entstehen. Die Staulängen in den durch PBIL beeinflußbaren Zufahrten können, bei Bedarf, indirekt über die mittleren Verweilzeiten beobachtet werden. Bei Erreichen bestimmter kritischer Stauwerte werden dann die zugehörigen Verlustzeiten um vorgegebene anteilige Beträge erhöht, damit die Entstehung eines instabilen Verkehrsablaufs verhindert wird.

Im übrigen sind die Strategien zur Steuerung von Verkehrsstauungen so konzipiert, daß sie nur bei Knotenzufahrten mit „gesättigtem" Verkehr wirksam werden [32].

Die dargestellten Strategien und ihre Anwendung in der Verkehrsleittechnik unterscheiden sich als Einzelstrategien im wesentlichen durch die Art und den Umfang des Anwendungsbereiches (Knoten, Straßenzug, Netz), die jeweilige Zielgröße und Zielvorstellung und die gewählte Optimierungsmethode. Eine zusammenfassende Übersicht über die wichtigsten Entwicklungen, die weitere relevante Anwendungen in der

Tabelle 2. Programmsysteme zur Verkehrssteuerung

Festzeitsteuerung		verkehrsabhängige Steuerung	
Bezeichnung	Land	Bezeichnung	Land
SIGOP	USA (GB)	SCOOT	GB
UTCS	USA	SCATS	Australien
SIGSET	GB	SITRA-B	F
COMBINATION	GB (BRD)	VLANG	BRD
TRANSYT	GB USA (CH, BRD)	VERO	BRD
SITRA	F	PBIL	BRD
VERO	BRD	/ASMO-MOD/	BRD
TRACON	BRD		
PROST	BRD		
SIGMA	BRD		

———— Entwicklung, —————— Weiterentwicklung, ( ) Anwendung auch in ......, / / Formulierung von Entscheidungslogiken

Bundesrepublik Deutschland und in anderen Ländern einschließt [22], zeigt Tabelle 2.

Die einzelnen Programmsysteme sind u. a. in nachstehenden Veröffentlichungen beschrieben:

SIGOP	A Computer Program to Calculate Optimum Coordination in a Grid Network of Synchronized Traffic Signals. SIGOP: Traffic Signal Optimization Program. Traffic Research Corporation-PB 173 738. New York, N.Y. Sept. 1966
UTCS	The Urban Traffic Control System in Washington, D.C. Information Brochure. U.S. Department of Transportation, Federal Highway Administration, Washington D.C.
SIGSET	Allsop, R.E.: SIGSET: A Computer Program for Calculating Traffic Signal Settings. Traffic Engineering and Control, Bd. 13, Nr. 2, 1971
COMBINATION	Huddart, K. W.; Turner, E.D.: Traffic Signal Progressions – G.L.C. Combination Method. Traffic Engineering and Control, Nov. 1979
TRANSYT	Robertson, D.I.: TRANSYT: A Traffic Network Study Tool. Road Research Laboratory. Report LR 253, 1969
VERO	Böttger, R.: Optimale Koordinierung von Signalanlagen in einem Straßennetz (Planungs- und Steuerungsprogramm VERO). Straßenverkehrstechnik, Heft 2, 1972
TRACON	TRACON – Traffic Configurator and On-line Control. Programmdokumentation Signalbau Huber-Designa GmbH., München 1975
PROST	Pavel, G.: Programm zum Entwerfen der Signalpläne und der Koordinierung von Signalanlagen im Straßennetz (PROST). Straßenverkehrstechnik, Heft 1, 1974
SIGMA	Heck, H.M.: SIGMA – Entwicklung eines heuristischen Modells zur koordinierten Signalsteuerung. HEUREKA '87, Karlsruhe 1987
SCOOT	Robertson, D.I.: The SCOOT Method of Optimising Networks of Signals in Real Time. HEUREKA '87, Karlsruhe 1987
SCAT	Sims, A.G.; Dobinson, K.W.: SCAT The Sydney Coordinated Adaptive Traffic System Philosophy and Benefits. Proceedings of the Internation. Symposium on Traffic Control Equipment. Proc. UCB-ITS-P-79-5. University of California, Berkeley, Dec. 1979
SITRA-B	Gabard, J.F, Henry.; J.J.; Tuffal, J.; David, Y.: Traffic Responsive or Adaptive Fixed-time Policies? A Critical Analysis with SITRA-B. International Conference Road Traffic Signaling, Conference Applications Number 207
VLANG	Siem, H.P.; Müller, K.; Ruhnke, D.: Der Weg zur verkehrsabhängigen Steuerung von Lichtsignalanlagen in Hamburg. Brücke und Straße, Nr. 5, 1968
PBIL	Steierwald, G.; Boesefeldt, J., Everts, K.; Keudel, W.; Schönhar-

ting, J.: Untersuchungen zur verkehrsabhängigen Signalsteuerung; Straßenbau und Straßenverkehrstechnik, BVM, Heft 100, 1970. Boesefeldt, J.; Everts, K.; Philipps, P.: Untersuchungen zur verkehrsabhängigen Signalsteuerung
Teil B: Steuerungsmodelle für Straßenzüge, Heft 131, 1972.
Teil C: Steuerungsmodelle für Teilnetze, Heft 149, 1973.
Teil D: Integrierte Betriebssysteme für Netze, Heft 188, 1975

ASMO-MOD   Siemens AG: Verkehrsrechner VSR 1620 und 16030 (P). Adaptive Signalplanmodifikation (Programm-Modul ASMO-MOD), Beschreibung

2.4 Integration der Steuerungsstrategien

Aus der Diversifikation der Verkehrsbefürfnisse im Raumleben einer städtischen Agglomeration und den daraus resultierenden Zielvorstellungen für ein städtisches Verkehrssystem ergibt sich die Notwendigkeit einer umfassenden und alle Benutzer des Systems einbeziehenden Verkehrssteuerung. Sie setzt eine verstärkte Integration individueller Steuerungsstrategien voraus. Integration bedeutet in diesem Kontext Zusammenwirken einzelner Teilsysteme des individuellen und öffentlichen Verkehrs und die Koordination der Steuerungsstrategien in einem optimierten Verkehrsleitsystem.

Die damit verbundene Verknüpfung der Zielkriterien zieht die Auseinandersetzung mit den im integrierten System zusammenwirkenden Strategien und die Definition der maßgebenden Schnittstellen nach sich, um die Zusammenhänge und Auswirkungen festzustellen und den erzielbaren Nutzeneffekt abzuschätzen [33]. Relevante Zielkriterien sind dabei die

– optimale Ausnutzung der Leistungsfähigkeit des vorhandenen Straßennetzes,
– Verbesserung des Verkehrsablaufs im Hinblick auf die Sicherheit, Wirtschaftlichkeit und Umweltbelastung,
– Bevorzugung bestimmter Verkehrsarten, z.B. öffentlicher Personennahverkehr, Notdienstfahrzeuge,
– Bevorzugung der am stärksten belasteten Verkehrsrichtungen in Spitzenzeiten,
– Sicherung besimmter Verkehrswege oder Verkehrsbereiche, z.B. Schulwege, Fußgängerzonen,
– Erleichterung des Verkehrsablaufs durch zielgerichtete Verkehrsführung, z.B. Parkleitsysteme,
– Abschirmung von Engpässen und Stauungszonen.

Dabei können folgende Steuerungselemente zusammenwirken [34]:
– Lichtsignalsteuerung und Verkehrslenkung durch Wechselwegweisung,
– Priorität-Steuerung des ÖPNV auf besonderen Anlagen und an Lichtsignalanlagen,
– Priorität-Steuerung für Fahrzeuge von Notdiensten,
– Integration des Fußgänger- und Radfahrerverkehrs in die Lichtsignalsteuerung („Grüne Wellen" können auch für Fußgängerströme geschaffen werden),

- Lichtsignalsteuerung an Knotenpunkten und Fahrstreifensignalisierung mit Wechselverkehrszeichen als flankierende Maßnahmen,
- Parkleitsysteme und Lichtsignalsteuerung,
- Park- and Ride-Anlagen und Wechselwegweisung, Zuflußdosierung.

Dabei ist die mögliche ambivalente Wirkung der in einem integrierten Steuerungssystem verknüpften Maßnahmen und die auf Grund ihrer Wechselbeziehungen untereinander gegebenen Konfliktmöglichkeiten ebenso zu beachten wie die unterschiedliche Rangfolge der einzelnen Maßnahmen, deren Prioritäten sich aus der dem Gesamtsystem zugrunde liegenden Zielvorstellung ergeben. Wie in vielen anderen Ländern sind auch in der Bundesrepublik Deutschland zahlreiche Untersuchungen durchgeführt worden, die zumindest als Bausteine eines integrierten Steuerungssystems bestimmte Strategien entwickelt und, in mehreren Städten getestet, Bedeutung erlangt haben [35]. Das bereits in den frühen 70er Jahren in Japan [36] für den Großraum Tokyo entwickelte und 1977/78 getestete „Comprehensive Automobile Traffic Control System (CACS)" dürfte für diese Zeit als das in der hard- und software aufwendigste integrierte Steuerungssystem gelten. Die wesentlichen Systemelemente waren das Route Guidance and Driving Information Subsytem (in der Wirkung dem System ALI ähnlich), das Public Service Vehicle Priority Subsystem (zur Bevorzugung des öffentlichen Personennahverkehrs bei der Signalsteuerung), dem Traffic Incident Information Subsystem (für verbale Mitteilungen an den Kraftfahrer über straßenseitige Informationen in der Art von Wechselverkehrszeichen). Bemerkenswert ist, daß schon damals eine individuelle Verkehrsbeeinflussung mit fahrzeuginterner Kommunikation im Vordergrund der Untersuchung stand.

Die Erfahrungen mit diesem System, das insbesondere für den Einsatz in städtischen Gebieten zur Stauumfahrung geeignet erscheint, sind positiv [37]. Mit Hilfe von Reisezeitvergleichen sind Nutzenüberschüsse ermittelt worden. Befragungen haben eine – preisabhängige – Kaufbereitschaft von bis zu 90 % ergeben.

Das Ende der 70er Jahre in den USA eingeleitete Forschungsprojekt „Metropolitan Multimodal Traffic Management (MMTM)" hatte das Ziel, die verantwortlichen Stellen in der Entscheidungsfindung zu unterstützen, wie das bestehende Verkehrssystem einer Stadt optimal genutzt werden kann. Grundlage dieses Projekts war ein umfassend definierter „Urban Traffic Management Process (UTM)", der bewährte Steuerungsstrategien in der oben bereits beschriebenen Art einschloß. Die besondere Aufgabe war dabei, neben einem umfassenden Instrumentarium für die Auswahl und den Einsatz geeigneter Maßnahmen in einem integrierten Verkehrssteuerungssystem das erforderliche technische know how für die Implementierung und Bewertung des Systems bereitzustellen.

Im Zusammenhang damit kann auch das schon erwähnte Projekt Urban Traffic Control System (UTCS) gesehen werden, wozu die Federal Highway Administration festgestellt hat, daß diese staatlich geförderte Untersuchung wesentlich zur verkehrstechnischen Weiterentwicklung und zum praktischen Einsatz rechnergestützter Steuerungskonzeptionen beigetragen hat. Die Erarbeitung und praktische Erprobung neuer Steuerungsstrategien und -einrichtungen, die Gewinnung neuer Erkenntnisse über Planung, Entwurf, Einrichtung, Betrieb und Unterhaltung und die vollständige Dokumentation des Systems, einschl. der zugehörigen Computerhard- und -software waren Ergebnisse, die dem Anwender solcher Systeme als „Paket" zur Verfügung gestellt wurden, um den Anreiz für ihren Einsatz zu verbessern.

In dem Erfolgsbericht der Federal Highway Administration [38] ist ausgeführt, daß das Ergebnis in seiner Bedeutung weit über das hinausgeht, was die durch den Einsatz des UTCS erzielten Verbesserungen im Verkehrsablauf aus der Sicht des Kraftfahrers (Minimierung der Verzögerungen und Stauungen) ausmachen. Der damit geförderte Einsatz mikrocomputergestützer Steuerungsstrategien und die Bereitstellung der erforderlichen Optimierungs- und Simulationsmodelle mit der Möglichkeit, den Erfolg einer geplanten Maßnahme vor ihrer Realisierung abzuschätzen und den Nutzeneffekt für das Verkehrssystem-Management einer Stadt zu bewerten, reflektieren die Vorteile dieses durch staatliche Förderung zentral gesteuerten Projektes [39].

Als weiteres Beispiel für die Aktivitäten zur integrierten Verkehrssteuerung in Städten steht das „Leit- und Informationssystem Berlin". Hier wird im Rahmen eines Großversuchs ein integriertes System aufgebaut, das als Basis die in Berlin (West) bestehende Infrastruktur der Lichtsignalanlagen nutzt und durch straßenseitige und fahrzeuginterne Einrichtungen zur Zweiweg-Kommunikation ergänzt wird. Dabei werden 220 der insgesamt 1 250 mit Lichtsignalen betriebenen Straßenkreuzungen im städtischen Netz und 10 Stellen im Autobahnnetz Berlins mit Infrarot-Baken ausgerüstet und an einen Verkehrsleitrechner angeschlossen; ferner wird eine Anzahl von Fahrzeugen mit den notwendigen Einrichtungen zur Informationsübertragung, -verarbeitung und optischen und/oder akustischen Übermittlung an den Autofahrer ausgestattet. Die vornehmlichen Zielkriterien sind: Bessere Nutzung des vorhandenen Straßennetzes, sicherere, wirtschaftlichere und umweltschonendere Fahrweise.

Das mit Bundesmitteln unterstützte Demonstrationsobjekt wird von wissenschaftlichen Arbeiten begleitet, die eine Effizienzanalyse einschließen und darauf ausgerichtet sind, die verkehrliche Wirksamkeit und technische Zuverlässigkeit des Systems, seine Wirtschaftlichkeit und Akzeptanz durch den Kraftfahrer und seine Übertragbarkeit auf andere Straßennetze nachzuweisen. Durch den umfassenden Feldversuch zur Darstellung der für den Verkehrsablauf generell (z. B. Verkehrsfluß, Schadstoffemission, Lärm) und für den Verkehrsteilnehmer speziell (z. B. Reisezeit, Kraftstoffverbrauch, Unfallwahrscheinlichkeit) erzielbaren Verbesserungen sollen die Kraftfahrer von den Vorteilen überzeugt und dazu angehalten werden, ihre Fahrzeuge mit den notwendigen Einrichtungen zur fahrzeuginternen Kommunikation und damit zur Nutzung des Systems auszurüsten.

Nach [40] sind die Basiskomponenten des Systems an ausgewählten Lichtsignalanlagen montierte Informationsbaken, die Leitinformationen an die mit entsprechenden Empfangseinrichtungen ausgestatteten Fahrzeuge übertragen. Bei den Leitinformationen handelt es sich im wesentlichen um Straßennetzdaten des die Bake umgebenden Stadtplanauschnittes und um Leitempfehlungen in Form von Ziel-Routen-Zuordnungen. Die erwünschte Verkehrsabhängigkeit kommt durch Zuordnung der „aktuell günstigsten Route" zu jedem Zielgebiet zustande, über die ein Verkehrleitrechner nach dem Prinzip der „zentralen Routensuche" entscheidet. Die nicht über Schleifendetektoren erhaltbaren aktuellen Verkehrsdaten sollen über eine fahrzeugaktive Datenerfassung gewonnen werden. Die hierzu erforderliche Fahrzeugeinrichtung besteht im Prinzip aus dem Navigationsgerät, dem das Reiseziel bei Fahrtantritt über ein Bediengerät eingegeben wird, und aus dem Zielspeicher, der die Zielkoordinaten für das Navigationsgerät bereithält. Ferner aus dem Ortungsgerät für die Positionsbestimmung, das laufend die Fahrtrichtung mit Hilfe einer Magnetfeldsonde mißt. Die Länge der zurückgelegten Wegstrecke wird durch Zahlen der Radumdrehungen bestimmt. Auf diese Weise erhält das Navigationsgerät Kenntnis über die aktuelle Position. Darüber hinaus muß es das verfügbare Straßennetz kennen, insbesondere den Verlauf der empfohlenen Routen, um diesen folgen zu können. Einen digital codierten Straßennetzauszug erhält das Navigationsgerät mit Hilfe eines Empfängers von den Sendern der Baken.

Nach dem in [40] für den Großversuch dargestellten Bewertungskonzept werden durch die verkehrsabhängige Routenempfehlung wirksame Verbesserungen im Straßenverkehr erwartet:

„Bei einer auf der Basis des dynamischen Leitens möglichen Entzerrung der Verkehrsströme und der Umfahrung von gestörten Bereichen entstehen für den motorisierten Verkehrsteilnehmer Reisezeitersparnisse. Das Umfahren von staugefährdeten Bereichen führt zu einer Entspannung im Staubereich und damit zu einem Gewinn an Verkehrssicherheit. Umfahren von Stausituationen heißt auch gleichmäßigeres Fahren. Die damit verbundene ökonomischere Ausnutzung der Leistung der Fahrzeuge ermöglicht eine volkswirtschaftlich sinnvolle und umwelttechnisch dringend notwendige Kraftstoffeinsparung und Abgasminderung. Der vorhandene Straßenraum kann besser ausgenutzt werden; durch strategische Leitempfehlungen können Wohnbereiche geschützt werden. Für den einzelnen Nutzer ergeben sich neben einer Zeitersparnis eine höhere Sicherheit und mehr Fahrkomfort. Der Kraftfahrer kann sich in ihm unbekannten Gebieten besser orientieren. Mit der Erfassung von Reise- und Stauzeiten an Lichtsignalanlagen ergeben sich Planungsdaten für eine off-line-Optimierung der Signalsteuerung und Steuerungsdaten für eine on-line-Beeinflussung der Lichtsignalanlagen."

Der Großversuch „Leit- und Informationssystem Berlin" wird dazu beitragen, die integrierte Verkehrssteuerung in ihrem Systemaufbau und -umfang weiterzuentwickeln und praxisreife, in das Verkehrs-System-Management der Stadt einzuordnende Steuerungsstrategien bereitzustellen.

2.5 Verkehrs-System-Management

Die Darstellung von ausgewählten Steuerungsstrategien und ihrer Verknüpfung im integrierten Steuerungssystem macht deutlich, daß die Verkehrssteuerung auf zwei Ebenen durchgeführt wird. Als Teile eines städtischen Verkehrsleitsystems sind sie mit diesem hierarchisch einer dritten Ebene zugeordnet, die als Verkehrs-System-Management dominiert. Nach [41] wird unter Verkehrs-System-Management (VSM) die direkte Beeinflussung von Angebot oder Nachfrage durch organisatorisch-betriebliche Maßnahmen verstanden, die dem Nachfrager durch geeignete Information verständlich gemacht werden. Angebot und Nachfrage sind Teil des Verkehrssystems, welches wiederum Teil des Raumes ist. Eine direkte Beeinflussung eines Teilsystems durch VSM-Maßnahmen wirkt sich daher auch auf die anderen Teilsysteme aus: Sie werden indirekt beeinflußt.

Als zweckmäßige Bereiche für Zielsetzungen im Verkehrs-System-Management werden genannt: Verkehr, Raumordnung/Flächennutzung, Umwelt, Kosten. Während in der Vergangenheit für Verkehrsleitsysteme die Zielsetzungen Verkehrssicherheit, Leistungsfähigkeit und Wirtschaftlichkeit Vorrang hatten, gewinnen heute zunehmend

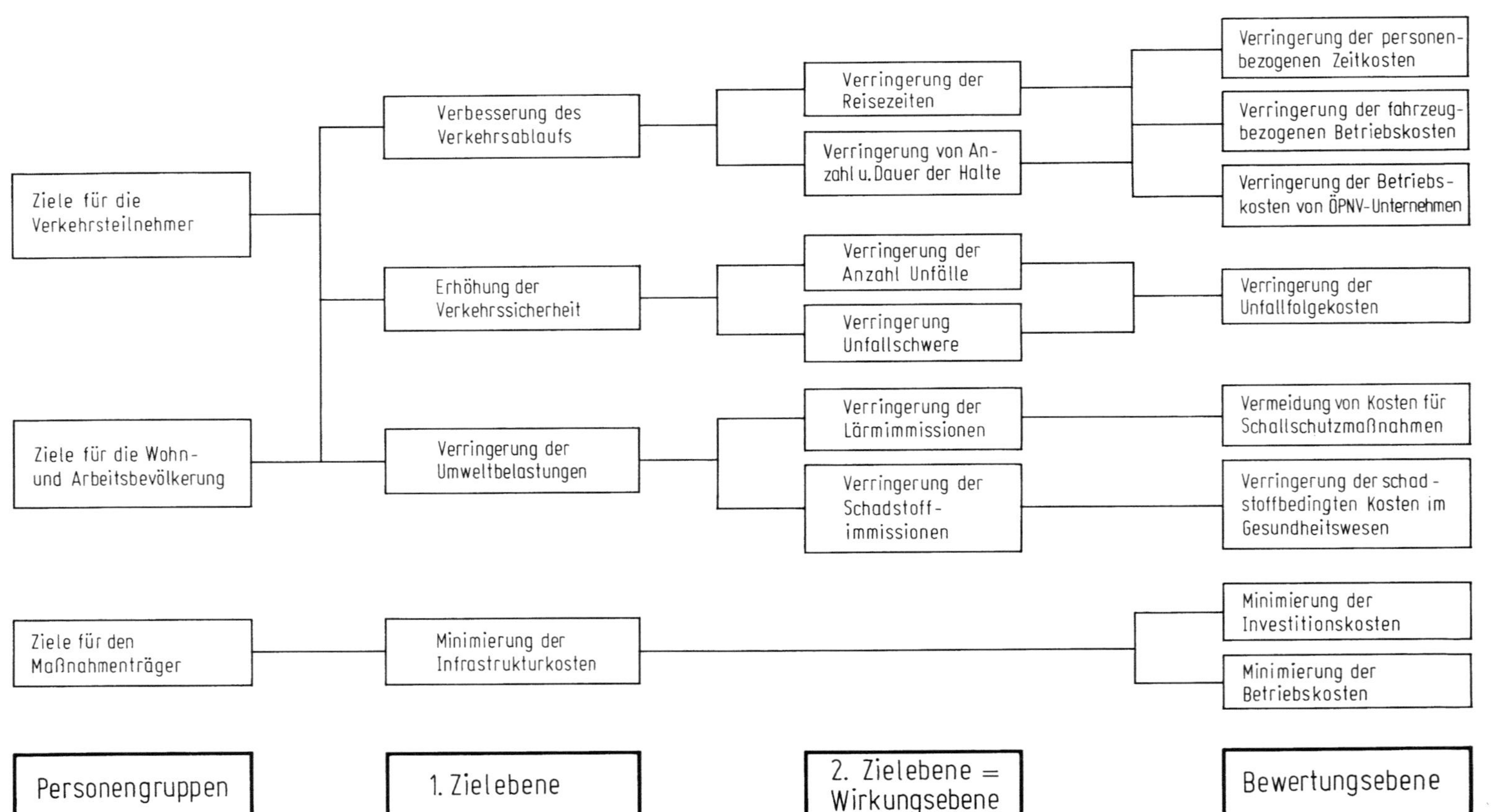

Bild 4. Ziel-Wirkungsschema [42]

auch diejenigen an Bedeutung, die der Verbesserung der Umweltqualität zugänglich sind: Verringerung der Luftverunreinigung durch Schadstoffemissionen (Kohlenmonoxid (CO), Stickoxide (NO_x)); Verkehrslärm (Lärmemissionspegel).
Die durch ein Verkehrsleitsystem beeinflußbaren Wirkungsbereiche subsumieren sich in einem Ziel-Wirkungsschema, das in Bild 4 nach Personengruppen ausgewiesen ist [42] und die in [41] für VSM formulierten Hauptziele widerspiegelt: Mobilisierung von Kapazitätsreserven, Erhöhung der Verkehrssicherheit, Reduzierung von Umweltbelastungen, Verbesserung der Wirtschaftlichkeit.
Im Kontext mit VSM hat die Verkehrsleittechnik einen besonderen Stellenwert. Die für den Individualverkehr nach den Zielrichtungen Organisation des Verkehrsablaufs,

Tabelle 3. VSM-Maßnahmen zur Beeinflussung des Verkehrs (nach [41])

Zielrichtung	VSM-Maßnahme
Individualverkehr	
Organisation des Verkehrsablaufs	Lichtsignalsteuerung
	Wechselverkehrszeichen
	Wechselwegweisung
	individuelle Zielführung
	Geschwindigkeitsempfehlung/-begrenzung
	selektives Fahrverbot
	Straßengebühren zu Spitzenzeiten
	Zufahrtsdosierung
	Verkehrsberuhigung
Information über den Verkehrsablauf	Verkehrsfunk
	Beeinflussung des Verkehrs zur Urlaubszeit
differenzierte Pkw-Nutzung	Fahrgemeinschaften
Management des ruhenden Verkehrs	Organisation der Parkraumnutzung
Öffentlicher Personennahverkehr	
Organisation des Verkehrsablaufs	Beschleunigungsmaßnahmen
	Steuerung des Betriebsablaufs
Information über den Verkehrsablauf	Fahrgastinformation
	Marketing
differenzierter Verkehrsmitteleinsatz	aufgabenteiliger Verkehrsmitteleinsatz
	differenziertes Bedienungsmodell
Betriebsmanagement	Optimierung der Betriebspläne
	Kooperation der Verkehrsträger
Koordination Individual- und öffentlicher Verkehr	
Organisation des Verkehrsablaufs	integrierte Verkehrssteuerung
Information über den Verkehrsablauf	Marketing
Verknüpfung der Verkehrsmittel	Park-and Ride

Information über den Verkehrsablauf, differenzierte Pkw-Nutzung und Management des ruhenden Verkehrs und für den öffentlichen Personennahverkehr nach den Zielrichtungen Organisation des Verkehrsablaufs, Information über den Verkehrsablauf, differenzierter Verkehrsmitteleinsatz und Betriebsmanagement ausgewiesenen VSM-Maßnahmen lassen erkennen, welche Steuerungsstrategie welchen VSM-Maßnahmen zuzuordnen ist (Tabelle 3). Gleiches gilt für jene Maßnahmen, die in der Koordination von Individual- und öffentlichem Verkehr wirksam werden.

Die in Verbindung mit der Lichtsignalsteuerung möglichen Strategien mit festzeit-, zeitplan- oder verkehrsabhängig steuernden Signalprogrammen in einem individuellen oder integrierten Verkehrsleitsystem, die als Maßnahmen in ein VSM eingehen, sind in Teil G dieses Buches beschrieben, worauf verwiesen wird.

2.6 Literatur

1 Schönharting, J.: Theoretische Grundlagen einer Verkehrsbeeinflussungsstrategie. Schriftenreihe Forschungsgesellschaft für Straßen- und Verkehrswesen (FGSV) „Verkehrsbeeinflussung auf Straßen" 1979
2 Kurzak, H.: Steuerverfahren und Bewertungsergebnisse verkehrsabhängiger Signalanlagen im Straßennetz. Forschungsbericht Institut für Verkehrsplanung und Verkehrswesen, TU München, 1973
3 Kohnert, D., Musiol, A.: Verkehrsabhängige Signalisierung mit Verkehrsrechner VSR 16 000. Straßenverkehrstechnik, H. 1 (1970)
4 Wimmer, W.: On-line signal plan selection based on time of week, vehicle detectors and interconnected computers. Area traffic control; IEE Colloquium, London, 1972
5 FGSV: Richtlinien für Lichtsignalanlagen (RiLSA) Lichtzeichenanlagen für den Straßenverkehr. Schriftenreihe Forschungsgesellschaft für Straßen- und Verkehrswesen (FGSV), Ausgabe 1981
6 Stottmeister, V.: Untersuchung der Modelle für Element- und Routenwiderstände bei koordinierter Lichtsignalsteuerung zum Zwecke der guten Abbildung des Raum-Zeit-Systems im Verkehrsplanungsalgorithmus. Berichte Stadt Region Land, Institut für Stadtbauwesen RWTH Aachen, B 31 1984
7 FGSV: Merkblatt Hinweise zum Einsatz von Bewertungsverfahren für Steuerungsmaßnahmen in innerörtlichen Straßennetzen. Schriftenreihe Forschungsgesellschaft für Straßen- und Verkehrswesen (FGSV), Ausgabe 1977
8 Lapierre, R.: A review of traffic signal development in Western Europe. 33rd Annual Meeting Institute of Traffic Engineers, Toronto, Ontario, 1963
9 ITE: Traffic-actuated, Traffic signal controllers and detectors. ITE Technical Committee 7A. Traffic Engineering, Bd. 29, Nr. 1 (1958)
10 Gerlough, D.L.: Some problems in intersection traffic control. Proc. 1st International Symposium on the Theorie of Traffic Flow. Michigan 1959; aus: Herman, R.: Theorie of Traffic Flow; Elsevier Publishing Comp., New York 1961
11 Duemmel, R.A.: Operation and theorie of timing two-phase volume density controllers. Traffic Engineering, Bd. 37, Nr. 2 u. 3 (1966)
12 Freer, J.A.: Los Angeles instals America's first computer system for traffic control. Traffic Engineering and Control, Bd. 4, Nr. 3 (1962)
13 Luce, R.: Flüssiger Straßenverkehr durch Lichtsignalanlagen mit verkehrsabhängiger Einschaltung optimal ausgelegter Programme. Straßenverkehrstechnik, Nr. 3 u. 4 (1965)
14 Ruhnke, D.: Gewinnung und Verarbeitung von Verkehrsdaten für die verkehrsabhängige Signalplanauswahl in Hamburg. Siemens-Zeitschrift, Nr. 5 (1968)
15 US Department of Transportation/Federal Highway Administration: Traffic Control Systems Handbook. Washington, D. C. 1976

16 Tarnoff, Ph.J.: Concepts and strategies – urban street systems. Proc. of the International Symposium on Traffic Control Systems; Berkeley 1978

17 Hillier, J.A.: Glasgow's experiment in area traffic control. Traffic Engineering and Control, Nr. 8 u. 9 (1965/1966)

18 Ruhnke, D., Philipps, P.: Anwendung der Combination-Methode in Hamburg. Straßenverkehrstechnik, Nr. 2 (1973)

19 Peat, Marwick, Livingstone and Company: SIGOP-Traffic signal Optimization Program Users manual. Übersetzung BMV Nr. 888/69, Field tests and sensitivity studies. PB 182 835, PB 182 836, Clearinghouse for Federal Scientific and Technical Information 1968

20 Robertson, D.I.: TRANSYT: A traffic network study tool. Road Research Laboratory; Report LR 253 1969

21 Robertson, D.I.: TRANSYT, 4. Intern. Symposium über die Theorie des Verkehrsflusses; Karlsruhe, 1968. Straßenbau und Straßenverkehrstechnik, BVM, Heft 86 (1969)

22 Stottmeister, V.: TRANSYT – Planung von Festzeitsteuerungen. Berichte Stadt Region Land, Institut für Stadtbauwesen RWTH Aachen, Nr. 58 (1985)

23 Vincent, R.A.; Mitschell, A.I.; Robertson, D.I.: User guide for TRANSYT. Version 8. Transport and Road Research Laboratory, Report 888 1980

24 Hunt, P.B.; Robertson, D.I.; Bretherton, R.D.; Winton, R.J.: SCOOT – a Traffic Responsive Method of Coordinating Signals. TRRL Laboratory Report 1014, 1981

25 Robertson, D.I.: The SCOOT Method of Optimising Networks of Signals in Real Time. HEUREKA '87, Karlsruhe 1987

26 Meiners, H.; Stottmeister, V.: Umsetzung TRANSYT 6C auf deutsche Verhältnisse. Berichte Stadt Region Land, Institut für Stadtbauwesen RWTH Aachen, B 32 1985

27 Mäcke, P.A.: Verkehrsbeeinflussung im Lichte des Raum-Zeit-Systems der Stadt. Schriftenreihe Forschungsgesellschaft für Straßen- und Verkehrswesen (FGSV) „Verkehrsbeeinflussung auf Straßen" 1979

28 TRANSYT-ISBAC. Informationsschrift des Instituts für Stadtbauwesen der RWTH Aachen zur HEUREKA '87, Karlsruhe 1987

29 Heck, H.-M.: SIGMA – Entwicklung eines heuristischen Modells zur koordinierten Lichtsignalsteuerung. HEUREKA '87, Karlsruhe 1987

30 Steierwald, G.; Boesefeldt, J.; Everts, K.; Keudel, W.; Schönharting, J.: Untersuchungen zur verkehrsabhängigen Signalsteuerung. Straßenbau und Straßenverkehrstechnik, BVM, Heft 100 (1970)

31 Boesefeldt, J.; Everts, K.; Philipps, P.: Untersuchungen zur verkehrsabhängigen Signalsteuerung. Teil B: Steuerungsmodelle für Straßenzüge. Straßenbau und Straßenverkehrstechnik, BVM, Heft 131 (1972)

32 OECD-Report: Traffic control in saturated Conditions. OECD Road Research, Paris 1981

33 Lapierre, R.: Integrated traffic control in urban Road Networks. IRF World Meeting Tokyo 1977, Doc. C.

34 OECD-Report: Integrated Urban Traffic Management. OECD Road Research, Paris 1977

35 Lapierre, R.: Integrierte Verkehrsbeeinflussung in städtischen Bereichen. Schriftenreihe Forschungsgesellschaft für Straßen- und Verkehrswesen (FGSV) „Verkehrsbeeinflussung auf Straßen" 1979

36 Masahiko, O.: Comprehensive Automobile Traffic Control. Route Guidance and other Subsystems. IRF World Meeting Tokyo 1977, Doc. C.

37 OECD: Seminar über Verkehrssteuerung und Kommunikation mit dem Fahrer, Aachen 1982. Ausgaben in deutscher, englischer und französischer Sprache.

38 Stockfisch, Ch.R.: The UTCS Experience. Public Roads 46 (1984) Nr. 1

39 Sibley, S.W.: NETSIM for Microcomputers. Public Roads 49 (1985) Nr. 2

40 Hoffmann, G.; Rüenaufer, P.; Sparmann, J.; von Tomkewitsch, R.; Zechnall, W.: Großversuch Leit- und Informationssystem Berlin. Straßenverkehrstechnik, Heft 2, 1987

41 FGSV: VSM Verkehrs-System-Management. Schriftenreihe Forschungsgesellschaft für Straßen- und Verkehrswesen (FGSV), Bericht 1986

42 FGSV: Merkblatt für die Bewertung städtischer Verkehrsleitsysteme mit Hilfe der Kosten-Nutzen-Analyse. Schriftenreihe Forschungsgesellschaft für Straßen- und Verkehrswesen (FGSV) 1987

Teil G

Signalprogrammauswahl, Signalprogrammodifikation und Signalprogrammbildung

1 Signalprogrammauswahl

1.1 Ausgangslage

Der Einsatz freiprogrammierbarer Prozeßrechner hat die Möglichkeiten der Signalprogrammauswahl als makroskopische Steuerungskonzeption wesentlich erweitert. Die Anzahl der Signalprogramme für die *zeitplanabhängige* Programmauswahl wurde erhöht, während gleichzeitig Überlegungen zu einer verkehrsabhängigen Einschaltung dieser Signalprogramme angestellt wurden. Beide Verfahren, die zeitplanabhängige und die verkehrsabhängige Signalprogrammauswahl, haben heute ihren festen Platz in den Konzeptionen zur Steuerung großer Netzbereiche.

Die Entscheidung über den Einsatz eines Verfahrens hängt neben dem technischen Aufwand nicht zuletzt davon ab, ob der Verkehrsablauf über längere Zeitbereiche als konstant anzusehen ist. Denn eine Vielzahl unterschiedlicher Signalprogramme kann zeitabhängig nur dann sinnvoll eingesetzt werden, wenn die Gesetzmäßigkeiten im Verkehrsablauf bekannt sind. Andernfalls bietet sich eine verkehrsabhängige Auswahl der Signalprogramme an, bei der jedoch andere Grundsätze maßgebend sind.

1.2 Zeitplanabhängige Signalprogrammauswahl

1.2.1 Erfassung und Analyse des Verkehrs

Voraussetzung für die Bestimmung geeigneter Zeitpunkte im Tagesablauf für einen wirkungsvollen Einsatz der jeweils geeigneten Signalprogramme ist die genaue Kenntnis des Verkehrsaufkommens zu jeder Zeit und an jedem Ort im zu steuernden Netzbereich. Die Zusammenstellung der Uhrzeiten zu Zeitplänen bildet die Grundlage der zeitplanabhängigen Signalprogrammauswahl. Dazu sind Querschnitts- und Stromerhebungen notwendig, die für alle Wochentage mehrmals über einen längeren Zeitraum hinweg durchgeführt werden sollten, um weitgehend gesicherte Ergebnisse zu erhalten.

Die Erfassung der Daten kann manuell oder automatisch erfolgen. Eine manuelle Erfassung der Verkehrsströme erfordert einen großen Aufwand hinsichtlich des Zählpersonals und der Auswertung, so daß nur stichprobenartig erhoben werden kann. Gezählt werden sollte am Montag, an einem der Normalwerktage Dienstag, Mittwoch oder Donnerstag sowie am Freitag, Samstag und/oder Sonntag. Die Zeitbereiche für Montag bis Freitag können auf 6.00-10.00 Uhr und 15.00-19.00 Uhr beschränkt [1] oder durchgehend auf 6.00-20.00 Uhr ausgedehnt werden. Die Stichprobenbereiche für Samstag und Sonntag sollten empirisch ausgewählt werden, aber einen Bereich von drei Stunden nicht unterschreiten.

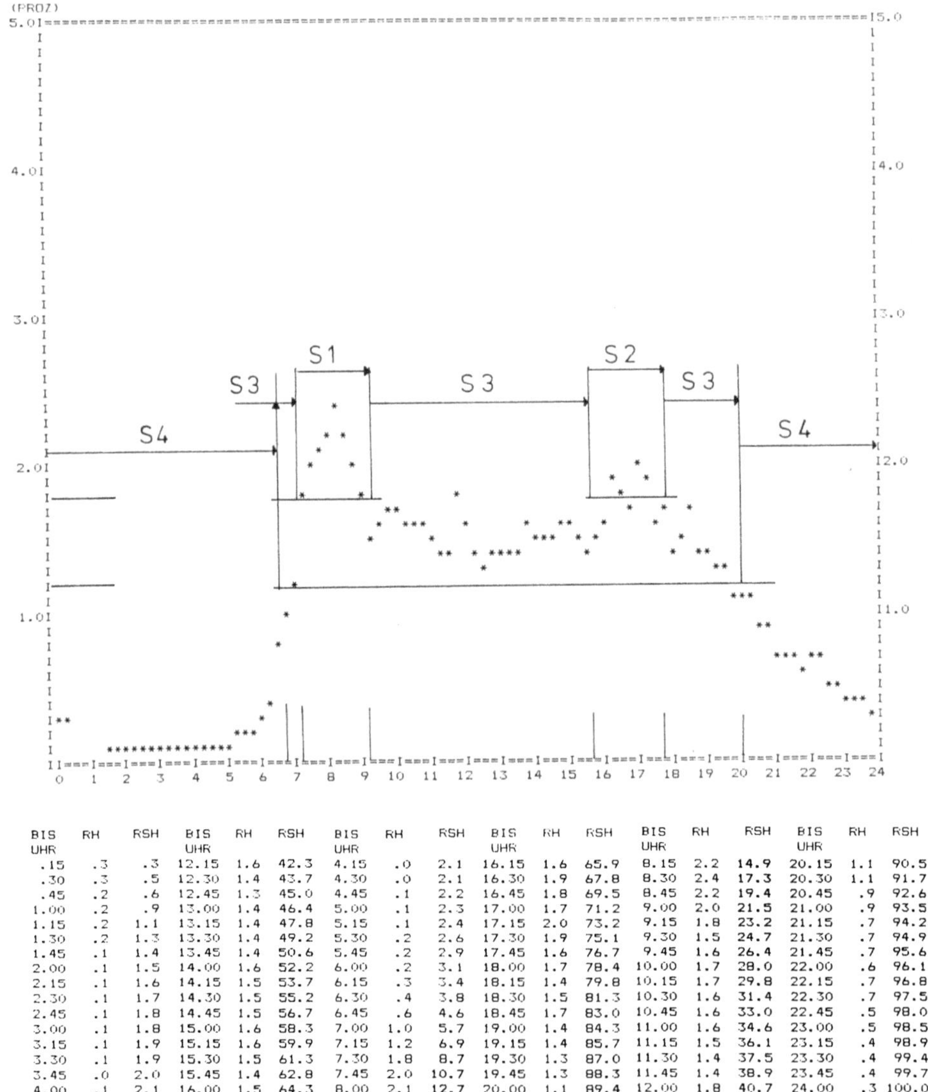

BIS UHR	RH	RSH	BIS UHR	RH	RSH	BIS UHR	RH	RSH	BIS UHR	RH	RSH	BIS UHR	RH	RSH	BIS UHR	RH	RSH
.15	.3	.3	12.15	1.6	42.3	4.15	.0	2.1	16.15	1.6	65.9	8.15	2.2	14.9	20.15	1.1	90.5
.30	.3	.5	12.30	1.4	43.7	4.30	.0	2.1	16.30	1.9	67.8	8.30	2.4	17.3	20.30	1.1	91.7
.45	.2	.6	12.45	1.3	45.0	4.45	.1	2.2	16.45	1.8	69.5	8.45	2.2	19.4	20.45	.9	92.6
1.00	.2	.9	13.00	1.4	46.4	5.00	.1	2.3	17.00	1.7	71.2	9.00	2.0	21.5	21.00	.9	93.5
1.15	.2	1.1	13.15	1.4	47.8	5.15	.1	2.4	17.15	2.0	73.2	9.15	1.8	23.2	21.15	.7	94.2
1.30	.2	1.3	13.30	1.4	49.2	5.30	.2	2.6	17.30	1.9	75.1	9.30	1.5	24.7	21.30	.7	94.9
1.45	.1	1.4	13.45	1.4	50.6	5.45	.2	2.9	17.45	1.6	76.7	9.45	1.6	26.4	21.45	.7	95.6
2.00	.1	1.5	14.00	1.6	52.2	6.00	.2	3.1	18.00	1.7	78.4	10.00	1.7	28.0	22.00	.6	96.1
2.15	.1	1.6	14.15	1.5	53.7	6.15	.3	3.4	18.15	1.4	79.8	10.15	1.7	29.8	22.15	.7	96.8
2.30	.1	1.7	14.30	1.5	55.2	6.30	.4	3.8	18.30	1.5	81.3	10.30	1.6	31.4	22.30	.7	97.5
2.45	.1	1.8	14.45	1.5	56.7	6.45	.6	4.6	18.45	1.7	83.0	10.45	1.6	33.0	22.45	.5	98.0
3.00	.1	1.8	15.00	1.6	58.3	7.00	1.0	5.7	19.00	1.4	84.3	11.00	1.6	34.6	23.00	.5	98.5
3.15	.1	1.9	15.15	1.6	59.9	7.15	1.2	6.9	19.15	1.4	85.7	11.15	1.5	36.1	23.15	.4	98.9
3.30	.1	1.9	15.30	1.5	61.3	7.30	1.8	8.7	19.30	1.3	87.0	11.30	1.4	37.5	23.30	.4	99.4
3.45	.0	2.0	15.45	1.4	62.8	7.45	2.0	10.7	19.45	1.3	88.3	11.45	1.4	38.9	23.45	.4	99.7
4.00	.1	2.1	16.00	1.5	64.3	8.00	2.1	12.7	20.00	1.1	89.4	12.00	1.8	40.7	24.00	.3	100.0

Bild 1.1. Ganglinie der relativen Verkehrsstärken mit Einsatzbereichen für 4 Signalprogramme

Die automatische Erfassung des Verkehrs mit stationären oder transportablen Zählgeräten erlaubt die kontinuierliche Messung von Querschnittswerten über beliebig lange
Zeiträume [2]. Die Nachteile gegenüber der manuellen Erhebung liegen darin, daß
keine Verkehrsströme erfaßt und Fahrzeugunterscheidungen nur mit zusätzlichen Einrichtungen getroffen werden können.
Aus den Erhebungsdaten werden Tages- und Wochenganglinien für bestimmte Querschnitte oder Beziehungen erstellt (Bild 1.1). Die Ganglinien geben die Größe und den
Verlauf der Belastung während des untersuchten Zeitbereichs wieder, und zwar in
Form von absoluten und relativen Verkehrsstärken. Die absoluten Verkehrsstärken
dienen als Grundlage zur Signalprogrammberechnung, während die relativen Verkehrsstärken, bezogen auf die gesamte Verkehrsstärke der Meßzeit, Aussagen über den
Anteil der Spitzenbelastungen zulassen.
Über die Summenlinie der relativen Verkehrsstärken (Bild 1.2) können mehrere Meß-
tage miteinander verglichen werden. Die Darstellung der Summenhäufigkeit der relati-

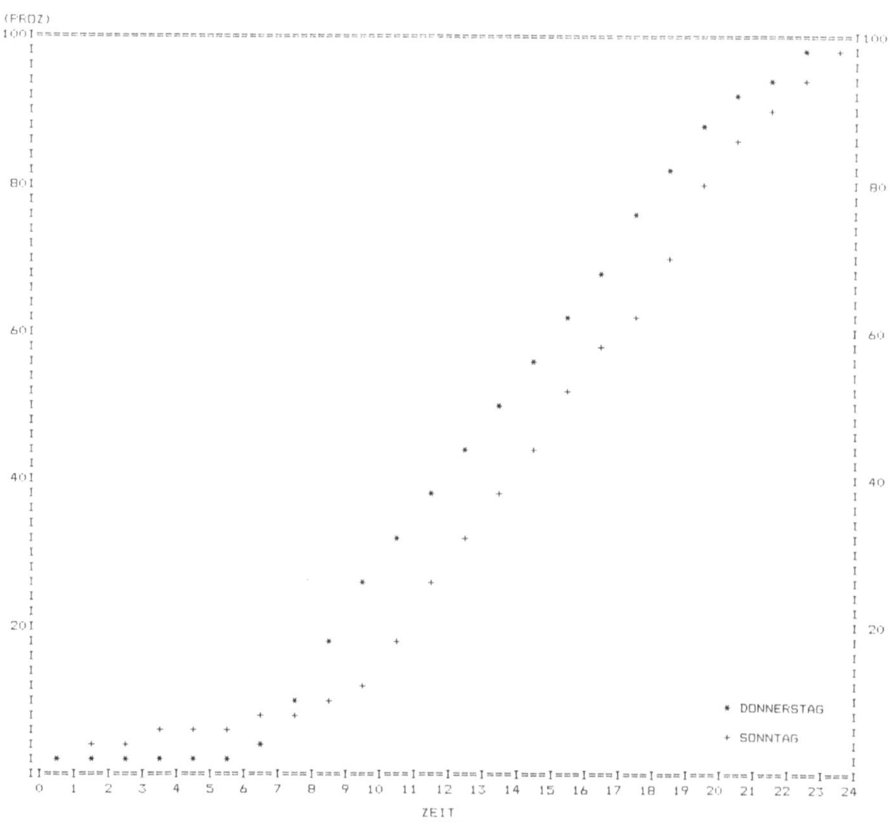

Bild 1.2. Summenlinie der relativen Verkehrsstärken

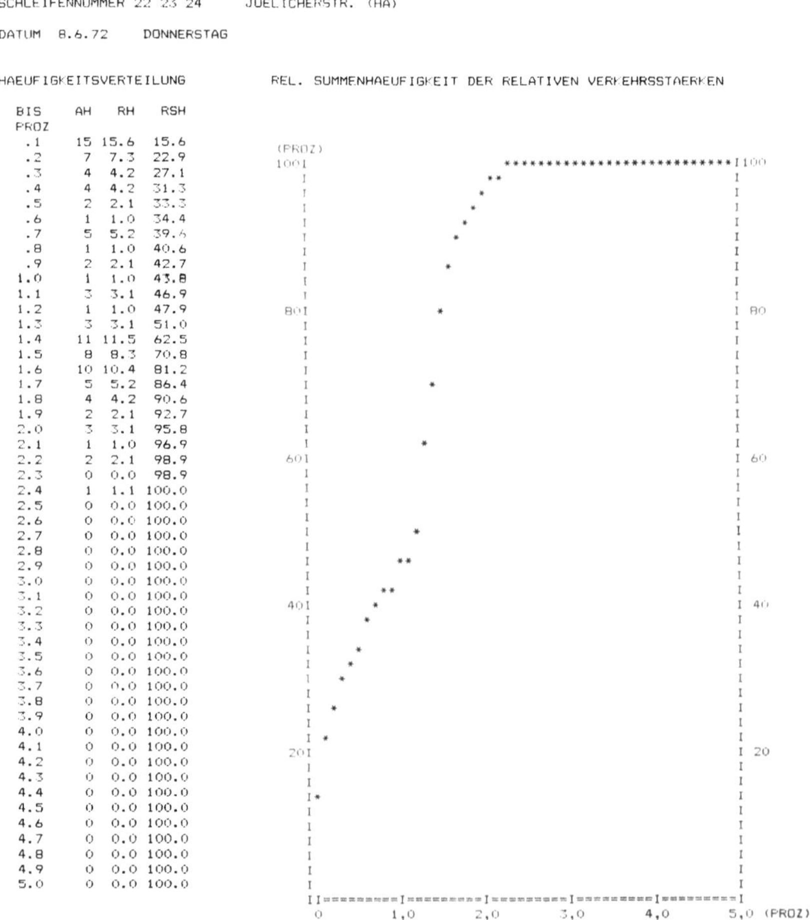

Bild 1.3. Relative Summenhäufigkeit der relativen Verkehrsstärken

ven Verkehrsstärken (Bild 1.3) erlaubt Aussagen über die Verteilung aller während der
Meßzeit auftretenden Verkehrsstärken und über die Häufigkeiten für das Auftreten
bestimmter Spitzenbelastungen eines Meßquerschnitts. Darüber hinaus lassen solche
Darstellungen gezielte Vergleiche mit anderen Meßquerschnitten zu.

1.2.2 Aufstellung der Zeitpläne

Aus den Gang- und Summenlinien für alle Wochentage wird zunächst ermittelt, wie-
viel verschiedene Zeitpläne je Woche erforderlich sind. Es muß geprüft werden, ob das
Verkehrsaufkommen an jedem einzelnen Wochentag in jeder neuen Woche den gleichen Verlauf nimmt oder ob Unterschiede, beispielsweise zwischen dem ersten Samstag eines Monats und den folgenden, auftreten. Im nächsten Schritt wird dann untersucht, ob der Verkehrsablauf an mehreren Tagen ähnlich ist, so daß für diese Tage ein
gemeinsamer Zeitplan aufgestellt werden kann.

Nach Festlegung der Anzahl von Zeitplänen wird eine zunächst grobe Einteilung je Plan vorgenommen. Die Zeitbereiche, die jeweils durch ein bestimmtes Signalprogramm abgedeckt werden sollen, werden anhand der Ganglinien der relativen Verkehrsstärken (Bild 1.1) abgegrenzt. Es werden stets alle Ganglinien gemeinsam betrachtet, die auf ein bestimmtes Signalprogramm — z. B. eines Knotenpunkts oder einer Knotenpunktgruppe — Einfluß haben.

Die Anzahl der Zeitbereiche und damit die Anzahl der unterschiedlichen Signalprogramme ergibt sich aus der Charakteristik des Ganglinienverlaufs. Eine Ganglinie mit einer Morgen- und einer Abendspitze kann beispielsweise durch vier Signalprogramme abgedeckt werden (Bild 1.1):

— Signalprogramm S1 für die Morgenspitze,
— Signalprogramm S2 für die Abendspitze,
— Signalprogramm S3 für den Tagesverkehr,
— Signalprogramm S4 für den Nachtverkehr.

Andere Ganglinienformen werden andere Einteilungen erfordern.

1.2.3 Ermittlung der Signalprogramme

Die genauen Einschaltzeitpunkte können nur im Zusammenhang mit der Berechnung der Signalprogramme bestimmt werden. Die den Berechnungen zugrunde liegenden Verkehrsstärken werden den vorläufigen Schaltbereichen entnommen. Maßgebend für die Berechnung ist die je Schaltbereich und je Zufahrt größte Verkehrsstärke über 15 bis 30 Minuten, hochgerechnet auf 1 Stunde.

Die Signalprogramme für die Einzelknoten sowie evtl. für Koordinierungen von Streckenzügen oder Netzbereichen werden nach den üblichen Verfahren berechnet [3,4]. Eine übersichtliche Darstellung des Berechnungsgangs findet sich in [5]. Es ist darauf zu achten, daß die statistischen Unsicherheiten in den zugrunde liegenden Ganglinien durch Überlastungswahrscheinlichkeiten berücksichtigt werden.

Abschließend werden sämtliche Signalprogramme einem Leistungsfähigkeitsnachweis unterzogen, sofern er nicht in der Berechnung bereits enthalten ist. Die Ergebnisse, verglichen mit den zugrunde gelegten Ganglinien der absoluten Verkehrsstärken, können ggf. zu einer Korrektur der Einschaltzeiten der Signalprogramme führen. Die endgültigen Einschaltzeiten werden in Form von Zeitplänen den verschiedenen Wochen- oder Datumstagen entsprechend dem Bedarf zugeordnet und dem Prozeßrechner zur Verarbeitung vorgegeben.

Die Aufstellung von Zeit-Weg-Diagrammen zur koordinierten Steuerung von Verkehrsströmen wurde bisher im allgemeinen grafisch [3,5] oder grafisch/analytisch [6,7] durchgeführt, da eine rein rechnerische Ermittlung zu aufwendig war. Durch den Einsatz von Großrechneranlagen werden in neuerer Zeit Berechnungsverfahren angewendet, bei denen gleichzeitig bestimmte Zielgrößen optimiert werden. Die bekanntesten Verfahren sind:

— die *Combination Methode* des Greater London Council [8], die in einer abgewandelten Version auch in Deutschland existiert [9] (vgl. Kap. F 1),
— *Transyt* des Road Research Laboratory [10], das inzwischen mehrfach überarbeitet und den heutigen Bedingungen angepaßt wurde (vgl. Kap. F 1) und
— *SIGOP* des Washington Departments [11].

Bei der Combination Methode werden anhand vorgegebener Signalprogramme die Wartezeiten bei unterschiedlichen Versatzzeiten berechnet. Optimiert wird durch *systematisches Probieren* bestimmter Zuordnungskombinationen.

Bei Transyt werden im ersten Schritt nach Webster die Signalprogramme berechnet. Im zweiten Schritt werden die Versatzzeiten in der Weise ermittelt, daß sich die zugehörigen Gesamtwartezeiten iterativ dem Minimum nähern. In beiden Verfahren kann die Anzahl der Halte durch Umrechnung in Sekunden einbezogen werden.

In SIGOP werden ebenfalls die Verlustzeiten anhand der Versatzzeiten optimiert. Während aber bei der Combination Methode die Versatzzeittabellen jeweils paarweise zusammengesetzt und bei Transyt die günstigen Versatzzeiten iterativ ermittelt werden, bildet in SIGOP jede Signalzufahrt mit jeder anderen Signalzufahrt — bezogen auf einen allen gemeinsamen Nullpunkt — eine mathematische Ebene, deren Verlustzeitminimum in Zusammenhang mit den benachbarten Minima zu einem Verlustzeitoptimum des gesamten Systems führen soll.

Vergleiche der verschiedenen Berechnungs- und Optimierungsverfahren haben gezeigt [12], daß keine signifikanten Unterschiede in den Ergebnissen bestehen. Die für eine Anwendung wichtigen Ein- und Ausgabedaten werden, sofern sie in den Veröffentlichungen [8-11] nicht enthalten sind, bei Anforderung des Programmsystems mitgeteilt. Die Benutzung der Programmsysteme ist z. T. mit Lizenzgebühren verbunden.

1.2.4 Auswahlverfahren

Die mit der Zeitplanabhängigkeit verbundene Auswerteschaltung kann einfach sein, da sie sich auf einen Vergleich der aktuellen Uhrzeit mit den vorgegebenen Uhrzeiten im Minutenintervall beschränkt. Sie muß aber so flexibel sein, daß die vorgegebenen Schaltzeiten jederzeit an veränderte Gesetzmäßigkeiten angepaßt werden können. Mithin sollte die Auswerteschaltung weitgehend frei programmierbar sein. Die zur Verkehrssteuerung verwendeten Prozeßrechner genügen diesen Anforderungen.

1.3 Verkehrsabhängige Signalprogrammauswahl

1.3.1 Wahl von Zielbereich und Zielgröße

Wenn die Ganglinien keinen erkennbaren Gesetzmäßigkeiten folgen oder die zeitplanabhängige Programmauswahl zu unbefriedigenden Ergebnissen führt und ein häufigerer Signalprogrammwechsel gewünscht wird, kann eine verkehrsabhängige Signalprogrammauswahl eingesetzt werden. Vorbereitung und Realisierung der verkehrsabhängigen Signalprogrammauswahl unterscheiden sich in wesentlichen Punkten von der Zeitplanabhängigkeit.

Eine Analyse der Netzstruktur muß zeigen, welche Knotenpunkte verkehrsabhängig geschaltet werden sollen und wie sie zu Gruppen zusammenzufassen sind. Die Einteilung in Knotenpunktgruppen braucht nicht starr zu sein; sie kann in Abhängigkeit von der Tageszeit, von bestimmten wechselnd bevorzugten Richtungsverkehrsstärken oder anderen Kriterien veränderbar sein. Die verwendeten Steuerungsmodelle müssen entsprechend flexibel sein.

Eine Analyse der Verkehrsstruktur muß zeigen, nach welcher Zielgröße optimiert werden soll. Ist beispielsweise der relative Ganglinienverlauf in allen Querschnitten der Knotengruppe gleich, so reichen wenige Detektoren zur Gesamterfassung aus und es genügt eine Steuerung nach der makroskopischen Steuerungsgröße Auslastungsgrad bzw. Belastungsquotient [13]. Unterscheiden sich die Ganglinien, so muß der Verkehr ständig an mehreren Querschnitten erhoben werden, so daß stets ein genaues Ver-

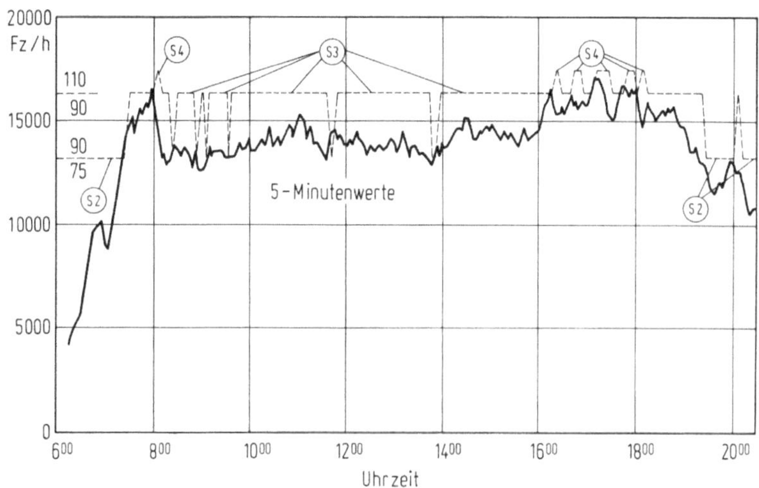

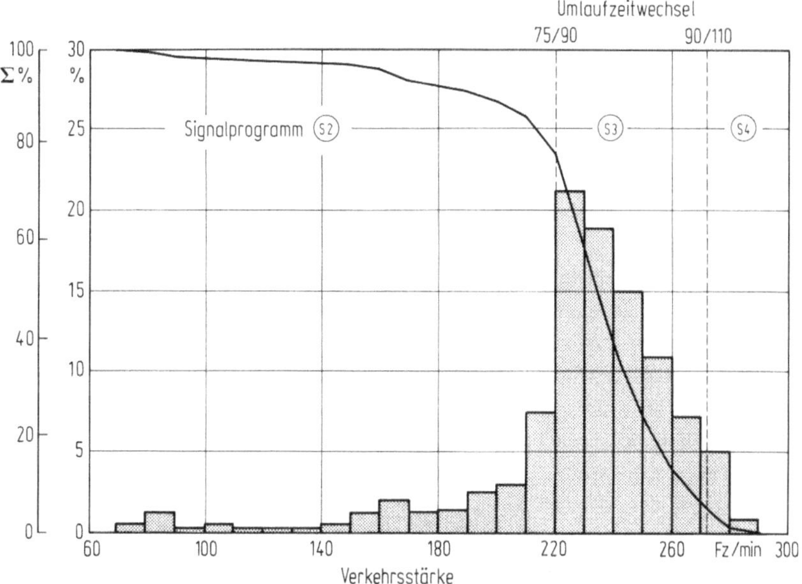

Bild 1.4. Verkehrsabhängiger Einsatz verschiedener Signalprogramme

kehrsbild vorliegt. Es empfiehlt sich, dann nach Zielgrößen wie Wartezeit, Anzahl der Halte oder Staulänge zu optimieren [14]. Der Aufwand für die Berechnung der gewählten Zielgrößen sollte aber in einer vernünftigen Relation zu der Reaktionsfähigkeit der Steuerung bleiben.

Die Aktualität der Steuerung hängt davon ab, wie schnell die vom Meßquerschnitt gelieferten Informationen in Steuerungsimpulse umgesetzt werden können, d. h. ob die am Detektor registrierten Fahrzeuge bei ihrem Eintreffen an der Haltlinie rechtzeitig durch die Steuerung berücksichtigt werden können. Die Restriktionen, die sich auf die Aktualität der Steuerung hemmend auswirken, werden durch die Signalprogrammelemente selbst bestimmt. Die Länge des Signalprogramms sowie der Zusammenhang mit der übergeordneten Koordinierung verhindern, daß ein Signalprogrammwechsel zu jedem Zeitpunkt stattfinden kann. Die Angleichung an eine neue Verkehrssituation erfolgt deshalb i. a. mit Verzögerung. Unter Umständen ist ein Fahrzeugpulk bereits abgeflossen, ehe das Steuerungsprogramm die Maßnahmen zu seiner Beeinflussung überhaupt einleiten konnte (Bild 1.4, oberer Teil: Die Schaltverzögerung ist besonders deutlich bei Einsatz des Signalprogramms S4 zu erkennen).

Die verkehrsabhängige Signalprogrammauswahl gilt deshalb als eine makroskopische Steuerungsart, bei der nicht Einzelfahrzeuge, sondern Fahrzeuggruppen berücksichtigt werden. Entsprechend sollte auch die gewählte Zielgröße auf makroskopischen Zählwerten wie z. B. Fahrzeuge pro Stunde oder Fahrzeuge pro Minute aufbauen.

1.3.2 Erfassung und Analyse des Verkehrs

Die durch Detektoren aufgenommenen Daten müssen so beschaffen sein, daß sie eine für das gewählte Steuerungsverfahren hinreichende Beschreibung des Verkehrs zulassen. Eine hinreichende Beschreibung ist dann gegeben, wenn die Daten die Berechnung aller Kriterien erlauben, nach denen die einzusetzenden Signalprogramme bewertet werden können. Bei der Wahl des Auslastungsgrads bzw. Belastungsquotienten als Zielgröße kann — im Hinblick auf die Leistungsfähigkeit der Signalprogramme — die Erfassung von Fahrzeugen pro Zeiteinheit, also die Verkehrsstärke, als beschreibendes Kriterium ausreichend sein. Wenn die Detektoren aber, wie es meistens der Fall ist, außer der Anzahl von Fahrzeugen pro Zeiteinheit keine weiteren Informationen liefern, werden von diesen Angaben überdurchschnittliche Genauigkeit und Zuverlässigkeit verlangt.

Die Genauigkeit der angebotenen Werte hängt von der gerätetechnischen Seite und damit von der Betriebssicherheit ab. Insbesondere müssen Störeinflüsse durch Witterung und durch extrem kurze oder lange Fahrzeugbelegungen ausgeschaltet werden. Es muß angestrebt werden, die Detektorwerte kontinuierlich automatischen Plausibilitätsprüfungen in 15-Minuten- bis maximal 2-Stunden-Intervallen zu unterziehen. Ein erkannter Fehler bewirkt dann eine sofortige Störungsmeldung, evtl. sogar ein Ausschalten des Steuerungsverfahrens.

Die Zuverlässigkeit der Information hinsichtlich ihrer Aussagekraft und damit ihre Verwertbarkeit wird von verkehrstechnischen Faktoren bestimmt. Wesentlichen Einfluß nehmen die Zahl und Anordnung der pro Querschnitt verlegten Schleifen [15] sowie der Grad der Spurtreue bei unterschiedlichen Belastungen.

Der Begriff der Zuverlässigkeit, die für jeden Querschnitt getrennt untersucht werden muß, betrifft einmal unmittelbar die Anzahl der registrierten Fahrzeuge, zum anderen die daraus abgeleiteten Größen wie Geschwindigkeit, Dichte und Staubildung. Die Beziehung zwischen Verkehrsstärke und Verkehrsdichte ist nach dem Fundamentaldiagramm nicht eindeutig. Einer gemessenen Verkehrsdichte q können zwei Dichtewerte k und damit zwei Geschwindigkeiten v zugeordnet werden.

Der erste Teil des Fundamentaldiagramms zeigt das gleichzeitige Anwachsen von Verkehrsstärke und Dichte bis zur Leistungsfähigkeitsgrenze. Das Überschreiten der optimalen Dichte hat ein Absinken der Verkehrsstärke und der Geschwindigkeit, mithin Staubildung und im Extremfall einen völligen Zusammenbruch des Verkehrs zur Folge. Derartige Situationen treten häufig vor lichtsignalgeregelten Knotenpunkten nach dem Ende einer Freigabezeit auf. Sie sind im allgemeinen auf den Stauraum beschränkt. Daraus ergibt sich die Forderung, Detektoren, die nur Fahrzeuge pro Zeiteinheit zählen, immer außerhalb von Stauräumen anzuordnen. Dadurch wird erreicht, daß die erfaßten Belastungen stets im ersten Teil des Fundamentaldiagramms liegen,

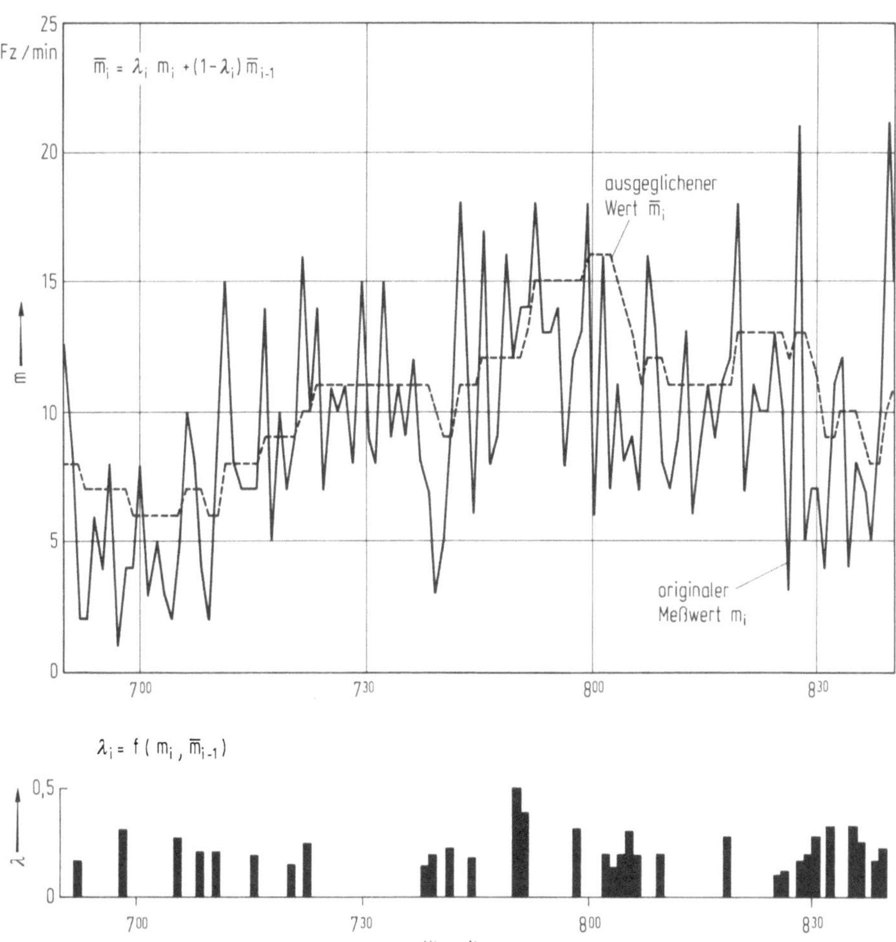

Bild 1.5. Gemessene und ausgeglichene Minutenwerte

so daß die aus den gezählten Querschnittswerten abgeleiteten Größen Dichte und Geschwindigkeit eindeutig sind. Ungenauigkeiten durch parkende sowie durch ein- und abbiegende Fahrzeuge haben nur einen geringen Einfluß, solange der Ganglinienverlauf am Meßquerschnitt charakteristisch für das zu analysierende Verkehrsbild ist.

Die Detektorwerte werden in einem Zeittakt aufgenommen, der als variierbarer Parameter oder als Konstante vorgegeben wird. Als variierbarer Parameter wird häufig die aktuelle Umlaufzeit gefordert. Das erscheint jedoch nur dann verkehrstechnisch plausibel, wenn je Querschnitt das Taktende genau auf das nachfolgende Freigabezeitende abgestimmt wird, wozu ein hoher technischer Aufwand erforderlich ist. Dagegen empfiehlt es sich, eine konstante Zeiteinheit für das Erfassungsintervall zu wählen. Im allgemeinen werden Intervalle von einer bis zu 15 Minuten angesetzt.

Die Minutenwerte unterliegen starken Schwankungen (Bild 1.5, Originale Meßwerte), die z. T. zufällig, z. T. aber auch — z. B. bei Meßquerschnitten, die innerhalb einer koordiniert gesteuerten Richtung liegen — systematisch sein können. Um die Abhängigkeit aufeinanderfolgender Erhebungsintervalle berücksichtigen zu können und gleichzeitig weitgehend zu verhindern, daß kurzfristige Extremwerte die Signalprogrammauswahl ungünstig beeinflussen, werden zur Bestimmung der geeigneten Signalpro-

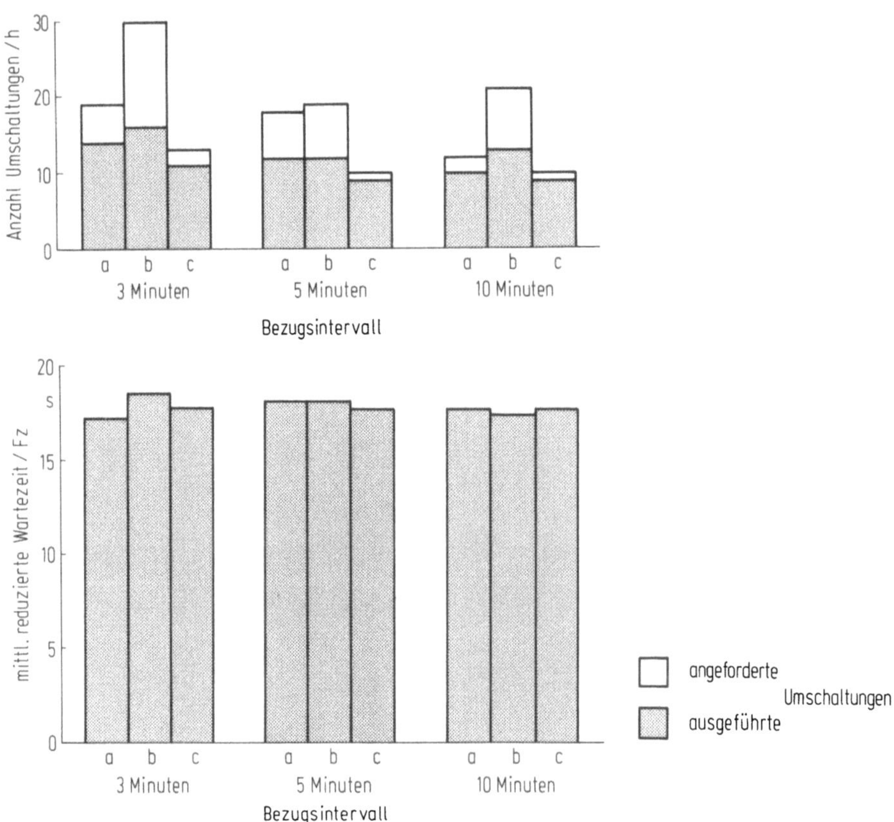

Bild 1.6. Auswirkungen verschiedener Ausgleichsverfahren. **a** gleitender Mittelwert ohne Gewichte, **b** gleitender Mittelwert mit reziproken Gewichten, **c** Verfahren „MEXWA" [17]

gramme nicht die erhobenen Originalganglinien, sondern sog. Bemessungsganglinien (Bild 1.5, Ausgeglichene Werte) verwendet [16]. Für die Berechnung der Bemessungsganglinien gibt es eine Reihe von Ausgleichsverfahren, die im Modellaufbau z. T. sehr unterschiedliche Charakteristiken zeigen (siehe auch Kap. C 3). So werden zur Berechnung des neuen ausgeglichenen Werts entweder nur wenige, zurückliegende Originalwerte oder mehrere Ganglinien des gleichen Wochentags benutzt, um die systematischen *(saisonalen)* von den zufälligen Schwankungen unterscheiden zu können. Weitere Unterschiede liegen darin, ob und wie gewichtet wird. Untersuchungen [16] haben jedoch gezeigt, daß verschiedene Ausgleichsverfahren zwar zu unterschiedlichen Bemessungsganglinien führen, daß aber die daraus sich ergebenden Steuerungsmerkmale — wie die Umschalthäufigkeit — oder Bewertungsgrößen — wie die Wartezeit — keine signifikanten Unterschiede bei Anwendung desselben Steuerungsverfahrens aufweisen (Bild 1.6).

1.3.3 Ermittlung der Signalprogramme

Grundsätzlich können die gleichen Signalprogramme verwendet werden, die auch für eine zeitplanabhängige Signalprogrammauswahl eingesetzt werden. Zur Erzielung einer höheren Effektivität empfiehlt es sich aber, die der Berechnung zugrunde zu legenden Verkehrswerte nach anderen, mindestens aber nach zusätzlichen Kriterien auszuwählen. Zur Bestimmung der für die Signalprogrammberechnung maßgebenden Verkehrsstärken werden jetzt nicht mehr die Ganglinien, sondern die relativen Summenhäufigkeiten der absoluten Verkehrsstärken herangezogen (Bild 1.3). Der Anstieg der absoluten Kurve ist ein Maß für die Häufigkeit des Auftretens bestimmter Verkehrsstärken. Aus dem Verlauf ist daher unschwer zu entnehmen, für welche Verkehrsstärken zweckmäßigerweise eigene Signalprogramme ermittelt werden sollten (Bild 1.1).

Wegen der Trägheit des Steuerungssystems und wegen der Verwendung gemittelter Meßwerte [17] muß auch hier bei der Berechnung des Freigabezeitbedarfs mit Überlastungswahrscheinlichkeiten gerechnet werden. Allerdings können die Wahrscheinlichkeiten niedriger bzw. der Sättigungsgrad, der bei bestimmten Berechnungsverfahren verwendet wird, höher angesetzt werden.

Die so speziell für die verkehrsabhängige Signalprogrammauswahl ermittelten Signalprogramme können, sofern es die Kapazität des Verkehrsrechners zuläßt, durch Signalprogramme für außergewöhnliche, aber abschätzbare Situationen ergänzt werden. Dabei ist an Massenveranstaltungen gedacht, die häufig je Knotenpunkt nur eine Zufahrt, diese aber sehr stark, belasten, während die übrigen Zufahrten eine untergeordnete Rolle spielen. Signalprogramme für Fälle mit stark unsymetrischer Belastung können in einer Zeitplanabhängigkeit nicht verwendet werden. Sie können nur manuell oder verkehrsabhängig eingesetzt werden.

1.3.4 Auswahlverfahren

Die Entscheidung über den aktuellen Einsatz eines der zur Verfügung stehenden Signalprogramme übernimmt ein Steuerungsmodell, das die mathematische Formulierung der Parameter und der Auswahlkriterien enthält. Da die verkehrsabhängige Si-

gnalprogrammauswahl eine makroskopische Steuerungskonzeption darstellt, in der
aus vorherberechneten Signalprogrammen ausgewählt wird, genügt es häufig, statt ma-
thematischer Modelle lediglich Tabellen oder Diagramme für die Entscheidungsfindung vorzugeben.

Das häufigste Verfahren zur Bestimmung der geeigneten Signalprogramme besteht in
einer Auswahl durch Schwellenwertvergleich. Bild 1.7 zeigt eine solche Entscheidungslogik, wie sie z. B. in Hamburg verwendet wird [18]. Die Struktur der Entscheidungslogik hängt von der Anordnung der Detektoren im Netz ab. Die Größe der
Schwellenwerte und ihre Relationen zueinander werden vorgegeben. Sie werden aus
den Signalprogrammen abgeleitet, die später eingesetzt werden sollen.

Die Auswahl der geeigneten Signalprogramme für ein größeres Netzsystem kann in
zwei Stufen erfolgen:

1. Es werden zunächst Rahmensignalprogramme ausgewählt, die die Größe der Umlaufzeit, die Koordinierungsgeschwindigkeiten und ggf. bestimmte Knotenpunktzu-
   ordnungen festlegen.
2. Es werden je Knotenpunkt aus den vorhandenen Signalprogrammen die geeigneten
   Freigabezeitverteilungen bestimmt.

Da die Freigabezeitverteilungen innerhalb des übergeordneten Koordinierungs- oder
Umlaufzeitsystems i. a. häufiger wechseln als das System selbst, kann die Stufe 2
einem kürzeren Berechnungsintervall unterliegen als die Stufe 1.

Die Auswahl durch Schwellenwertvergleich hat gegenüber allen anderen Verfahren
den Vorteil, einfach und überschaubar zu sein. Da die Signalprogramme vorher berechnet werden, können auch die Grenzwerte der gewählten Zielgrößen vorher festgelegt und bestimmten Verkehrsstärken zugeordnet werden. Es genügt also, diese — evtl.
abgeminderten — Werte als Schwellenwerte vorzugeben (Bild 1.1). Eine Auswahl
durch Schwellenwertvergleich ist besonders dann angebracht, wenn der Verkehr auf
wenigen ausgewählten Zufahrten oder Verbindungsstrecken im Netzsystem durch
Meßquerschnitte erfaßt wird.

Werden die Meßwerte an sämtlichen Zufahrten zu allen in die Programmauswahl
einbezogenen Knotenpunkten erfaßt, kann eine Auswahl auch durch Vergleichsrechnun-
gen durchgeführt werden [14]. Hierbei werden für alle in Frage kommenden Signalprogramme Leistungsfähigkeitsnachweise anhand der gemessenen Verkehrsstärken
durchgeführt und die günstigsten Ergebnisse eingesetzt. Bei diesem Verfahren erübrigt
sich eine Bearbeitung in zwei Stufen, da in jedem Fall alle möglichen und denkbaren
Signalprogrammkombinationen durchgerechnet werden müssen. Der hohe technische
Aufwand für die Erfassung des Verkehrs sowie der ebenfalls hohe Speicheraufwand für
das Auswertemodell sind allerdings nur dann berechtigt, wenn sich die täglichen Häu-
figkeitsverteilungen gemäß Bild 1.4 statistisch nicht einordnen lassen und eine Bestimmung von Schwellenwerten mit großen Unsicherheiten behaftet ist.

Ein weiteres Auswahlverfahren besteht darin, anhand der gemessenen Verkehrsstärken
den Freigabezeitbedarf je Zufahrt zu berechnen. Der Bedarf wird in Freigabezeitse-
kunden pro Stunde angegeben. Damit erhält man in jedem Berechnungsintervall eine
Liste von Bedarfswerten für die Freigabezeiten sämtlicher Zufahrten. Diese Tabelle
wird mit den entsprechenden umgerechneten Freigabezeiten der vorhandenen Signalprogramme verglichen. Es werden die Signalprogramme ausgewählt, die den Bedarfswerten am nächsten kommen.

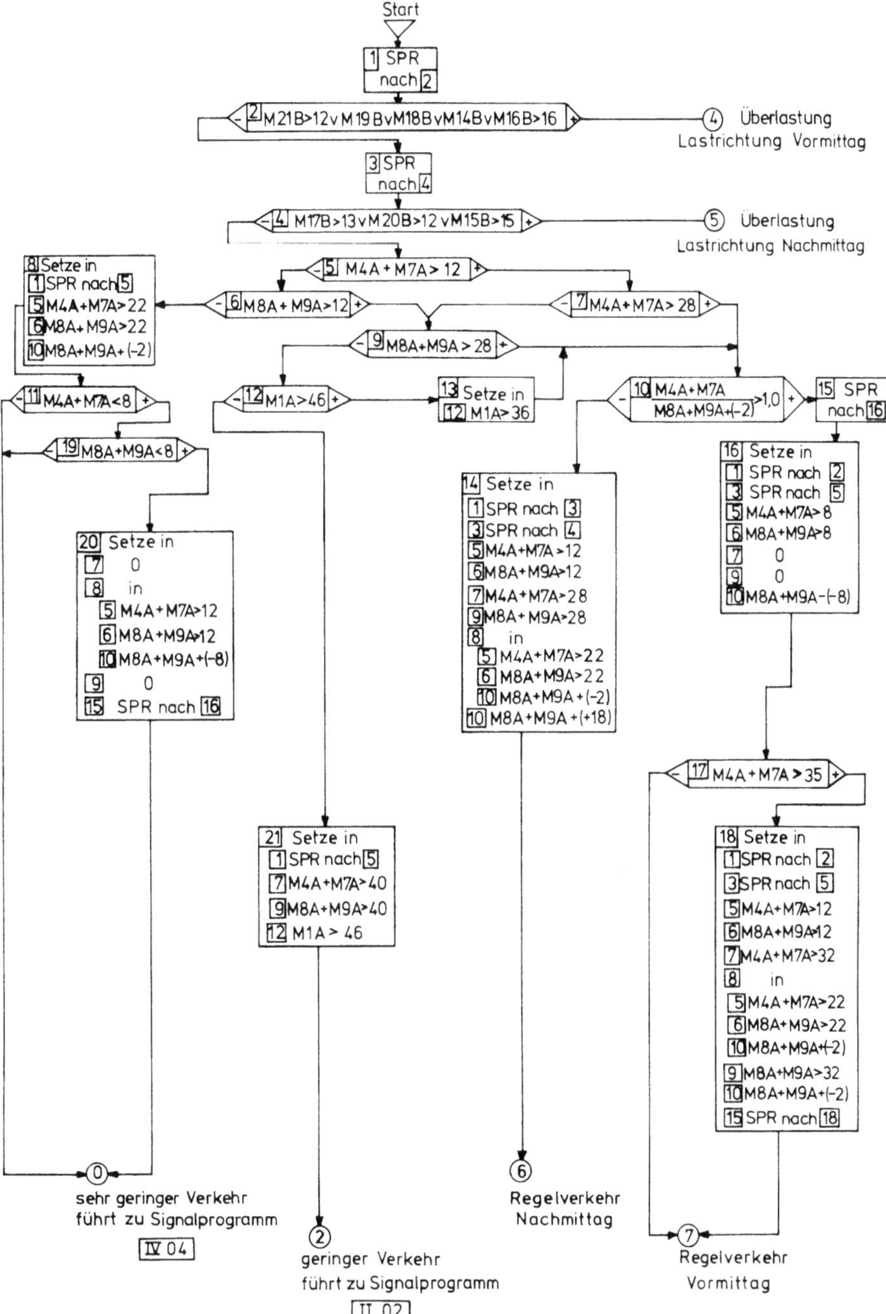

Bild 1.7. Beispiel einer Entscheidungslogik

Das aufwendigste Auswahlverfahren besteht darin, in jedem Berechnungsintervall theoretische Signalprogramme zu berechnen und deren Versatzzeiten zu optimieren. Auch hier müssen dann die berechneten Signalprogramme mit den vorhandenen verglichen werden, wobei aus dem Bestand der vorhandenen Signalprogramme die den theoretisch ermittelten am ehesten entsprechenden Programme auszuwählen und die vorhandenen Versatzzeiten aufgrund der Berechnungsergebnisse zu modifizieren wären. Hierzu könnten Modelle wie Transyt [10] und SIGOP [11] benutzt werden. In den USA hat man ähnliches bereits in Angriff genommen, indem SIGOP stark vereinfacht in eine Prozeßrechnersprache übertragen wurde (vgl. Kap. F 2).

1.3.5 Randbedingungen

Alle Auswahlverfahren haben zum Ziel, anhand der erhobenen Verkehrsdaten einen Soll-Zustand für die Signalisierung zu berechnen. Dieser Soll-Zustand wird mit dem Ist-Zustand, d. h. der vorhandenen Signalisierung, verglichen. Bei einer Übereinstimmung brauchen in diesem Berechnungsintervall die Steuerungsmaßnahmen nicht geändert zu werden. Andernfalls müssen vor Änderung der Steuerungsmaßnahmen folgende (beispielhafte) Randbedingungen überprüft werden:

Wochen- oder Kalendertag

Es ist denkbar, daß bestimmte Signalprogramme, Signalprogrammkombinationen, Koordinierungen oder Gruppenzuordnungen an gewissen Tagen nicht oder nur an diesen Tagen erwünscht sind.

Zeitliche Folge von Signalprogrammen

Zur Vermeidung von Unruhe im Verkehrsablauf kann es erforderlich sein, bei einem Signalprogrammwechsel nur bestimmte Signalprogramme zeitlich aufeinander folgen zu lassen. Bei einem Vergleich Ist-Zustand und Soll-Zustand wird geprüft, ob eine der vorgegebenen Signalprogrammfolgen eingehalten wird.

Minimale und maximale Versatzzeiten

Bei einem Modell, in dem auch die Versatzzeiten berechnet und eingestellt werden, muß geprüft werden, ob die vorgegebenen Versatzzeitbereiche eingehalten werden.

Häufigkeit von Signalprogrammumschaltungen

Die Häufigkeit von Signalprogrammumschaltungen muß begrenzt werden, wenn Störungen im Verkehrsablauf als Folge der Umschaltung zu erwarten sind. Die Randbedingung kann vorgegeben werden in Form eines Mindestumschaltintervalls von z. B. 15 Minuten oder verkehrsabhängig als Verbot einer Umschaltung während der Spitzenzeiten. Ferner können unterschiedliche Bedingungen für Umschaltungen innerhalb einer Umlaufzeit und Umschaltungen zwischen verschiedenen Umlaufzeiten gelten.
Randbedingungen werden vorgegeben, um die Trägheit des Steuerungssystems zu berücksichtigen sowie die Entstehung unzumutbarer Verkehrssituationen aufgrund verkehrlicher oder schalttechnischer Besonderheiten zu vermeiden.
Die Wahl der erforderlichen Randbedingungen hängt von dem zugrunde gelegten

Steuerungsmodell ab. Würde eine der vorgegebenen Bedingungen durch den Soll-Zustand verletzt werden, wird – je nach Modell – entweder der ermittelte Soll-Zustand in einen neuen Soll-Zustand überführt oder der bisherige Ist-Zustand beibehalten.

1.4 Verfahren der Signalprogrammumschaltung

1.4.1 Allgemeines

Die Wirksamkeit einer verkehrsabhängigen Signalprogrammauswahl wird beeinflußt durch die Fähigkeit des Steuerungsverfahrens, auch auf kurzfristige Belastungsschwankungen zu reagieren. Der Angleichungszeit sind jedoch durch den Aufbau der Signalprogramme sowie durch den Umschaltvorgang und dem damit verbundenen Zeitbedarf Grenzen gesetzt [19]. Ferner können Störungen des Verkehrsablaufs in koordiniert gesteuerten Systemen entstehen. Der Einsatz von Prozeßrechnern zur Steuerung von Lichtsignalanlagen bietet nun die Möglichkeit, unterschiedliche Verfahren der Signalprogrammumschaltung bereitzustellen und das für die jeweilige Situation geeignetste Verfahren anzuwenden. Zusätzlich können die negativen Auswirkungen auf den Verkehrsablauf minimiert werden (s. auch [5].
Es wird unterschieden zwischen Einzelknotensteuerung und koordinierter Signalsteuerung. Während im ersten Fall nur der Ablauf am Knotenpunkt selbst betrachtet zu werden braucht, spielen im zweiten auch die Zeit-Weg-Beziehungen zwischen den Knotenpunkten eine Rolle.

1.4.2 Einzelknotensteuerung

Unter Einzelknotenpunkt wird hier ein Knotenpunkt verstanden, der steuerungstechnisch mit keinem anderen Knotenpunkt verbunden ist. Maßnahmen zur Steuerung werden allein aus den für diesen Knotenpunkt zutreffenden Bedingungen ergriffen. Für die Umschaltung zwischen den Signalprogrammen können daher Verfahren herangezogen werden, die allgemeingültig und unabhängig von möglicherweise vorgegebenen Voraussetzungen aus Zeit-Weg-Beziehungen sind.
Die im folgenden behandelten Verfahren gehen i. a. davon aus, daß in allen an der Umschaltung beteiligten Signalprogrammen mindestens ein Zeitbereich mit gleichem Signalisierungszustand existiert. In den entsprechenden Bereichen werden definierte Umschaltzeitpunkte UZP festgelegt (Bild 1.8). Daneben gibt es Verfahren zur Signalprogrammumschaltung, die keine gemeinsamen Umschaltzeitpunkte benötigen. Ob mit oder ohne Umschaltzeitpunkt geschaltet wird, hängt von der verwendeten Gerätetechnik ab.
Die zur Erläuterung der verschiedenen Verfahren dargestellten Signalprogramme S_a und S_z werden wegen der Übersichtlichkeit stets nur durch je eine Signalgruppe symbolisiert. Die Umlaufzeiten können gleich oder verschieden sein.

Verfahren E1 (Bild 1.9a)
Wenn ein Umschaltwunsch kommt, wird das gegenwärtig geschaltete Signalprogramm S_a noch bis zum Umschaltzeitpunkt UZP_a abgearbeitet, während das gewünschte Si-

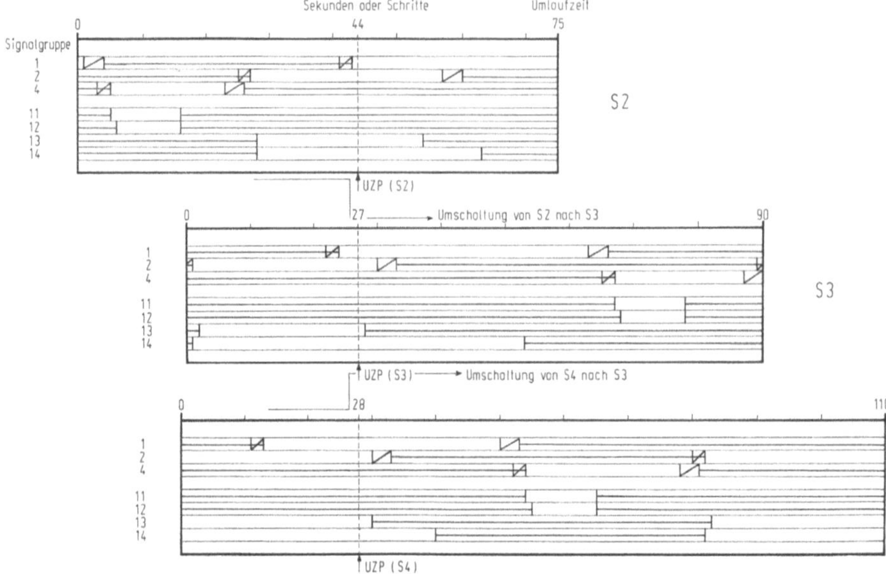

Bild 1.8. Beispiel für die Lage von Umschaltzeitpunkten

gnalprogramm S_z in Ruhestellung im Umschaltzeitpunkt UZP_z wartet. Wird im bisherigen Signalprogramm der Umschaltzeitpunkt erreicht, wird gleichzeitig das alte Programm desaktiviert und das neue, beginnend mit dem Umschaltzeitpunkt UZP_z, aktiviert.

Dieses Verfahren wird i. a. angwendet, wenn im Steuergerät am Knotenpunkt selbst und ohne Prozeßrechner zwischen den Signalprogrammen gewechselt wird.

Verfahren E2 (Bild 1.9 b)

Hier laufen für sämtliche abgeschalteten Signalprogramme die Umlaufzeiten über ein Bezugszeitregister mit der eingeschalteten Umlaufzeit mit, ohne allerdings Schaltimpulse abgeben zu können. Wenn ein Umschaltwunsch kommt, wird zunächst das gegenwärtige Signalprogramm bis zum nächsten UZP_a abgearbeitet. Dann wird das Programm so desaktiviert, daß der letzte Signalisierungszustand im Knotenpunktbereich erhalten bleibt. Währenddessen läuft die Bezugszeit des noch nicht geschalteten Signalprogramms weiter, bis sie die Zeit des nächsten UZP_z erreicht hat. Erst jetzt wird das wartende Programm zugeschaltet. Zwischen dem Umschaltzeitpunkt des alten Signalprogramms und dem des neuen hat sich somit eine sog. Standzeit gebildet.

Die Standzeiten können sehr unterschiedliche Längen annehmen, jedoch höchstens bis zur Länge der um einen Schaltschritt verminderten Umlaufzeit des neuen Signalprogramms S_z. Lange Standzeiten sind nur dann zu vertreten, wenn der Verkehr in der gesperrten Richtung schwach ist.

Die im folgenden behandelten Verfahren E3 bis E5 dienen ausnahmslos dazu, die Länge der Standzeiten zu minimieren.

Verfahren E3 (Bild 1.9c)

Wenn ein Umschaltwunsch kommt, wird zunächst das gegenwärtige Signalprogramm bis zum nächsten UZP_a abgearbeitet. Dann wird das Programm desaktiviert und gleichzeitig das neue Programm mit dem Umschaltzeitpunkt UZP_z aktiviert. Wenn die Zeit des neuen Signalprogramms nicht mit der Bezugszeit übereinstimmt, bekommt S_z einen anderen Takt und damit vorübergehend eine andere Umlaufzeit U_s.

Mit dem veränderten Zeittakt, der je nach Vorgabe langsamer oder schneller als der Normaltakt sein kann und mit diesem ständig verglichen wird, wird das Signalprogramm solange abgearbeitet, bis eine Signalprogrammzeit mit der entsprechenden Bezugszeit übereinstimmt. Von jetzt an läuft das neue Signalprogramm im Normaltakt weiter.

Übergangs- und Zwischenzeiten dürfen von dem veränderten Zeittakt allerdings nicht betroffen werden. Ebenso sind Mindestfreigabezeiten einzuhalten. Eine u. U. lange, nicht ohne weiteres vorherbestimmbare Laufzeit des neuen Programms mit dem veränderten Zeittakt kann sich nachteilig auf den Verkehrsablauf und die Umschalthäufigkeit auswirken.

Verfahren E4 (Bild 1.9d)

Wenn ein Umschaltwunsch kommt, wird nicht ohne weiteres das gegenwärtige Signalprogramm beim nächsten UZP_a desaktiviert. Vielmehr wird zunächst die potentielle Standzeit berechnet und mit den Standzeiten verglichen, die auftreten würden, wenn man 1,2 ... oder *n* Umläufe später umschalten würde. Die kürzeste Standzeit wird ermittelt und damit die Anzahl der Umläufe, die der Knotenpunkt noch im alten Signalprogramm verbleiben muß. Die Größe *n* kann je nach gewünschter Aktualität der Steuerung klein oder groß vorgegeben werden.

Verfahren E4.1 (Grenzfall von E4, Bild 1.9e)

Bei diesem Verfahren wird, als Grenzfall zu E4, nicht die kürzeste Standzeit innerhalb einer vorgegebenen Anzahl von Umläufen gesucht, sondern die kürzeste Standzeit überhaupt, d. h. der unmittelbare Übergang von einem zum anderen Signalprogramm.

Zur Anwendung wird vorausgesetzt, daß entweder das ganze gemeinsame Vielfache der Umlaufzeiten nicht zu groß ist, oder die Schalthäufigkeit eine untergeordnete Rolle spielt.

Verfahren E4.2 (Variante zu E4, Bild 1.9f)

In den Signalprogrammen werden mehrere UZP in verschiedenen Phasen vorgegeben. Wenn ein Umschaltwunsch kommt, wird das Paar an Umschaltzeitpunkten ermittelt, daß innerhalb einer vorgegebenen Anzahl von Umläufen die kürzeste Standzeit ergibt.

Wenn beim Umschalten zwischen Signalprogrammen gleicher Umlaufzeit ohne Standzeit geschaltet werden kann, kann durch die Vorgabe mehrerer Umschaltzeitpunkte die mittlere Reaktionszeit zwischen dem Auftreten eines Umschaltwunschs und seiner Ausführung verkürzt werden.

Verfahren E5 (Bild 1.9g)

In den Signalprogrammen werden die Umschaltzeitpunkte zu Umschaltbereichen aus-

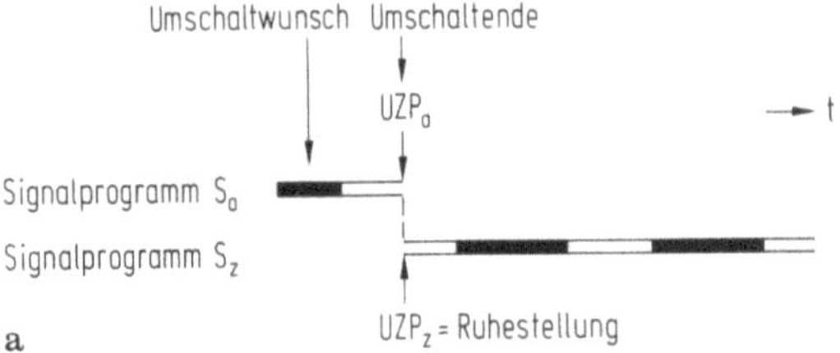

Umschaltwunsch
Umschaltende
UZP_a
$\longrightarrow t$
Signalprogramm S_a
Signalprogramm S_z
UZP_z = Ruhestellung
a

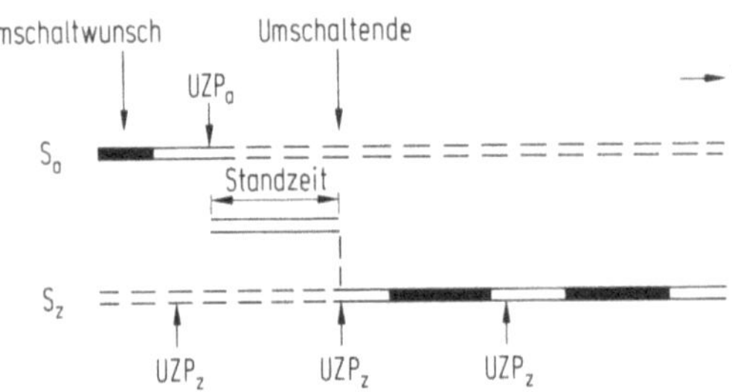

Umschaltwunsch
Umschaltende
UZP_a
$\longrightarrow t$
S_a
Standzeit
S_z
UZP_z
UZP_z
UZP_z
b

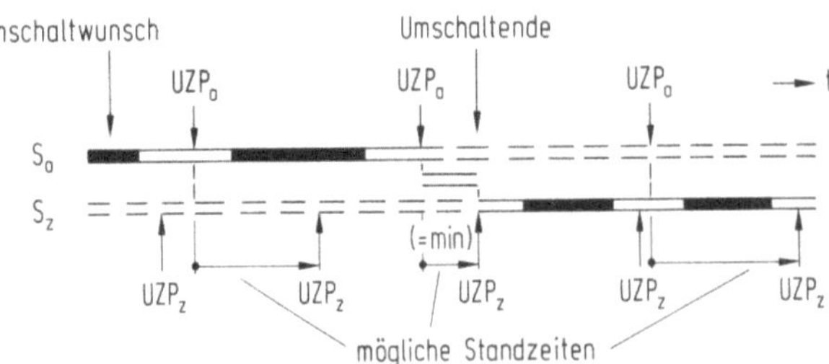

Umschaltwunsch
Umschaltende
UZP_a
$\longrightarrow t$
S_a
Synchronisierung
S_z mit U_s
UZP_z
$U_s : U_z = 2 : 1$
S_z mit U_z
UZP_z
UZP_z
UZP_z
UZP_z
übereinstimmender Zeittakt
c

Umschaltwunsch
Umschaltende
UZP_a
UZP_a
UZP_a
$\longrightarrow t$
S_a
S_z
UZP_z
UZP_z
(=min)
UZP_z
UZP_z
UZP_z
mögliche Standzeiten
d

Umschaltwunsch
Umschaltende
UZP_a
UZP_a
UZP_a
$\longrightarrow t$
S_a
S_z
UZP_z
UZP_z
UZP_z
UZP_z
UZP_z
e

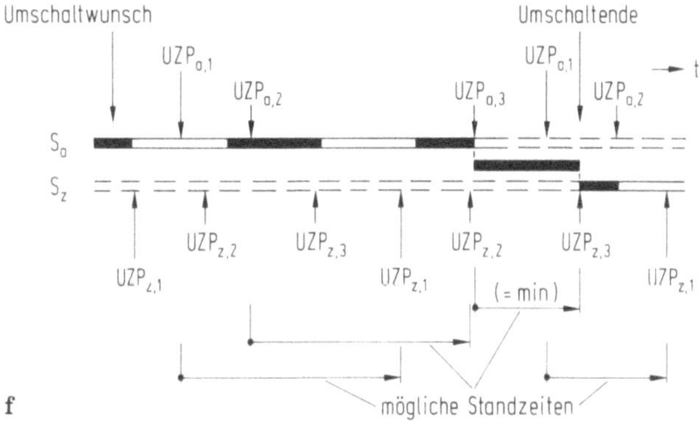

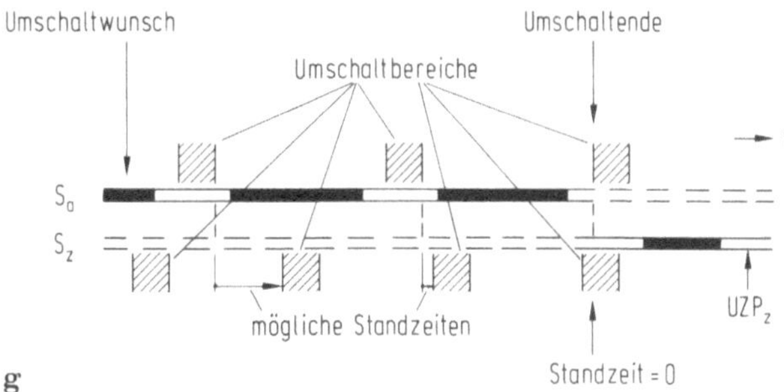

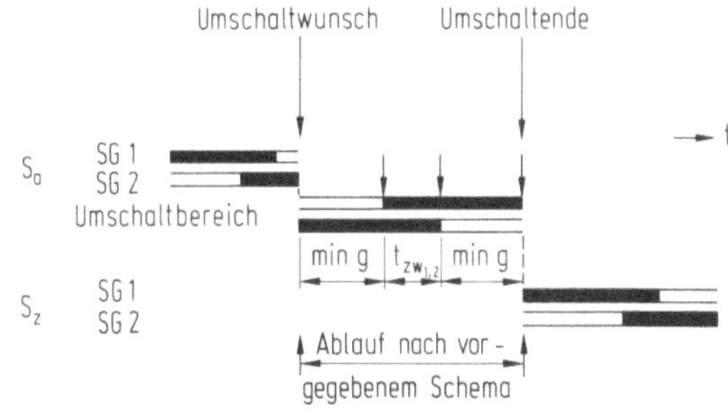

Bild 1.9 a–h. Umschaltverfahren

gedehnt. Wenn ein Umschaltwunsch kommt, wird entsprechend den Verfahren E3 oder E4 umgeschaltet.

Verfahren E6 (Bild 1.9 h)

Dieses Verfahren arbeitet ohne UZP, d. h. ohne Bereiche gleicher Signalbildstellung. Wenn ein Umschaltwunsch kommt, wird die aktuelle Signalbildstellung des gegenwärtigen Signalprogramms mit der des zukünftigen Programms verglichen. Bei fehlender Übereinstimmung einzelner Signalgruppen SG werden diese anhand eines vorgegebenen — meist festverdrahteten — Ablaufschemas in den gewünschten Zustand überführt.

Der Vorteil dieses Verfahrens liegt darin, daß Umschaltwünsche sehr schnell realisiert werden können und daß fehlerhafte Schaltbefehle automatisch und selbständig korrigiert werden, ohne zu einem Ausfall der Lichtsignalanlage zu führen. Nachteilig ist die Gerätekonzeption, die entweder einen hohen Aufwand verlangt oder eine nur geringe Flexibilität bei der Signalprogrammgestaltung zuläßt.

1.4.3 Koordinierte Signalsteuerung

Bei einer koordinierten Signalsteuerung können prinzipiell für jeden einzelnen Knotenpunkt die Verfahren E1 bis E6 angewendet und die Umschaltverfahren unabhängig von den zugrunde liegenden Netzsystemen ausgewählt werden. Solche isoliert durchgeführten Umschaltungen haben jedoch zur Folge, daß der verkehrstechnische Zusammenhang zwischen den Knotenpunkten für kürzere oder längere Zeit verlorengeht und Störungen im Verkehrsablauf auftreten können, die zu Einschränkungen hinsichtlich Einsatzzeiten und Umschalthäufigkeiten führen.

Als Beispiel für die Anwendung des Verfahrens E2 auf einen koordiniert gesteuerten Streckenzug bei nicht abgestimmter Umschaltung der einzelnen Knotenpunkte diene Bild 1.10. Der Umschaltwunsch tritt für alle Knotenpunkte gleichzeitig auf. Die Gesamtumschaltung bis zur letzten Schaltung für die koordiniert gesteuerte Gruppe dauert so lange wie die längste Einzelknotenumschaltung, und zwar höchstens bis zu der um 2 Schritte verminderten Summe der Umlaufzeiten aus beiden Signalprogrammen.

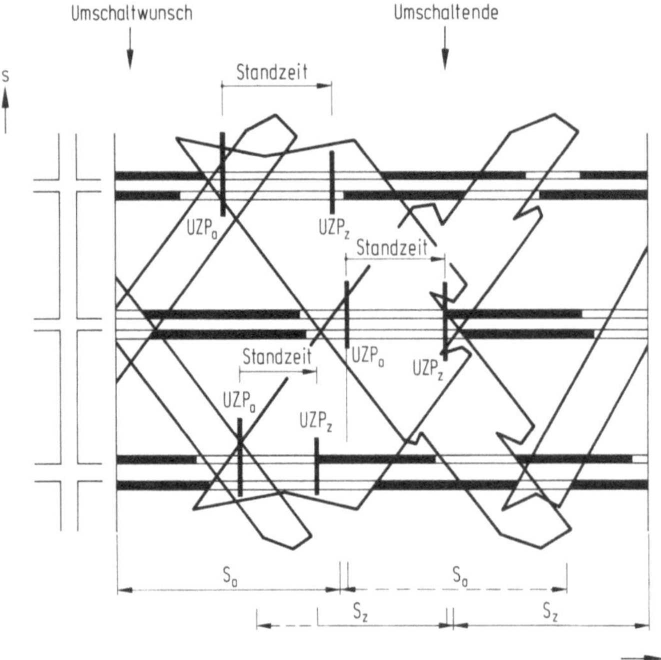

Bild 1.10. Umschaltverfahren E2 für eine Koordinierung

Der Verkehrsablauf kann hierbei empfindlich gestört werden, da die Koordinierung für einige Zeit unterbrochen ist. Dieses Verfahren kann dann angewendet werden, wenn die Hauptrichtung häufig überlastet ist und die Querrichtungen eine untergeordnete Rolle spielen. Dann legt man die Umschaltzeitpunkte in die Hauptrichtung. Durch die als Folge der Standzeiten verlängerten Freigabezeiten wird ein weitgehendes Freiräumen des Straßenabschnitts bewirkt. Diese Möglichkeit funktioniert aber nur, wenn der Streckenabschnitt nicht zu lang und die Verkehrsstärken an den Eingängen zum Zeitpunkt der Umschaltung nicht zu groß sind. Andernfalls wird genau der gegenteilige Effekt erzielt.

Die nachstehend beschriebenen Verfahren zeigen Möglichkeiten auf, durch schalttechnische Abhängigkeiten die negativen Auswirkungen der Einzelumschaltungen abzuschwächen oder ganz zu verhindern.

Verfahren K1 (Bild 1.11)

In den Signalprogrammen aller Knotenpunkte werden die UZP in denselben Zeitschritt gelegt. Wenn ein Umschaltwunsch kommt, wird das Verfahren E1 auf das ganze System gleichzeitig angewendet.

Es treten keine Standzeiten auf. Jedoch kann der Verkehrsablauf auf den Koordinierungsstrecken gestört werden. Bei der Planung ist es zudem oft schwierig, in allen Signalprogrammen übereinstimmende Signalisierungszustände für denselben Schaltschritt zu finden.

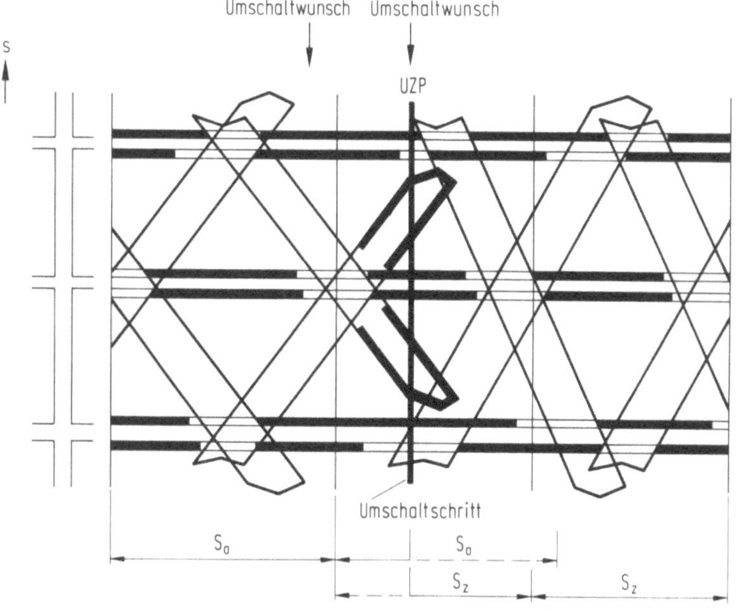

Bild 1.11. Umschaltverfahren K1

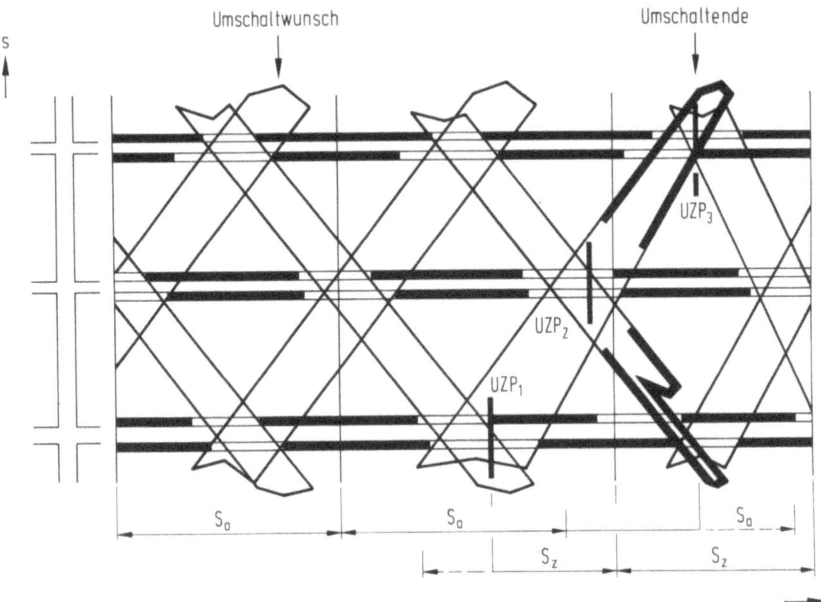

Bild 1.12. Umschaltverfahren K2

Verfahren K2 (Bild 1.12)

In den Signalprogrammen werden die Umschaltzeitpunkte so angeordnet, daß sie für alle Knotenpunkte des Systems hinsichtlich einer bevorzugten Fahrtrichtung einheitlich entweder in der Freigabe- oder in der Sperrzeit liegen. Außerdem müssen je Knotenpunkt die UZP$_z$ so in Beziehung zu den UZP$_a$ gesetzt werden, daß bei Anwendung des Verfahrens E1 die Koordinierung zwischen den Signalprogrammen — zumindest nach der Umschaltung — gewährleistet ist. Wenn ein Umschaltwunsch kommt, wird der Umschaltzeitpunkt des Eingangknotenpunkts der bevorzugten Richtung abgewartet. Die Umschaltfolge geht von diesem Knotenpunkt aus und setzt sich gleichlaufend mit oder nach dem zugehörigen Pulk von Knotenpunkt zu Knotenpunkt fort.
Es wird erreicht, daß der Verkehrsablauf mindestens in einer Richtung durch die Umschaltung nicht gestört wird. Legt man die Umschaltzeitpunkte in die Freigabezeiten dieser Hauptrichtung, sollten sich die Pulkgeschwindigkeiten in den Zeit-Weg-Diagrammen der alten und neuen Signalprogramme nicht wesentlich voneinander unterscheiden. Legt man dagegen die Umschaltzeitpunkte in die Querrichtung und schaltet je Knotenpunkt unmittelbar nach Passieren des Pulks um, dann können unterschiedliche Geschwindigkeiten besser berücksichtigt werden.

Verfahren K3 (Bild 1.13)

In den Signalprogrammen werden die Umschaltzeitpunkte so angeordnet, daß sie für alle Knotenpunkte des Systems hinsichtlich *beider* koordinierten Fahrtrichtungen einheitlich entweder in der Freigabe- oder in der Sperrzeit liegen. Es ist anzustreben, je Knotenpunkt die Umschaltzeitpunkte UZP$_z$ zu den Umschaltzeitpunkten UZP$_a$ so in Beziehung zu setzen, daß zur Erzielung der Koordinierung zwischen den neuen Signalprogrammen das Verfahren E1 angewendet werden kann. Günstige Zuordnungen

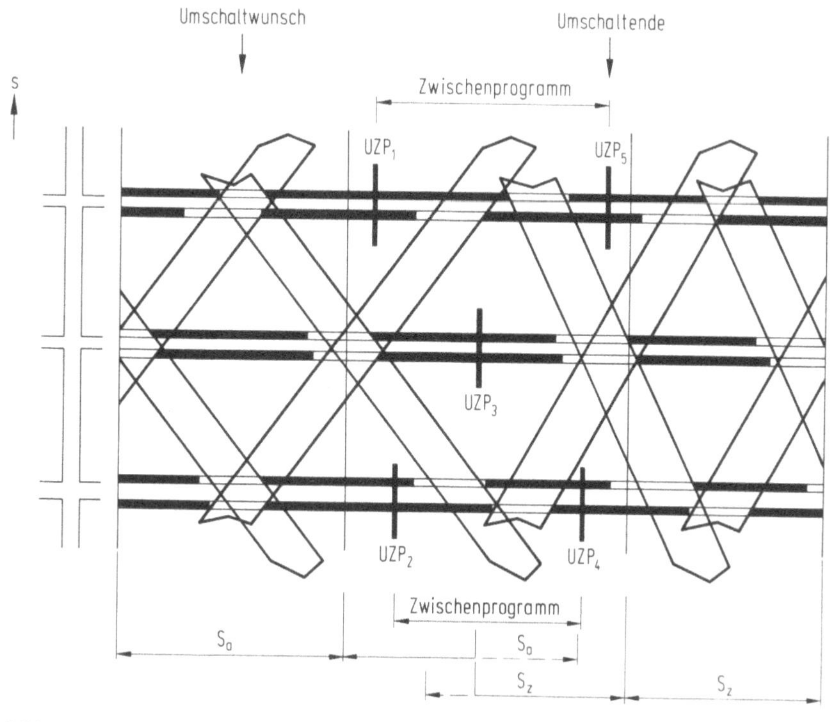

Bild 1.13. Umschaltverfahren K3

der Umschaltzeitpunkte können auch oder überhaupt erst durch definierte Zwischenprogramme erreicht werden. Zwischenprogramme können ebenso für solche Knotenpunkte bestimmt werden, an denen sich Pulks aus dem alten und dem neuen Signalprogramm begegnen. Aus der Beachtung der vorgenannten Bedingungen ergibt sich eine feste Reihenfolge der Umschaltungen für alle Knotenpunkte. Wenn ein Umschaltwunsch kommt, wird der erste festgelegte Umschaltzeitpunkt abgewartet. Ab dann werden die einzelnen Umschaltungen anhand der vorgegebenen Reihenfolge abgearbeitet.

Mit dem Verfahren K3 — als Rechnerprogramm ZYWE (Bild 1.14) im Verkehrsrechnereinsatz — wird ein weitgehend störungsfreies Umschalten auch zu Spitzenzeiten erreicht. Die Schalthäufigkeit wird nur noch durch die Dauer der Umschaltung begrenzt. Dieser Zeitbedarf für die Umschaltung kann in größeren Straßen- oder Netzsystemen dadurch gering gehalten werden, daß Pulks aus den bisherigen Signalprogrammen durch die Zwischenprogramme in Pulks der neuen Signalprogramme überführt werden.

Die Ermittlung der Relationen zwischen den UZP_a und UZP_z wird vor dem Verkehrsrechnereinsatz durchgeführt. Die Ermittlung kann grafisch durch Übereinanderschieben der unterschiedlichen Zeit-Weg-Diagramme (Bild 1.15) oder analytisch (Bild 1.16) erfolgen [20].

Das Verfahren K3 erlaubt eine Umschaltung zu jeder Zeit, d. h. auch während der Spitzenzeiten, sowie eine Umschalthäufigkeit, die nur noch durch den Zeitbedarf für die Umschaltung selbst begrenzt wird.

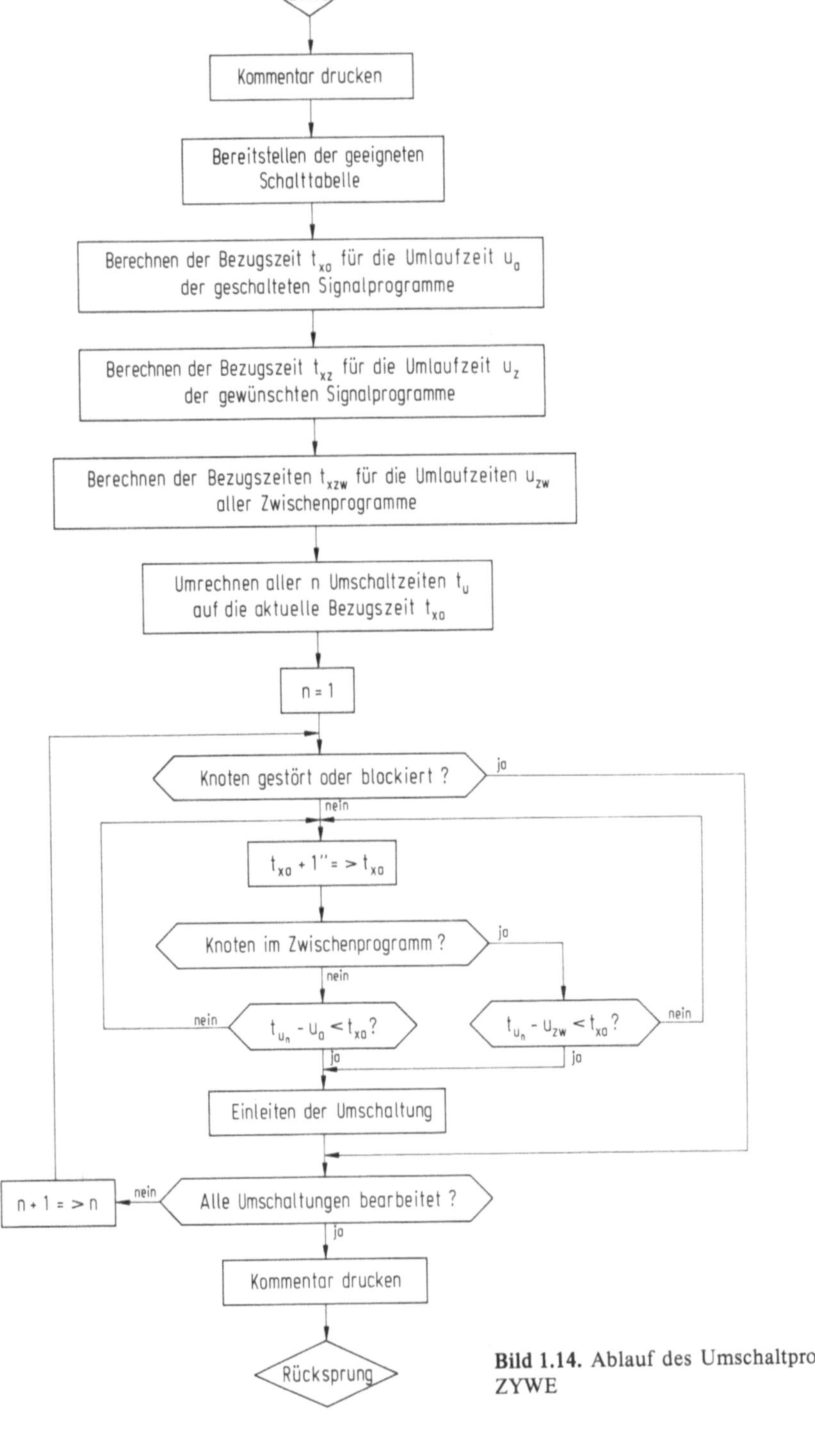

Bild 1.14. Ablauf des Umschaltprogramms ZYWE

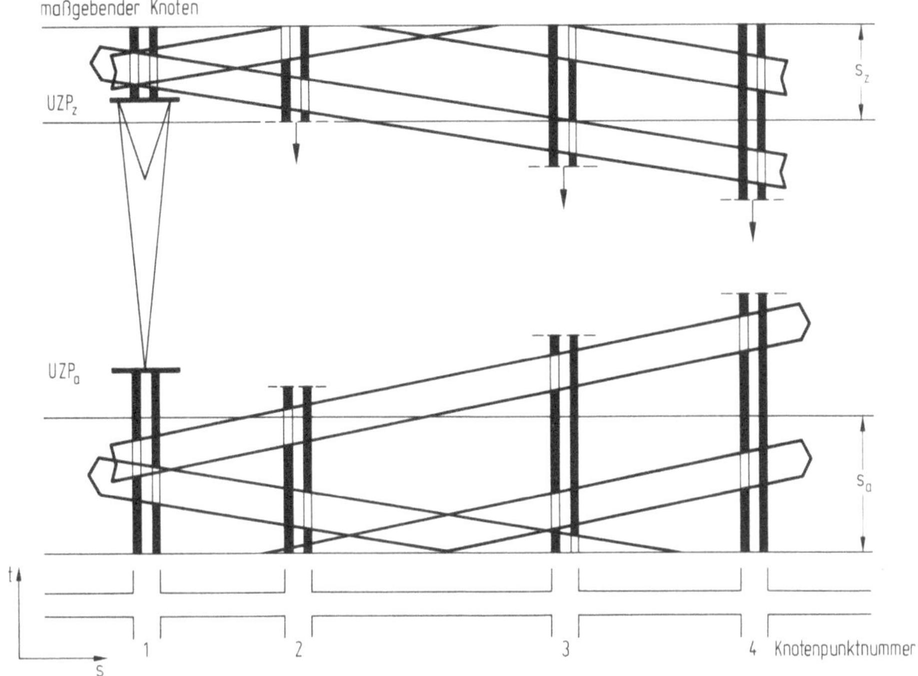

Bild 1.15. Graphische Ermittlung der Umschaltrelationen (Beispiel)

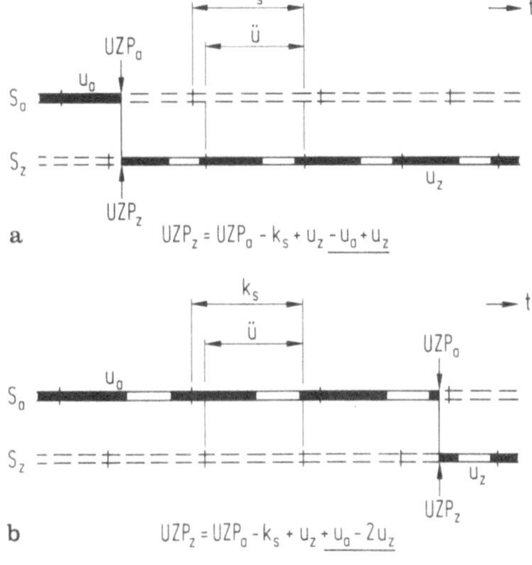

Bild 1.16. a und **b.** Analytische Ermittlung der Umschaltrelationen (Beispiele). k_s = Schaltkonstante für alle Knotenpunkte, ü = Bereich, in dem am maßgebenden Knotenpunkt ohne Zwischenprogramm geschaltet wird.

1.5 Anpassung der Phasenlängen

1.5.1 Zielvorstellung

Die verkehrsabhängige Signalprogrammauswahl stellt eine übergeordnete Strategie dar, deren Aufgabe es ist, für das als Einheit betrachtete Strecken- oder Netzsystem nach vorgegebenen Kriterien die geeigneten Signalisierungszustände auszuwählen. Naturgemäß müssen sich dabei die vorbestimmten Signalisierungszustände über einen längeren Zeitraum erstrecken, mindestens aber über den Bereich einer Umlaufzeit im gewählten Signalprogramm.

Die Bedeutung der Strategie liegt — unabhängig von der Art des Berechnungsmodells — in der globalen Betrachtung. Eine Berücksichtigung kleinerer oder größerer Zeitlücken, unterschiedlicher Pulkankünfte oder variierender Abflußraten wird auf dieser Steuerungsebene nicht angestrebt. Anpassungen einzelner Signalprogrammelemente an geänderte Voraussetzungen werden daher i. a. langfristig, also auf der planerischen Ebene, vorgenommen. Die Realisierung erfolgt dann durch Eingeben der — z. B. mit Hilfe des Off-line-Programms SBS [21] — entwickelten Signalprogramme mit den geänderten Elementen in den Speicher des Verkehrsrechners oder durch unmittelbare interaktive Bearbeitung der Signalprogramme über einen an den Verkehrsrechner angeschlossenen farbigen Grafikbildschirm [22,23]. Jede solcher Signalprogrammanpassungen erfordert den Einsatz von Personal. Aber auch automatisch, d. h. unmittelbar und verkehrsabhängig können in begrenztem Umfang einzelne Fahrzeuge eine Verlängerung der eigenen oder einen Abbruch der feindlichen Freigabezeit erzwingen, wenn die Möglichkeiten der sog. Freigabezeitanpassung zusätzlich ausgeschöpft werden.

Eine Freigabezeitanpassung im Rahmen einer Programmauswahl darf nicht als Ersatz für eine Programmbildung, deren Elemente weitgehend frei von Restriktionen sind, angesehen werden. Sie umfaßt nach [24] ein *vorübergehendes Verkürzen oder Verlängern von Freigabezeiten innerhalb eines sonst gleichbleibenden Signalprogramms*. Eine Anpassung ist demnach durch geringe Abweichungen vom vorgegebenen Signalprogramm innerhalb der übergeordneten Koordinierung und des gewählten Umschaltverfahrens gekennzeichnet. Daher wird hier für die Signalprogrammauswahl die Anpassung vereinfacht, indem nur eine Modifikation der Phasenlängen, d. h. ein gleichzeitiges Verkürzen oder Verlängern aller korrespondierenden Freigabezeiten, durchgeführt wird. Damit wird die allgemeine Freigabezeitanpassung, die unter dem Begriff *Signalprogramm-Modifikation* noch ausführlich behandelt wird (vgl. Kap. G 2), eingeengt. Zur Unterscheidung wird im folgenden von einer *Phasenlängenanpassung* oder *Phasenlängenmodifikation* gesprochen [14].

Die Freigabezeitanpassung in Form einer Modifikation der Phasenlängen erfordert das Eingehen auf die Belange des Einzelfahrzeugs. Die Fahrzeuge werden nicht mehr als Kollektiv betrachtet, sondern einzeln zur Ermittlung der Phasenlängen herangezogen. Entsprechend muß der Parameter gewählt werden, mit dessen Hilfe eine Anpassung erzielt werden soll.

Von den verschiedenen Kenngrößen im mikroskopisch betrachteten Verkehrsablauf ist die Wartezeit am ehesten geeignet, eine Modifikation der Phasenlängen herbeizuführen. Die automatische Bewertung einzelner Fahrzeuge oder ganzer Fahrzeuggruppen ist über die Wartezeit wesentlich besser gewährleistet, als es beispielsweise durch eine Phasenverlängerung über gemessene Zuflußzeitlücken möglich wäre. Da eine Phasenlängenmodifikation gerade in koordiniert gesteuerten Streckenzügen angewendet werden soll, darf die Bedeutung der Identifizierung von Fahrzeugpulks nicht unterschätzt werden.

1.5.2 Erfassung und Analyse des Verkehrs

Während für die verkehrsabhängige Signalprogrammauswahl noch die Erfassung der Verkehrsstärke ausreichend war, wird nun die Identifizierung von Einzelfahrzeugen erforderlich. Es müssen Fahrzeugbänder erstellt werden, aus denen Position und Abstand aufeinanderfolgender Fahrzeuge hervorgeht. Ferner genügt es nicht, nur charakteristische Querschnitte zur Erfassung heranzuziehen. Vielmehr müssen in allen Zufahrten eines nach dem Verfahren der Phasenlängenanpassung zu steuernden Knotenpunkts in genügendem Abstand von der Haltlinie Detektoren angeordnet werden.

Die Anordnung der Schleifen in den Straßenquerschnitten ist sorgfältig zu planen und ihre Erfassungszuverlässigkeit nach Anschluß an den Verkehrsrechner durch manuelle Zählungen zu überprüfen [25]. Insbesondere müssen bei der Überprüfung systematische Fehler von zufälligen Fehlern unterschieden und ausgeschaltet werden.

Zur Erkennung von Einzelfahrzeugen ist ein Erfassungsintervall von einer Sekunde oder kürzer erforderlich. Eine Messung von Belegungszeiten zur Erkennung von Stausituationen ist anzustreben, da andernfalls die gleichen Probleme hinsichtlich der Lage im Fundamentaldiagramm auftreten können wie bei der Programmauswahl.

Grundlage für die Berechnung der Zielgröße ist die reduzierte Wartezeit für jedes Fahrzeug, die sich aus dem Unterschied zwischen der theoretischen und der tatsächlichen Ankunftszeit an der Haltlinie ergibt [13]. Die theoretische Ankunftszeit wird mit Hilfe einer mittleren Fahrzeit zwischen Detektor und Haltlinie bestimmt. Die Berechnung der Zielgröße *reduzierte Wartezeit* wird über eine Gewinn-Verlust-Rechnung entsprechend der in [13] realisierten Idee von Miller [26] durchgeführt. Der Gewinn ergibt sich aus der Wartezeit, die gespart würde, wenn die laufende Grünzeit verlängert wird. Der Verlust ergibt sich aus der Wartezeit, die bei einer Verlängerung der laufenden Freigabezeit durch die in der Rotzufahrt länger wartenden Fahrzeuge entstehen würde. Die Differenz zwischen Gewinn und Verlust wird als Testgröße bezeichnet. Sie wurde in [14] für die Belange der Phasenlängenanpassung zu

$$T = r^* \left(n_g - q_g \left(1 - \frac{n_g}{s_g} \right) \right) - h \cdot n_r$$

berechnet.
Darin sind

r^* = geschätzte Sperrzeitlänge   [s]
h = Berechnungsintervall   [s] (i. a. 2 s)
n_g = Anzahl der Fahrzeuge, die während h die Haltlinie passieren können   [Fz]
q_g = Anzahl der während h eintreffenden Fahrzeuge   [Fz]
s_g = Sättigungswert in einer Grünzufahrt   [Fz]

n_r = Anzahl der Fahrzeuge, die als Folge einer Verlängerung in einer Rotzufahrt warten   [Fz]

$T < 0$ führt zum Abbruch der laufenden Phase.

1.5.3 Beeinflussung des Signalprogramms

Wie die Anpassungen sich auf ein Signalprogramm auswirken können, zeigt Bild 1.17. Im oberen Teil der Abbildung sind die Elemente eines einfachen Signalprogramms in nichtmodifizierter Form und die zulässigen, d. h. als maximal vorgegebenen Einsatzpunktabweichungen $\Delta 1$ und $\Delta 2$ der Übergangsphasen dargestellt. Unter Übergangsphase wird der Bereich im Signalprogramm verstanden, der zwischen der Grünphase p und der nächsten Grünphase $p + 1$ sämtliche für den Phasenwechsel erforderlichen Einsatzpunkte erhält. Der untere Teil der Abbildung zeigt tatsächliche Abweichungen, wie sie sich als Folge der Verkehrsbelastungen und als Ergebnis der Zielgrößenberechnung einstellen können.
Grün- und anschließende Übergangsphase werden für das Verfahren der Phasenlängenmodifikation in drei Bereiche eingeteilt (Bild 1.17):

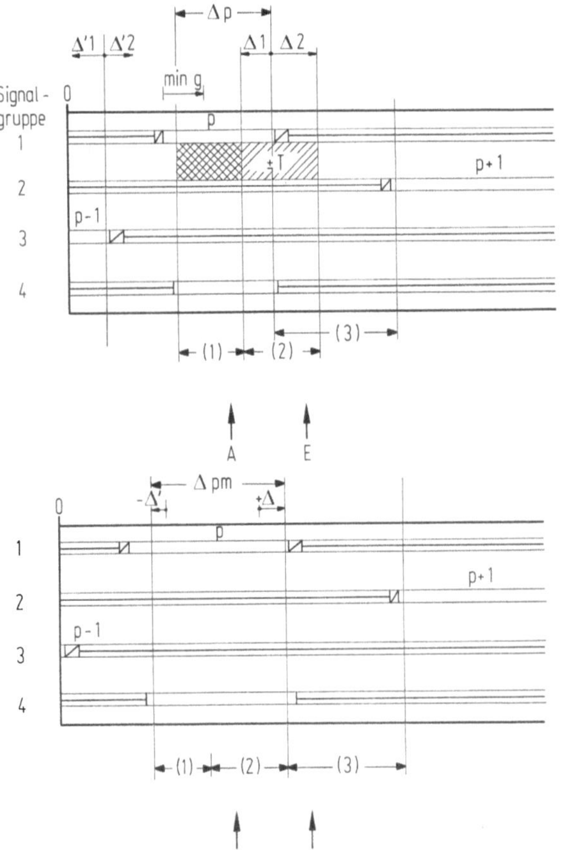

Bild 1.17. Schema einer Phasenlängenmodifikation

(1) Bereich unbedingter Phasenverlängerung
   (Restriktion durch Mindestfreigabe *min g* und/oder zulässige Abweichung $\Delta 1$)
(2) Entscheidungsbereich für die Testgröße *T*
   (Restriktion durch die zulässigen Abweichungen $\Delta 1$ und $\Delta 2$)
   $T \geqq 0$: Phase wird verlängert, wenn
      a) noch gesättigter Abfluß oder
      b) ungesättigter Abfluß und Wartezeitgewinn $\geqq$ Wartezeitverlust
   $T < 0$: Phase wird abgebrochen, wenn
      a) ungesättigter Abfluß und Wartezeitgewinn $<$ Wartezeitverlust
(3) Bereich der Einsatzpunktschaltungen (Übergangsphase)
   (Länge konstant, und zwar abhängig von der ersten und der letzten Signalgruppen-
   umschaltung)
   A + E kennzeichnen den frühesten und spätesten Einsatzpunkt für die Übergangsphase.

Die Randbedingungen, die dem Verfahren der Phasenlängenanpassung vorgegeben
werden müssen, ergeben sich aus dem Signalprogramm und aus den Versatzzeiten der
übergeordneten Koordinierung. Umlaufzeiten und Einsatzpunkte für die Freigabezeiten können nur begrenzt verändert werden. Die erste Randbedingung lautet deshalb
Einhalten der maximalen Einsatzpunktabweichungen für das Freigabezeitende:

$$-\Delta 1 \leqq \Delta \leqq +\Delta 2$$

Eine Einschränkung der Einsatzpunktabweichungen für den Freigabezeitbeginn ergibt
sich aus der zulässigen Einsatzpunktabweichung der vorangehenden Übergangsphase.

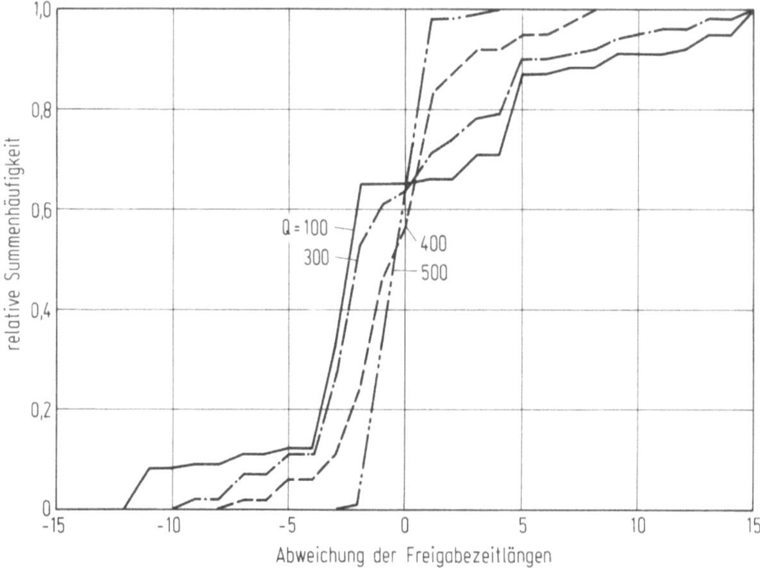

Bild 1.18. Relative Summenhäufigkeit der Abweichung der Freigabezeitlängen

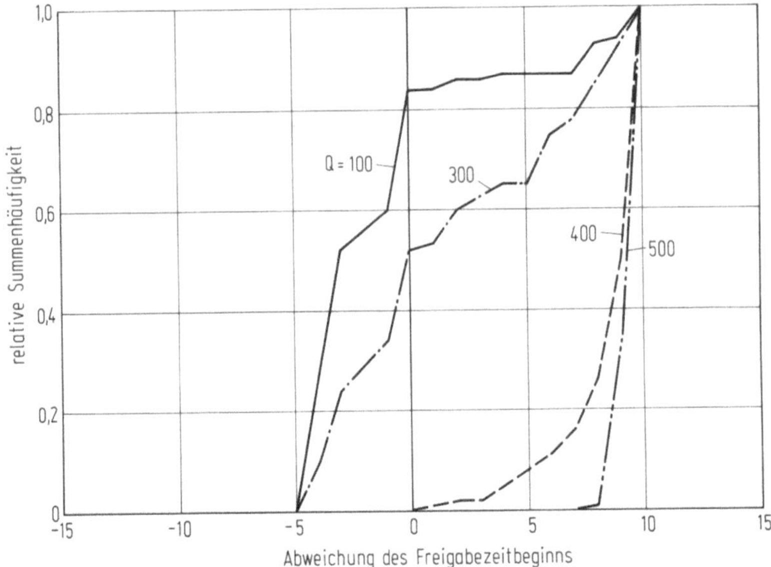

Bild 1.19. Relative Summenhäufigkeit der Abweichung des Freigabezeitbeginns

Die Mindestfreigabezeiten für Fahrzeuge und Fußgänger können in die vorangegangene Übergangsphase eingearbeitet werden. Sollen sie veränderbar sein, werden sie getrennt behandelt. Dann lautet die zweite Randbedingung *Einhalten der minimalen Freigabezeiten*:

$$g \geqq \min g$$

Maximale Freigabe- oder Sperrzeiten brauchen nicht vorgegeben zu werden, da das Signalprogramm nur bestimmte Maximalwerte zuläßt.
Die Veränderungen einzelner Signalprogrammelemente als Folge einer Phasenlängenanpassung sind in Bild 1.18 und 1.19 dargestellt. Die Diagramme sind das Ergebnis einer Simulation für einen dreiphasig gesteuerten Knotenpunkt mit folgenden Restriktionen für die Einsatzpunktabweichungen $\Delta 1$ und $\Delta 2$:

Phase 1: $\Delta 1 = -3\,\text{s},\quad \Delta 2 = +10\,\text{s}$
Phase 2: $\Delta 1 = -\infty\,\text{s},\quad \Delta 2 = +10\,\text{s}$
Phase 3: $\Delta 1 = \pm\,0\,\text{s},\quad \Delta 2 = +10\,\text{s}.$

Aus der Häufigkeitsverteilung der Abweichung der Freigabezeitlängen (Bild 1.18) geht die Streuung der Freigabezeitlängen um den Normalwert hervor. Es ist zu erkennen, wie die Freigabezeiten sich den verkehrlichen Erfordernissen angleichen. Selbst bei

▶

Bild 1.20. Zusammenspiel zwischen Umschaltprogramm (ZYWE) und Phasenlängenmodifikation (PMOD)

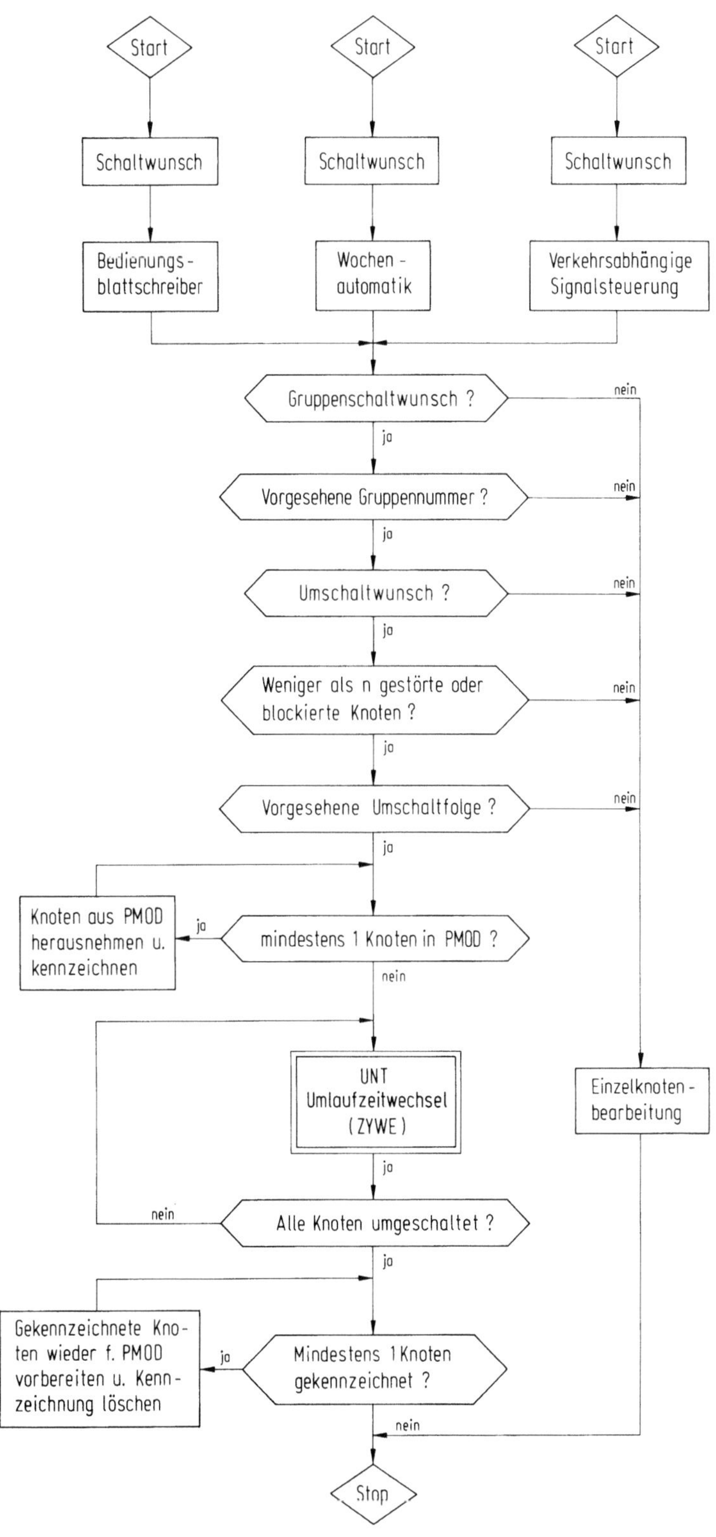

Start
Start
Start
Schaltwunsch
Schaltwunsch
Schaltwunsch
Bedienungs-
blattschreiber
Wochen-
automatik
Verkehrsabhängige
Signalsteuerung
Gruppenschaltwunsch ?
nein
ja
Vorgesehene Gruppennummer ?
nein
ja
Umschaltwunsch ?
nein
ja
Weniger als n gestörte oder
blockierte Knoten ?
nein
ja
Vorgesehene Umschaltfolge ?
nein
ja
Knoten aus PMOD
herausnehmen u.
kennzeichnen
ja
mindestens 1 Knoten in PMOD ?
nein
UNT
Umlaufzeitwechsel
(ZYWE)
Einzelknoten-
bearbeitung
ja
Alle Knoten umgeschaltet ?
nein
ja
Gekennzeichnete Kno-
ten wieder f. PMOD
vorbereiten u. Kenn-
zeichnung löschen
ja
Mindestens 1 Knoten
gekennzeichnet ?
nein
Stop

großen Verkehrsstärken ($Q = 500\,\text{Fz/h}$ und Spur) bleibt noch ein Spielraum für eine Anpassung der Freigabezeiten.

Mit zunehmender Verkehrsstärke wird die Abweichung der Freigabezeitlängen immer geringer. Bild 1.19 zeigt allerdings, daß eine Phasenlängenmodifikation auch für ein größeres Verkehrsaufkommen noch sinnvoll ist. Die nach Bild 1.18 bei $Q = 500\,\text{Fz/h}$ zur scheinbaren Festzeitsteuerung erstarrte Phasenlängenmodifikation erweist sich nach Bild 1.19 als sehr flexibel im Hinblick auf angeschlossene Koordinierungsstrekken. Die Abweichgröße des Freigabezeitbeginns ist ein Maß für die Pulkverzögerung als Folge zunehmender Verkehrsstärke. Das Steuerungsmodell enthält somit neben der Freigabezeitanpassung eine automatische Versatzzeitanpassung in vorgegebenen Grenzen. Die Versatzzeitverschiebung kann sich allerdings nachteilig auf nachfolgende Koordinierungsstrecken auswirken, solange diese nicht in das Modell mit einbezogen werden. Die Berücksichtigung der Wartezeiten an nachfolgenden Knotenpunkten ist jedoch eine Frage des noch vertretbaren Programmier- und Rechenzeitaufwands.

Das Zusammenspiel zwischen Umlaufzeitwechsel (ZYWE) und Phasenlängenmodifikation (PMOD) ist in Bild 1.20 schematisch dargestellt. Dabei wird allerdings vorausgesetzt, daß angeforderte Signalprogrammumschaltungen innerhalb derselben Umlaufzeit durch die Modifikation direkt aufgefangen werden können, so daß derartige Schaltwünsche nicht berücksichtigt zu werden brauchen.

1.6 Protokollierung und Archivierung der Steuerungsmaßnahmen

Damit zu jedem Zeitpunkt das aktivierte *Steuerungsverfahren* erkennbar ist, hält man die Ein- und Ausschaltzeitpunkte des Verfahrens mit Datum und Uhrzeit auf einem an den Verkehrsrechner angeschlossenen Registriergerät — z. B. einer Bedienungsschreibmaschine — fest.

Innerhalb des eingeschalteten Steuerungsverfahrens wird heute noch vielfach die Protokollierung des je Knotenpunkt eingesetzten *Signalprogramms* gewünscht. Da aber bei starken Verkehrsschwankungen und zunehmender Netzgröße die Registriereinheit hohen Belastungen ausgesetzt ist, empfiehlt es sich, die Umschaltung einer ganzen Knotenpunktgruppe als Gruppenschaltung zu protokollieren.

Eine permanente Protokollierung aller geänderten *Signalisierungszustände* — z. B. der Phasenlängenanpassung — ist nicht erforderlich. Für die Sicherung des Verkehrsablaufs und die Untersuchung von Unfällen genügt die Zwischenzeitmatrix, die allen Steuerungsverfahren als Randbedingung zugrunde liegt.

Aus statistischen Gründen kann eine *Archivierung* sämtlicher Steuerungsmaßnahmen und Signalisierungszustände sinnvoll sein. Da hierbei ein umfangreiches Datenmaterial anfällt, werden die Werte vom Verkehrsrechner über einen vorgegebenen Zeitbereich gesammelt und — unter Umgehung der normalen Registriereinheit — direkt auf Magnetplatte, Magnetband oder Floppy-Disk übertragen. Auf diese Weise können sämtliche interessierenden Signalprogramm- und Verkehrsdaten archiviert werden. Die Auswertung kann dann zu einem späteren Zeitpunkt — evtl. sogar auf einem anderen Rechner — durchgeführt werden.

1.7 Literatur

1 Richtlinien für Verkehrserhebungen. Köln: Forschungsgesellschaft für das Straßenwesen e. V. 1970

2 Schmidt, G.: Automatische Verkehrserfassung in städtischen Bereichen. Aachen: Beratende Ingenieure Heusch/Boesefeldt, Veröffentlichung Nr. 2, Oktober 1972

3 Korte, J.W.; Mäcke; P.A.; Lapierre, R.: Grundlagen der Straßenverkehrsplanung in Stadt und Land. Wiesbaden, Berlin: Bauverlag 1960

4 Pitzinger, P.; Sulzer, R.: Lichtsignalanlagen für den Straßenverkehr. Wiesbaden, Berlin: Bauverkehr 1968

5 Richtlinien für Lichtsignalanlagen RiLSA — Lichtzeichenanlagen für den Straßenverkehr. Köln: Forschungsgesellschaft für Straßen- und Verkehrswesen 1981

6 Brooks, W.D.: Designing Arterial Progressions Using a Digital Computer. Unveröffentlichtes Arbeitspapier, IBM

7 Wätjen, W.D.: Signalisierte Straßenkreuzungen — Der Verkehrsablauf an Signalanlagen und ihre verkehrstechnische Berechnung. Technische Hochschule Dänemark, Institut für Straßenbau, Verkehrstechnik und Städtebau, Mitteilung 32 (1965)

8 Huddart, K.W.; Turner, E.D.: Traffic signal progressions — G.L.C. Combination method. Traffic Engineering and Control, Nov. 1969

9 Ruhnke, D.; Philipps, P. Anwendung der Combination-Methode in Hamburg. Straßenverkehrstechnik Heft 2 (1973)

10 Robertson, D.I.: Transyt: a traffic network study tool. Road Research Laboratory, RRL Report LR 253 (1969)

11 A Computer Programm to Calculate Optimum Coordination in a Grid Network of Synchronized Traffic Signals;
SIGOP: Traffic Signal Optimisation Program. New York, N.Y: Traffic Research Corporation, Sept. 1966

12 Holroyd, J.; Hillier, J.A.: Further Results of Area Traffic Control in Glasgow. Traffic Engineering and Control, Sept. 1971

13 Steierwald, G.; Boesefeldt, J.; Everts, K.; Keudel, W.; Schönharting, J.: Untersuchungen zur verkehrsabhängigen Signalsteuerung. Straßenbau und Straßenverkehrstechnik, Heft 100 (1970)

14 Boesefeldt, J.; Everts, K.; Philipps, P.: Untersuchungen zur verkehrsabhängigen Signalsteuerung, Teil B: Steuerungsmodell für Straßenzüge. Straßenbau und Straßenverkehrstechnik, Heft 131 (1972)

15 Merkblatt Detektoren für den Straßenverkehr. Köln: Forschungsgesellschaft für das Straßenwesen e. V. 1972

16 Hoffmann, G.; Havermann, H.: Voruntersuchungen über den Einfluß kurzfristiger Schwankungen der Verkehrsstärke auf die verkehrsabhängige Programmwahl an lichtsignalgesteuerten Einzelknotenpunkten. Straße, Brücke, Tunnel, Heft 3 (1972)

17 Stoltzner: Bericht über ein Programm zur exponentiellen Mittelbildung mit wanderndem Alpha (MEXWA). München: Interne Mitteilung der Fa. Siemens, April 1968

18 Siem, H.-P.; Müller, K.; Ruhnke, D.: Der Weg zur verkehrsabhängigen Steuerung von Lichtsignalanlagen in Hamburg. Brücke und Straße, Heft 5 (1968)

19 Schriftstück 43 der Bearbeitergruppe: „Arten der Signalsteuerung" zur Neubearbeitung der Richtlinien für Lichtsignalanlagen, Stand April 1973. Köln: Arbeitsausschuß: Lichtsignalanlagen. Forschungsgesellschaft für das Straßenwesen e. V.

20 Everts, K.: Umlaufzeitwechsel bei zeit- und verkehrsabhängiger Signalprogrammwahl unter Beibehaltung des koordinierten Verkehrsablaufs. Straßenverkehrstechnik, Heft 1 (1971)

21 SBS — Signalprogramm-Bearbeitungs-System. Aachen: Heusch/Boesefeldt (Hg.)

22 Albrecht, H.; Wienand, K.: IPSYS — Ein interaktives Programmsystem zum Entwerfen und Bearbeiten von Signalprogrammen und Zeit-Weg-Diagrammen auf dem Verkehrsrechner. Grünlicht (Hg. Siemens, Bereich Signalgeräte), Ausgabe 10 (1979)

23 Everts, K: Möglichkeiten von IPSYS.
Albrecht, H.: Verfahren der Bedienung.
Philipps, P.; Milobara, M.: Anwendungsbeispiele: IPSYS — interaktives Programmsystem

zum Entwurf und zur Bearbeitung von Signalprogrammen auf Verkehrsrechnern. Duisburg: Statusseminar des KfK (PDV) Mai 1981

24 Begriffsbestimmungen Straßenplanung und Straßenverkehrstechnik. Köln: Forschungsgesellschaft für das Straßenwesen e. V., Teilausgabe 1973

25 Boesefeldt, J.; Everts, K.; Philipps, P.: Untersuchungen zur verkehrsabhängigen Signalsteuerung, Teil C: Steuerungsmodelle für Teilnetze. Straßenbau und Straßenverkehrstechnik, Heft 149 (1973)

26 Miller, A.I.: A Computer Control System for Traffic Networks. London: 2. International Symposium on the Theory of Road Traffic Flow, Publication No.3, June 1963

2 Signalprogramm-Modifikation

2.1 Aufgaben und Wirkungen der verkehrsabhängigen Signalprogramm-Modifikation

Die Modifikationsmethode kann viele und sehr verschiedene verkehrstechnische Aufgaben erfüllen. Nachstehend sei hier nur eine Auswahl der am häufigsten auftretenden Anwendungsfälle dargestellt:

Verkehrsabhängige Grünzeitbemessung und -verteilung nach verschiedenen Verfahren und Meßgrößen

Die Verfahren reichen von reinen Abbruchkriterien über Vergleichsverfahren für die verschiedenen Kreuzungszufahrten bis zu Optimierungsverfahren für den gesamten Knoten. Als Meßgrößen werden Fahrzeuganzahl, Zeitlücken, Detektorbelegung, Auslastungsgrad, Staulängen, Wartezeiten, Halte usw. verwendet. In der verkehrstechnischen Wirkung ergibt sich daraus z. B. eine optimale Grünzeitverteilung, eine Aussteuerung kritischer Knoten auf maximale Leistungsfähigkeit, die Verhinderung des Überstauens von Abbiegespuren, die bevorzugte Bedienung von stark frequentierten Fußgänger-Übergängen durch Abbruch des feindlichen Fahrzeugflusses, wenn dieser hinreichend schwach geworden ist usw. Die Verfahren können durch leicht einstellbare Parameter individuell angepaßt und einreguliert werden.

Stauüberwachung und -steuerung

Das dabei verwendete Verfahren verhindert das Voll- oder Überlaufen von Stauräumen und Zufahrten durch steuerungstechnische Dosierung nach hinten oder Öffnung nach vorn (wenn möglich). Das Verfahren kann auch bei hinreichend starkem Verkehr von Knoten zu Knoten fortgeführt werden (Überlastungsschutz eines Netzes). Bei der Stausteuerung von Knoten, die kritischen Knoten direkt benachbart sind, werden durch optimale dynamische Koordinierung auf den kritischen Knoten — vor allem bei Vorhandensein von Reststau in den Zu- und Abfahrten des kritischen Knotens — die zeitliche Lage und Dauer der Grünzeiten an den Nachbarknoten so bemessen, daß der zu- und abfließende Hauptverkehr des kritischen Knotens nicht auf stehenden Stau trifft (min. Anzahl von Halten) und eine Überlastung des kritischen Knotens vermieden wird. Meßtechnisch werden die Staulängen aus den Detektorbelegungen, zum Teil kombiniert mit Fahrzeugzählungen, gewonnen.

Verkehrsabhängiges Anfordern von Grünzeit

Dieses Verfahren bietet sich überall dort an, wo nicht in jedem Umlauf ein Bedarf an Grünzeit vorhanden ist. Aus diesem Grund muß der Steuerung (meßtechnisch) mitgeteilt werden, ob ein wirklicher Bedarf an Grünzeit (Fußgänger, Fahrzeug, Bus, Straßenbahn, Feuerwehr usw.) vorliegt oder nicht. Diese Anforderungen von den Verkehrsteilnehmern führen dann in der jeweils vorgeschriebenen Weise zur Einschaltung der zugehörigen Grün-Signale, deren notwendige Dauer auch noch verkehrsabhängig bemessen werden kann. Anforderungen sind meßtechnisch meist elektrische Impulse, hervorgerufen durch Druckknöpfe, Detektoren, Kontakte etc., die durch die Verkehrsteilnehmer betätigt werden. In manchen Fällen wird auch die Anwesenheit eines Fahrzeugs z. B. vor einer Haltlinie meßtechnisch festgestellt und als Anforderung benutzt. Diese Anforderungen durch Anwesenheit haben den Vorteil, daß sie intern weder gespeichert noch gelöscht werden müssen, im Gegensatz zu den Anforderungsimpulsen.

Außer bei hinreichend schwachem Fußgänger- oder Fahrzeug-Querverkehr zu Hauptstraßen (besonders, wenn deren Koordinierung durch den Querverkehr gestört wird) oder bei abbiegendem Verkehr liegt das Hauptanwendungsgebiet der Grünzeit-Anforderung bei der Steuerung und Bevorzugung von öffentlichem Verkehr, von Bahnen, Notdienstfahrzeugen usw. (vgl. Hauptabschn. J). Hier spricht man häufig auch von Anmeldungen statt von Anforderungen.

2.2 Steuerverfahren für Einzelknotenpunkte

Steuerverfahren für einzelne Knotenpunkte ohne besondere Abstimmung mit Nachbarknoten berücksichtigen meist Einzelfahrzeuge, also zufallsbedingte Ereignisse, die sich in den verwendeten Meßwerten widerspiegeln (Meßintervall von 1 s oder je Fahrzeug). Dementsprechend schnell muß die Signalisierung auf die Meßwerte reagieren können. Die Mindestreaktionszeit (z. B. beim Abbruch einer Phase) liegt zwar bei ca. 1 s, die Möglichkeiten einer schnellen Reaktion sind aber durch die unbedingt einzuhaltenden Zwischenzeiten am Knoten häufig stark eingeschränkt. Das Einschalten eines angeforderten Freigabesignals ist z. B. erst möglich, wenn sowohl die Mindestgrünzeiten aller dazu feindlichen Signale als auch alle nachfolgenden Zwischenzeiten abgelaufen sind. Das kann 15 bis 20 s dauern, besonders wenn Fußgänger-Räumzeiten im Übergang enthalten sind (vgl. Kap. G 1)

Abhängig von der Art der Steuergeräte kann der verkehrsabhängige Ablauf der Signalisierung mehr oder minder freizügig gestaltet werden. Das reicht von einfachen Verkehrsabhängigkeiten, bei denen nur die Dauer bestimmter festgelegter Phasen bemessen wird bis zur Vollverkehrsabhängigkeit aller Signalgruppen, bei der sich jede Signalgruppe gesondert anfordert und die Dauer ihrer Grünzeit verkehrsabhängig bestimmt wird. Die Aufgabenstellungen sind sehr unterschiedlich; häufig ist der Realisierungsaufwand bei komplizierten Aufgaben 10 bis 20mal größer als bei einfachen Aufgaben.

Außer den bisher erwähnten verkehrsabhängigen Steuerungen für isolierte Einzelknoten liegt ein sehr großer Teil der Anwendungen im Bereich von koordiniert gesteuerten Knoten. Die Problematik ändert sich in diesen Fällen insofern, als man ein jeweils koordiniert laufendes Basis-Signalprogramm als Rahmen hat und daran verkehrsabhängig kurzfristige lokale Änderungen vornimmt. So z. B. das Einblenden eines Straßenbahnsignals, wenn eine Bahn ihre Freigabezeit angefordert hat. Dies geht im allgemeinen nur auf Kosten der Grünzeiten anderer Signalgruppen, d. h. meistens zu Lasten des Individualverkehrs. Die Änderungen an den Rahmenprogrammen sind aber streng limitiert und genau auf den Normalablauf abgestimmt, so daß Koordinierung, Grünzeitaufteilung, Signalumlaufzeit usw. im wesentlichen erhalten bleiben. Diese Art der lokalen Verkehrsabhängigkeit bezeichnet man daher auch als *adaptive Modifikation* eines Basissignalprogramms. Die Randbedingungen eines Basissignalprogramms vereinfachen die Probleme jedoch nicht.

2.3 Art und Wirkungsweise von Anforderungen

2.3.1 Allgemeines über An- und Abmeldungen

Der Eintreffzeitpunkt eines angemeldeten Fahrzeugs am Signal — bezogen auf den zugehörigen Anmeldezeitpunkt — muß auf ganz wenige Sekunden genau bekannt sein. Jede größere Ungenauigkeit führt zu unnötigen Grünzeitverlusten oder zu nutzlosem Anhalten des angemeldeten Fahrzeugs (Bahn oder Bus). Diese Anmeldebedingungen erfüllen Fahrdraht- oder Schienenkontakte sowie neuerdings Koppelspulen, mit denen auch Linienkennungen als Anmeldungen gegeben werden können. Die Anmeldeeinrichtung ist räumlich an einer bestimmten Stelle montiert. Aus ihrer genauen Lage und der normalen Fahrzeit bis zum zugehörigen Signal ergibt sich der Eintreffzeitpunkt hinreichend genau. Die Fahrstrecke zwischen Anmeldeeinrichtung und Signal sollte nicht zu groß sein, da sonst der Unsicherheitsfaktor des Eintreffzeitpunktes größer wird. Es gibt Betriebsleitsysteme für den öffentlichen Nahverkehr, die nicht in der Lage sind, solche präzisen Anmeldebedingungen zu erfüllen, so daß auch bei Vorhandensein eines solchen Systems die eigentlichen Anmeldeeinrichtungen oftmals nicht eingespart werden können. Anmeldungen müssen etwa zu Grün-Ende des angeforderten Signals gelöscht werden.
Zuweilen werden zusätzlich zu den Anmeldungen auch noch Abmeldungen bei der Signalsteuerung verarbeitet. Die Abmeldung besagt, daß die gerade laufende Bevorzugung nicht mehr gebraucht wird, da das Fahrzeug das zugehörige Freigabesignal gerade passiert hat. Bei Vorhandensein von An- und Abmeldungen ergibt sich die Notwendigkeit, Differenzzählungen zwischen An- und Abmeldungen durchzuführen. Hier wird ein absolut fehlerfreies Arbeiten vorausgesetzt, da sonst eine zusätzliche, ungerechtfertigte Anmeldung (z. B. durch Prellen eines Kontakts) oder der Ausfall einer Abmeldung zu einer Daueranforderung in jedem Umlauf führt, obwohl meist kein Fahrzeug des öffentlichen Verkehrs vorhanden ist. Da sich in der Praxis derartige Fehler nie ganz ausschließen lassen, muß in diesen Fällen noch eine zusätzliche Zeitüberwachung eingebaut werden, die die fehlerhafte Differenz unter bestimmten Bedingungen nach einer gewissen Zeit auf Null setzt. Schwierigkeiten können dabei auftreten, wenn Anmelde- und Abmeldeeinrichtungen räumlich einen größeren Abstand haben, so daß mehrere Fahrzeuge angemeldet, aber noch nicht abgemeldet sein können.

2.3.2 Bevorzugung durch Verlängern oder Vorziehen einer Phase

Nutzt der öffentliche Verkehr zusammen mit dem Individualverkehr oder parallel dazu eine Grünzeit, so kann signaltechnisch eine einfache Bevorzugung dadurch erreicht werden, daß diese Phase bei Bedarf (Anmeldung gegen Grün-Ende) verlängert wird, um die Bahn oder den Bus noch ohne Halt über den Knoten zu führen, oder daß die Phase bei Bedarf (Anmeldung während der Rotzeit) eher als im Grundsignalprogramm vorgesehen, eingeschaltet wird, damit bei Eintreffen des Fahrzeugs das zugehörige Signal bereits den Grün-Zustand erreicht hat.

Die Bevorzugung der einen Phase (meist die Hauptrichtung) geht selbstverständlich zu Lasten des dazu feindlichen Verkehrs (meist der Nebenrichtung). Besteht die Gefahr, daß auf diese Weise in der Nebenrichtung regelmäßig ein großer Stau durch Überlastung der verringerten Grünzeiten entsteht, so sollte dies mit Hilfe von (Stau-)Detektoren kontrolliert werden. Bei Überhandnehmen des Staus ist die Bevorzugung der Hauptrichtung (öfflicher Verkehr) etwas zurückzunehmen. Die Überlastung ganzer Stadtteile infolge einer zu starken Bevorzugung des öffentlichen Verkehrs hat meist verheerende Folgen, auch für den öffentlichen Verkehr selbst, denn überstaute Knotenpunkte kann auch der öffentliche Verkehr nicht mehr passieren. In solchen Fällen führt sich die Bevorzugung selbst ad absurdum.

2.3.3 Bevorzugung durch Ansteuern eigener Signale für den öffentlichen Verkehr mit zeitlich festgelegten Grünzeiten

Diese Bevorzugungsart läßt sich dann anwenden, wenn der öffentliche Verkehr einen eigenen Gleiskörper bzw. eine eigene Busspur hat, die getrennt signalisiert werden können, und wenn die Verkehrsbeziehungen am Knoten so sind, daß der öffentliche Verkehr zu Hauptströmen des Individualverkehrs feindlich ist, d. h. eine eigene Phase braucht. Grundidee dabei ist, daß diese Phase nur auf Anforderung gebracht wird, also nur dann, wenn sie auch durch Fahrzeuge des öffentlichen Verkehrs genutzt werden kann. Ist kein öffentliches Verkehrsmittel angemeldet, so entfällt diese Phase. Am Knoten ergibt sich dann eine Abwicklung ohne öffentlichen Verkehr, und so gewonnene Grünzeiten kommen dann dem Individualverkehr zugute. Bei hinreichend kurzer Phase für den öffentlichen Verkehr besteht die Möglichkeit, diese Phase u. U. mehrmals im Signalumlauf auf Anforderungen einzublenden, wenn dies aufgrund der allgemeinen Verkehrssituation tragbar ist. Bei Vorhaltung mehrfacher Einblendmöglichkeiten kann verlangt werden, daß immer die nächste Möglichkeit nach der Anforderung genutzt wird (geringe Wartezeit, u. U. gar kein Halt), es darf dann aber u. U. nur eine derartige Einblendung im Umlauf realisiert werden.

Ist eine Abwicklung mit An- und Abmeldung vorgesehen, so bleibt die angeforderte Phase meist so lange stehen, bis die Abmeldung eingeht. Man kann so die angeforderte Phase fahrzeugabhängig verkürzen oder verlängern. Die Verlängerungsmöglichkeit muß aber zeitlich limitiert werden. Wenn bis zu einem bestimmten Zeitpunkt die Abmeldung noch nicht eingegangen ist, wird die Phase abgebrochen und bei nächster Gelegenheit nochmals gebracht. Liegt auch dann keine Abmeldung vor, wird ein Fehler in der Abmeldeeinrichtung angenommen und die Anmeldung vergessen (Nullsetzen des Differenzzählers).

Durch Kombinationen von mehreren verschiedenen Anforderungen können sehr komplizierte Entscheidungslogiken entstehen.

2.3.4 Absolute Bevorzugung von Bahnen, Feuerwehr, Notdienstfahrzeugen u. a.

Die absolute Bevorzugung eines Verkehrsteilnehmers ist ein besonders schwerwiegender Eingriff in den normalen Verkehrsablauf an einem signalgesteuerten Knotenpunkt und sollte daher nur in sehr dringenden und relativ seltenen Fällen vorgesehen werden. Eine solche absolute Bevorzugung kann in jeder Sekunde des Signalumlaufs angefordert werden und ist dann unabhängig vom gerade vorhandenen Signalisierungszustand sofort auszuführen – selbstverständlich unter Einhaltung der vorgeschriebenen Sicherheitszeiten (Minimalgrünzeiten und Zwischenzeiten). Alle zur Anmeldung feindlichen und auf Grün stehenden Signalgruppen müssen abgebrochen werden, ehe die angeforderte Signalgruppe nach den Zwischenzeiten Grün bekommen kann. Die Übergangszeiten zum bevorzugten und angeforderten Signalisierungszustand sind meist unabhängig vom Anforderungszeitpunkt und durch den ungünstigsten Ausgangszustand bestimmt. Der Ausgangszustand ist dann am ungünstigsten, wenn eine zur bevorzugten Signalgruppe feindliche Signalgruppe gerade auf Grün geschaltet wurde. Dann muß zunächst die Mindestgrünzeit ablaufen (etwa 10 s) und danach die Zwischenzeit (etwa 6 bis 8 s, bei räumenden Fußgängern bis zu 15 s), ehe die angeforderte Signalgruppe auf Grün gehen kann. Aus den angegebenen Sicherheitszeiten ergeben sich somit Reaktionszeiten von 20 bis 30 s. Aufgehoben wird der angeforderte Signalisierungszustand meist durch eine Abmeldung oder durch Überschreiten einer gewissen Zeitdauer. Dann tritt ein weiteres Problem auf: die Rückkehr ins laufende Signalprogramm, u. U. mit der Zusatzbedingung, daß die durch die Anforderung unterbrochenen Ströme während der Rückkehr „nachholen" können, d. h. in gewissem Umfang bevorzugt werden sollen. Steuerungstechnisch ist eine solche Rückkehr viel komplizierter als die Realisierung der Anforderung selbst, da sie vom jeweiligen Stand und Aufbau des im Hintergrund laufenden Signalprogramms abhängt.

Die angeforderte Grünzeit wird hier also nicht an einer günstigen Stelle ins Signalprogramm eingepaßt, sondern von jedem beliebigen Zustand aus unter Einhaltung der Sicherheitszeiten erzeugt. Diese schwerwiegenden Eingriffe in die Signalisierung müssen hinreichend selten sein, da sich sonst kein vernünftiger Verkehrsablauf am Knoten mehr einstellt.

2.3.5 Linienkennung und Fahrstraßen

Bei komplizierten ausgeweiteten Knotenpunkten kommen die einzelnen Straßenbahnlinien aus verschiedenen Richtungen, benutzen Strecken gemeinsam und trennen sich wieder in verschiedene Richtungen. Hier ist es oft zwingend, daß schon beim Anmelden die Ausfahrtrichtung nach der gemeinsamen Strecke bekannt ist, da je nach Linie unterschiedliche Wege mit den zugehörigen Signalen freizuschalten sind (Fahrstraßen). Ein Halt im direkten Kreuzungsbereich ist meist nicht erlaubt, so daß die Bahn in einem Zug zu ihrem Ausgang gebracht werden muß. Normalerweise gibt es kein Grundsignalprogramm, in dem alle Fahrstraßen einmal im Umlauf freigeschaltet werden, so daß ein solches System ohne Anmeldeeinrichtungen gar nicht betrieben werden kann. Die Steuerung berücksichtigt die angeforderten Fahrstraßen meist in der Reihenfolge des Eintreffens der zugehörigen Anmeldungen. Derartige Linienkennungen können auch bei Busspuren erforderlich sein, die von mehreren Linien benutzt werden, und dabei z. B. jede Linie in unterschiedliche Richtungen abbiegt (getrennte Richtungssignale).

Die Anmeldeeinrichtungen dürfen daher hier nicht nur die Anwesenheit einer Bahn bzw. eines Busses registrieren, sondern müssen auch die gewünschte Fahrstraße (Signalaufeinanderfolge) aufnehmen. Meist ist das durch Angabe einer Liniennummer möglich (Linienkennung), die von einem kleinen Sender in der jeweiligen Bahn bzw. im Bus ausgestrahlt und von einer Empfangsschleife aufgenommen, decodiert und dem Gerät bzw. dem Rechner als entsprechende Anmeldung zugeleitet wird.

Die Realisierung dieser Fahrstraßenschaltungen bleibt manchmal nicht auf ein Kreuzungsgerät beschränkt, sondern betrifft mehrere benachbarte Geräte. In diesem Fall ist es am zweckmäßigsten, den zentralen Rechner zur Steuerung zu benutzen.

2.4 Modifikation beim Wechsel des Basis-Signalprogramms

Da jedes Basissignalprogramm einen Rahmen für die Modifikation abgibt, muß auch jedes eine eigene Modifikationsvorschrift (Versorgung) haben. Es kann z. B. Basissignalprogramme eines Knotenpunktes geben, die nicht modifiziert werden sollen oder wenig modifiziert werden können, während die restlichen große, gleitende Modifikationsbereiche haben. Soll der übergeordnete Rahmen aufgrund einer wesentlich (bzgl. der Mittelwerte) geänderten Verkehrssituation im Netz gewechselt werden, so müssen sowohl die entsprechenden Basissignalprogramme als auch die jeweils zugehörigen Modifikationsvorschriften gewechselt werden. Beim Signalprogrammwechsel über einen Schaltpunkt kann das laufende Signalprogramm nicht verlassen werden, wenn es zu diesem Zeitpunkt modifiziert ist. Dafür sorgt eine Sperre, die von der Modifikation gesetzt wird und den Wechsel solange verzögert, bis die Modifikation abgelaufen, d. h. bis das Basissignalprogramm wieder hergestellt ist. Zu diesem Zeitpunkt wird die Wechselsperre durch die Modifikation wieder gelöscht, und der Wechselwunsch sperrt nun seinerseits alle Modifikationen, die mit dem Signalprogrammwechsel kollidieren. Der Signalprogrammwechsel kann dann zum nächstmöglichen Schaltpunkt ausgeführt werden.

Beim Sofortwechselverfahren (nur bei Signalgruppensteuerung möglich) kann das laufende Signalprogramm — modifiziert oder nicht — in jedem beliebigen Signalisierungszustand verlassen werden. Es muß nur sichergestellt sein, daß während des Übergangs keine Modifikation ausgeführt wird. Nach Beendigung des Signalprogrammwechsels und des Wechsels der Modifikationsvorschrift wird die Modifikationssperre wieder aufgehoben und die Modifikation läuft von da an mit neuem Basissignalprogramm und neuer Modifikationsvorschrift. Anforderungen, die während des Wechsels nicht bedient werden konnten, müssen natürlich erhalten bleiben und dann im neuen Signalprogramm bedient werden.

2.5 Einfache Modifikationsbeispiele

Die Art einer einfachen Modifikationsaufgabe sei zunächst an folgendem Beispiel demonstriert (Bild 2.1), bei dem die Straßenbahn (Sg 52, 527, 53; Phase 3) bevorzugt Grün-Signal erhalten soll, wenn bis zur Sekunde 30 des Umlaufs eine Anforderung

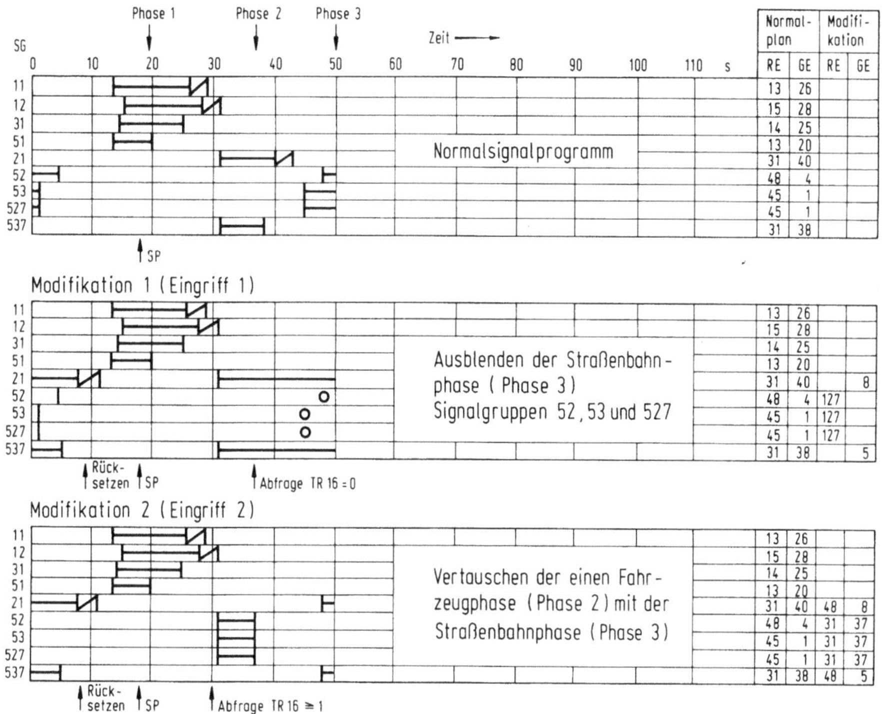

Bild 2.1. Einfaches Beispiel für adaptive Signalprogramm-Modifikation (lokales Steuerverfahren), Straßenbahnanforderung und -bevorzugung

(TR = 1) eingegangen ist. In diesem Fall werden die Phasen 2 und 3 gegenüber dem Basissignalprogramm vertauscht (siehe Eingriff 2), d. h. die Straßenbahn (Phase 3) erhält zuerst Grün, dann der Individualverkehr (Phase 2).

Fordert die Straßenbahn erst zwischen Sekunde 30 und 37 an, so läuft Phase 2 bereits, und die Straßenbahnphase 3 wird anschließend gebracht (Basissignalprogramm). Ist bis zur Sekunde 37 keine Anforderung eingegangen, so wird die Phase 3 ganz ausgeblendet (Eingriff 1), das Straßenbahnsignal bleibt auf Halt und die so zusätzlich zur Verfügung stehende Grün-Zeit im Umlauf wird der Phase 2 zugeschlagen (2-phasiges Signalprogramm). Wird der Phasentausch gemäß Eingriff 2 vorgenommen, so darf Eingriff 1 (Ausblenden der Phase 3) auf keinen Fall ausgeführt werden (auch nicht, wenn TR 16 = 0 ist zur Sekunde 37). Zu diesem Zweck muß der Eingriff 1 vom Eingriff 2 gesperrt werden. Jede Bahn, die sich angemeldet hat, erhält so schnell wie möglich die Phase 3. Kommen Bahnen sehr dicht hintereinander, so gibt es nur eine Freigabezeit pro Umlauf. Das Rücksetzen der Meßwerte TR 16 (Zählung) muß so geschehen, daß keine Bahn vergessen werden kann und auch keine Phase 3 unnötig gegeben wird.

Der gesamte Entscheidungsablauf ist in Bild 2.2 als Flußdiagramm wiedergegeben. Dieses Flußdiagramm wird sekündlich durchlaufen.

Die Möglichkeiten für eine Busbevorzugung mit Hilfe einer adaptiven Signalprogrammmodifikation seien an einem weiteren Beispiel dargestellt (Bild 2.3-2.5).

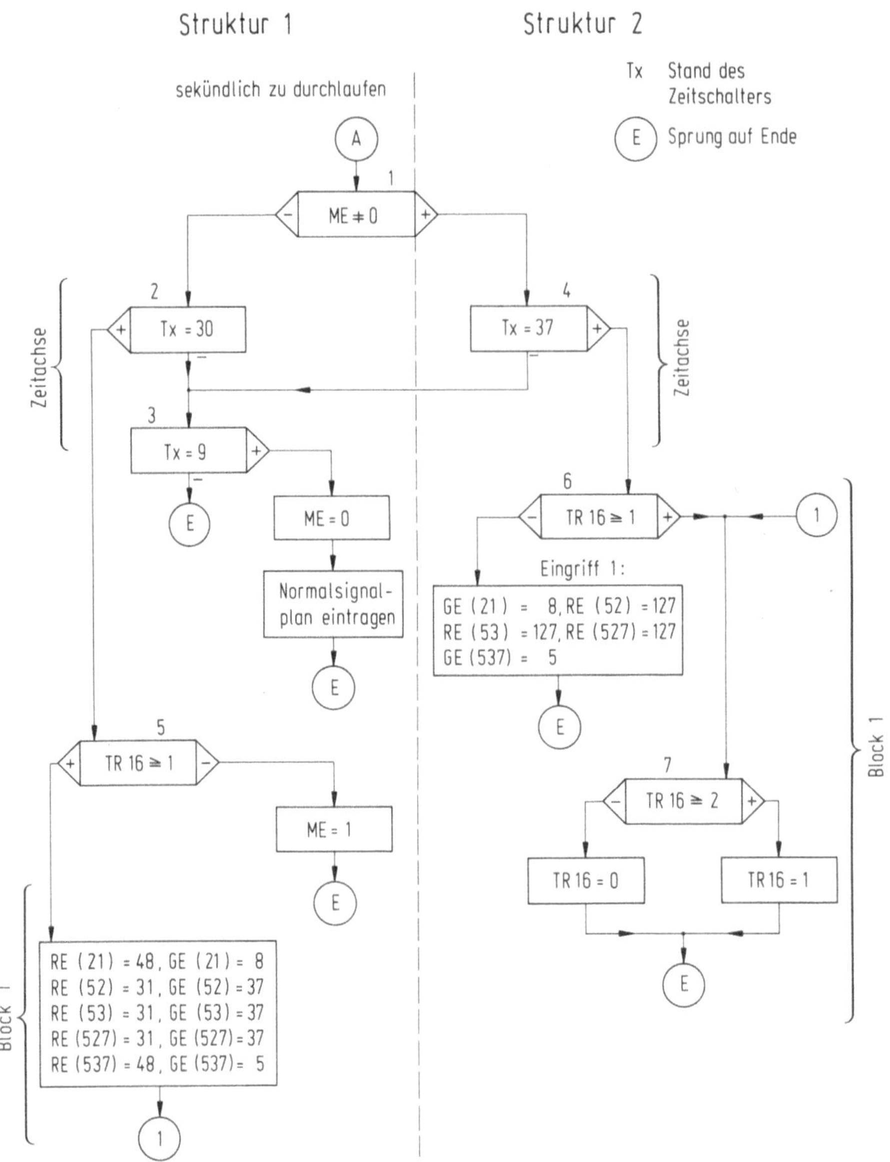

Bild 2.2. Strukturdiagramm für den Entscheidungsablauf

An dem betrachteten Knotenpunkt ist eine gesonderte Busspur mit Anforderungs-detektor vor der Haltlinie und einem eigenen Bussignalgeber vorhanden (Bild 2.3). Die Busse haben in ihrer eigenen Spur eine Haltestelle, nach Verlassen der Haltstelle fordern sie sich ihr Freigabesignal 62 durch ihre Anwesenheit über dem Detektor an. Da sie infolge ihrer Streckenführung die parallellaufenden Fahrzeugspuren (Signal 11) überqueren bzw. behindern, sind die Signale 62 und 11 unverträglich.

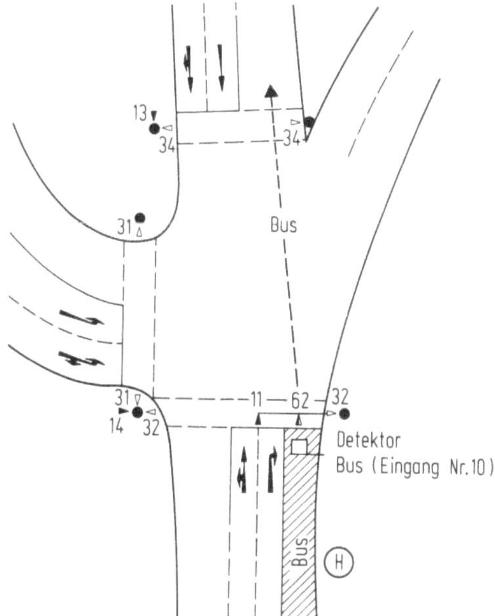

Bild 2.3. Kreuzungsgrundriß, Signal- und Detektorlage

Im Bild 2.4 sind die verschiedenen Änderungen am Signalprogramm aufgezeichnet. Oben ist das Basissignalprogramm (auch Normalsignalplan genannt) mit einem Umlauf von 75 s wiedergegeben, der das Bussignal 62 einmal berücksichtigt. Beim Eingriff 1 wird zur Sekunde 72 der Busdetektor abgefragt. Ist kein Bus vorhanden, wird die Grünzeit von Signal 62 im Basissignalprogramm ausgeblendet. Die Busspur bekommt kein Freigabesignal, dafür beginnt die Grünzeit des Signals 11 entsprechend früher. Der Bus bekommt somit sein Signal nur auf Anforderung. Zum Rücksetzzeitpunkt Sekunde 15 werden wieder die Schaltzeiten des Basissignalprogramms eingetragen. Beim Eingriff 2 wird die Möglichkeit geschaffen, beim zweiten Phasenübergang das Bussignal nochmals zusätzlich einzublenden. Dazu wird die Grünzeit von Signal 11 entsprechend früher (bei Sekunde 35) beendet. Zur Sekunde 34 wird geprüft, ob ein Bus vorhanden ist; wenn ja, wird die Grünzeit von Signal 11 abgebrochen und Signal 62 eingeblendet, wenn nicht, läuft das Basissignalprogramm weiter. Ab zweitem Rücksetzzeitpunkt (bei Sekunde 60) läuft in jedem Fall wieder das Basissignalprogramm.
Mit diesen einfachen Änderungen erreicht man, daß die Busspur kein Freigabesignal bekommt, wenn kein Bus vorhanden ist. Die so gewonnene Grünzeit kommt dem Individualverkehr zugute (Bild 2.5). Bei dichter Zugfolge kann auf der Busspur zweimal je Umlauf ein Freigabesignal gegeben werden: Die mittlere Wartezeit W eines Busses gegenüber dem festen Normalsignalplan ohne Modifikation wird um 27 % und die maximal mögliche Wartezeit W_{max} (bei Anforderung in den Sekunden 35 und 73) um 40 % verkürzt (Bild 2.4 und 2.5). Die Benachteiligung des Individualverkehrs wird dabei in genau definierten Grenzen gehalten (Bild 2.5). Darf die Leistung für den Individualverkehr (Signal 11) z. B. in Spitzenzeiten nicht unter 30 Fahrzeuge je Umlauf sinken, und der Busverkehr ist dichter als 1 Bus je Umlauf (im Mittel), so muß die Bevorzu-

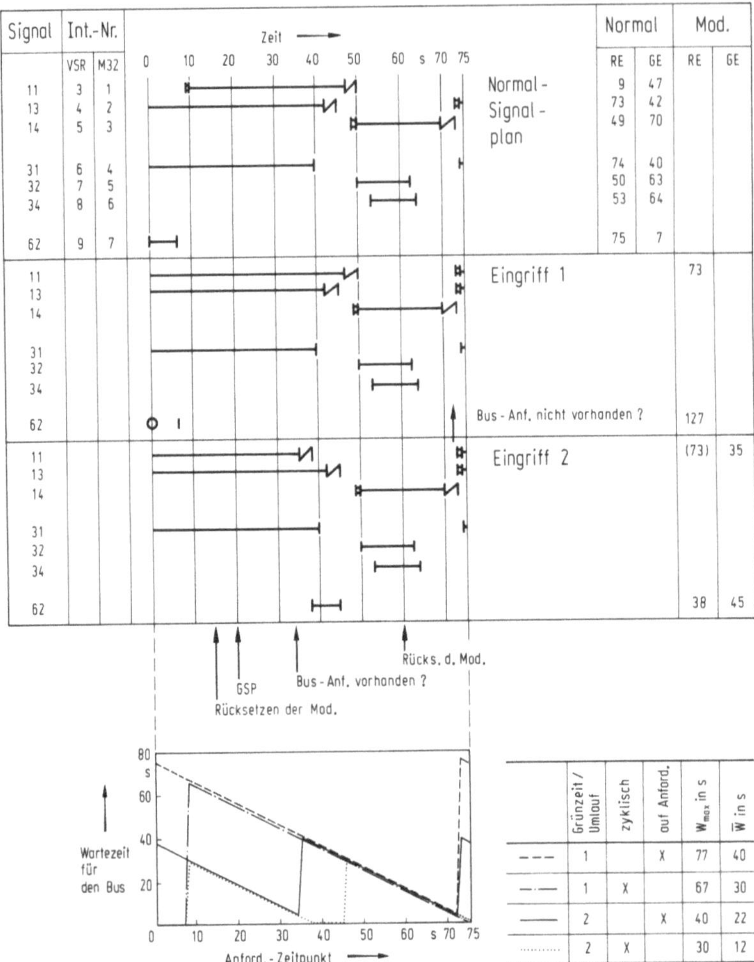

Bild 2.4. Busbevorzugung durch einmaliges oder zweimaliges Einblenden des Bussignals im Umlauf und zugehörige Bus-Wartezeiten

gung etwas zurückgenommen werden. Abhängig von einer Stauüberwachung vor Signal 11 bekommt dann z. B. die Busspur (Signal 62) nur noch einmal Grün im Umlauf.

	Bus-Signalisierung			Bus - Wartezeiten		max. Leistung der Sg 11 in Fz / Uml. bei Anz. v. Bussen / Uml.						
	Grünzeit pro Uml.	zyklisch	auf Anford.	W_{max}	$\overline{W}$	0	0,25	0,5	0,75	1	1,5	2
—·—	1	X		67 s	30 s	33	33	33	33	33	33	33
————	1		X	77 s	40 s	43	40,5	38	35,5	33	33	33
··········	2	X		30 s	12 s	23	23	23	23	23	23	23
———	2		X	40 s	22 s	43	40,5	38	35,5	33	28	23

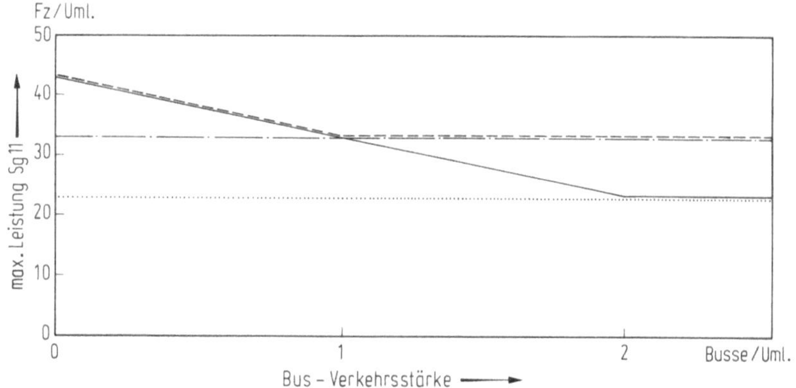

Bild 2.5. Gegenüberstellung von Busbevorzugung und Leistung für den Individualverkehr (Signal 11)

Ohne diese Einschränkung ergibt sich ein sehr einfacher Entscheidungsablauf für die Realisierung der beiden Busanforderungsmöglichkeiten (Flußdiagramm auf Bild 2.6).

Aus den Beispielen erkennt man, welche Unterlagen zur Realisierung einer Modifikation notwendig sind:

— Lageplan mit der genauen und maßstabsgerecht eingezeichneten Lage der Signale und Anmeldemittel (Detektoren, Druckknöpfe, Fahrdrahtkontakte etc.) einschließlich ihrer Bezeichnungen und Anschlüsse am Steuergerät oder Rechner.

— Basissignalprogramm und Zwischenzeitmatrix.

— Verkehrs- und steuerungstechnische Aufgabenstellung.

Vor der ersten praktischen Inbetriebnahme einer solchen Steuerung muß die Modifikation auf ihre richtige Funktionsfähigkeit geprüft werden. Dies geschieht im Prüffeld. Zur Durchführung dieser Prüfung gibt es eine Reihe von Hilfsmitteln und Hilfsprogrammen, mit denen ein solcher Test beschleunigt und gleichzeitig sicherer, übersichtlicher und vollständiger gestaltet werden kann.

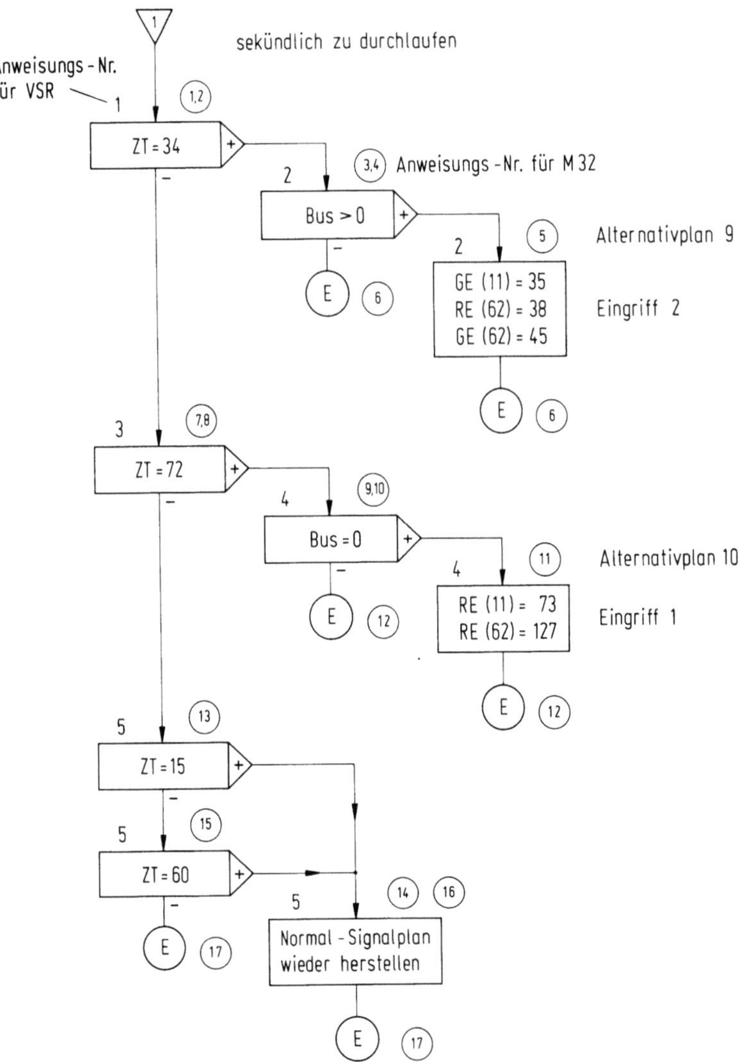

Bild 2.6. Flußdiagramm für den Entscheidungsablauf, Bus-Anforderung durch Anwesenheit über der Detektorschleife: Bus > 0, wenn ein abfahrbereiter Bus vor der Haltelinie steht (Anwesenheitsmeldung des Detektors). Bus = 0, wenn kein abfahrbereiter Bus vorhanden ist (Nicht-Belegt-Meldung vom Detektor). Die verschiedenen Numerierungen der Entscheidungen und Eingriffe beziehen sich auf die Realisierung in einem Verkehrsrechner oder in einem Mikrocomputer-Kreuzungsgerät.

3 Signalprogrammbildung

3.1 Einführung und Definitionen

Die *Signalprogrammbildung* ist ein spezielles Verfahren der Signalsteuerung, das in erster Linie gegenüber der *verkehrsabhängigen Signalprogrammauswahl* bzw. *Signalprogrammodifikation* abzugrenzen und wie folgt einzuordnen ist (Bild 3.1).
In der allgemeinsten Form wird Signalprogrammbildung mit *Festlegung eines Signalprogramms unter Beeinflussung durch Verkehrsteilnehmer* definiert [1]. In dieser Definition wird die Variabilität der Steuerungsmerkmale (veränderbare Freigabezeiten, Umlaufzeiten, Phasenfolge, Vor- und Nachlaufzeiten, Versatz etc.) als ein wesentliches Merkmal der Signalprogrammbildung nicht konkret angesprochen. Böttger verwendet die Begriffserklärung *prognostische Regelung* und stellt sie einer Signalprogrammauswahl als *nachlaufender Regelung* gegenüber [2]; hier wird also der Begriff des Regelkreises ebenso in den Mittelpunkt gestellt wie bei Kurzak [3], der Signalprogrammbildung ein

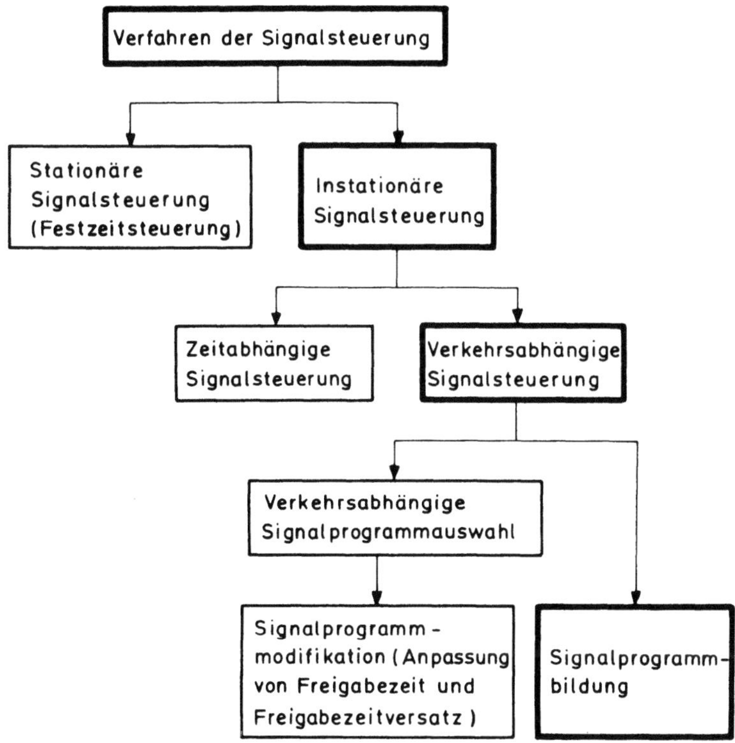

Bild 3.1. Verfahren der Signalsteuerung

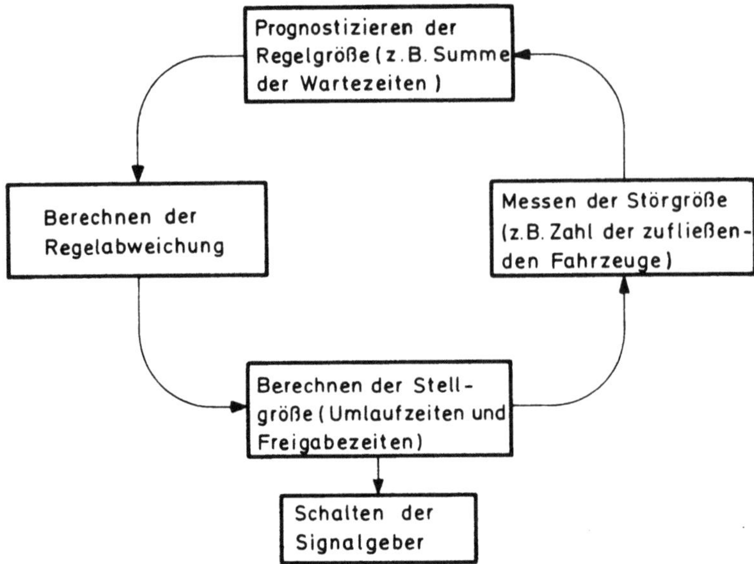

Bild 3.2. Signalprogrammbildung als Regelkreis

Regelungssystem nennt, in dem die *Regelabweichung* für nächste Zeitintervalle minimiert wird. Die zugrunde gelegten Optimierungskriterien stellen die *Regelgröße* dar, der zufällige Verkehrsfluß die *Störgröße* und die Steuerungsmerkmale (Freigabezeit, Umlaufzeit etc.) die *Stellgröße* (Bild 3.2).
Das Verfahren der Signalprogrammbildung wird hier durch die nur geringe zeitliche Verzögerung zwischen Erfassung der Störgröße und Einstellen der Stellgröße charakterisiert (1-2 s). Für ein derartiges Regelsystem ist der nicht determinierbare Verlauf der Störgröße eine notwendige Voraussetzung. Eine Abgrenzung der Signalprogrammbildung läßt sich schließlich mit Hilfe der Begriffe:

— mikroskopische Steuerung (... Signalprogrammbildung)
— makroskopische Steuerung mit mikroskopischen Anpassungen (... Signalprogrammodifikation)
— makroskopische Steuerung (... Signalprogrammauswahl)

erreichen [4]. Dabei ist auf den hohen *Freiheitsgrad* hinzuweisen, der bei einer mikroskopischen Steuerung vorhanden ist. Zusammenfassend lassen sich folgende Charakterisierungen für dieses Steuerungsverfahren angeben:

— die Signalprogrammbildung enthält ein Optimierungsmodell, das die Regelabweichung für den unmittelbar folgenden Zeitraum modellmäßig minimiert,
— die Steuerungsmerkmale an einem Knotenpunkt wie Umlaufzeit, Freigabezeit, Phasenfolge sowie der Freigabezeitversatz zu nachfolgenden Knotenpunkten, u.a.m. sollen veränderbar sein.

Die Voraussetzung eines Optimierungsmodells bedingt i.a., daß die Berechnungen auf einem programmierbaren Prozeßrechner durchgeführt werden können. Damit grenzt sich das Verfahren auch gegenüber jenen Steuerungen ab, die als vehicle-actuated (v/a) in die Literatur eingegangen sind [4].

3.2 Modellaufbau

3.2.1 Räumliche Verteilung der Fahrzeuge im Straßennetz

Kernstück jeder Signalprogrammbildung ist das Steuerungsmodell, das die Vorgänge im Straßennetz möglichst realistisch abbildet. Das Modell läßt sich in folgende Teile gliedern:

— Abbild des Straßennetzes,
— Abbild der räumlichen Verteilung der Fahrzeuge,
— Abbild der aktuellen Schaltung der Signale und der Schaltmöglichkeiten,
— Algorithmus zur Minimierung der Regelabweichung (z. B. Wartezeiten).

Die Steuerung basiert in der definierten Form auf der modellmäßigen Ermittlung des Fahrverlaufs der einzelnen, im Straßennetz (System) befindlichen Fahrzeuge. Dazu bedarf es zunächst eines geeigneten Erfassungssystems. Der Verkehr kann derzeit nur an Querschnitten erfaßt werden, es ist daher erforderlich, geeignete Modellvorstellungen über den Fahrverlauf zu entwickeln.
An jedem Meßquerschnitt kann zunächst die zeitliche Reihenfolge der Fahrzeuge erfaßt werden. Zur aktuellen Berechnung der räumlichen Verteilung der zufließenden Fahrzeuge ist ferner — falls keine weiteren Messungen, z. B. der Geschwindigkeiten, durchgeführt werden — eine Annahme über das Fahrverhalten bis zur Haltlinie des folgenden Knotenpunkts notwendig. Dabei gilt es zu ermitteln, wie das von anderen Fahrzeugen unbehindert fahrende Einzelfahrzeug seinen Weg fortsetzen würde. Eine einfache, auf kurzen Strecken jedoch oft ausreichende Annahme besteht in der Vorgabe konstanter, streckenbezogener Geschwindigkeiten. Danach läßt sich die räumliche Verteilung der Fahrzeuge bestimmen und — auf beliebige Querschnitte bezogen — zeitlich darstellen als Fahrzeugband (Bild 3.3).
Mit Hilfe derartiger Querschnittsmessungen kann unter Zuhilfenahme von Modellvorstellungen ein angenähertes Bild der zeitlich-räumlichen Verteilung der Fahrzeuge im System entwickelt werden, das die Grundlage für das Optimierungsmodell darstellt.

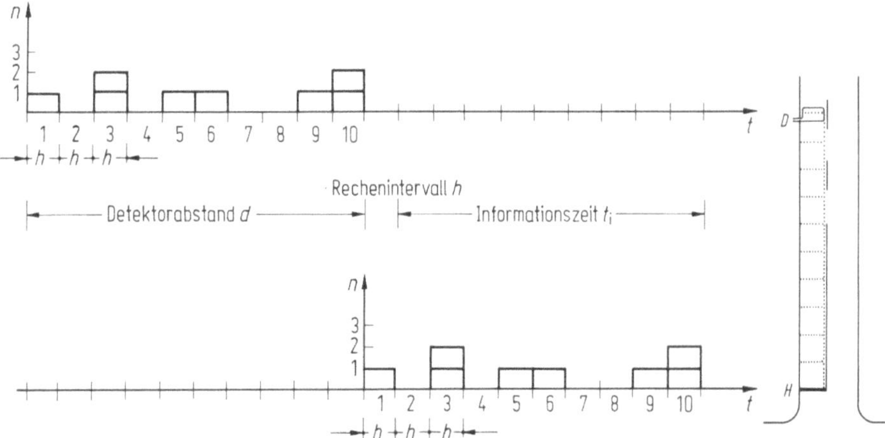

Bild 3.3. Fahrzeugband für eine Zufahrt eines Knotenpunkts

Aus der Differenz *Summe der zugeflossenen Fahrzeuge* und *Summe der abgeflossenen Fahrzeuge* läßt sich die zu einem bestimmten Zeitpunkt aktuelle Anzahl von Fahrzeugen zwischen Meßquerschnitt und Haltlinie ermitteln, sofern sichergestellt ist, daß sich die Fahrzeuge nicht über den Meßquerschnitt hinaus stauen.

3.2.2 Optimierungsmodell

Während die bisherigen Charakteristika der Verkehrserfassung in mehr oder minder umfangreicher Form Bestandteil eines jeden Steuerungsprogramms für eine Signalprogrammbildung sind, besteht das wesentliche Unterscheidungsmerkmal der einzelnen Varianten in der Art der Optimierung, also in den Eigenschaften des Optimierungsmodells.

Das Optimierungsmodell benutzt den bereits genannten Modellteil der zeitlich-räumlichen Fahrzeugverteilung, um unter Zugrundelegung eines oder mehrerer Optimierungskriterien die beste Steuerungsmaßnahme zu ermitteln. Dabei ist im Grunde nur zu entscheiden, ob die laufenden *Grünphasen* an den Knotenpunkten weiter eingeschaltet bleiben sollen oder ob eine Umschaltung in eine andere zur Auswahl stehende Phase zweckmäßiger ist. Eine derartige Entscheidung kann bereits an einem einzelnen Knotenpunkt nur bei stark vereinfachten Modellvorstellungen mit Hilfe eines geschlossenen Ansatzes herbeigeführt werden. Wesentlich umfangreicher werden die Berechnungen, wenn die Auswirkungen in einem Straßenzug oder in einem Straßennetz beurteilt werden müssen.

Nach Art und Umfang der Optimierung unterscheidet man grundsätzlich folgende Programmstrukturen:

1. *Das Trial-and-error-Programm* (Probierprogramm), das alle im Modell enthaltenen Möglichkeiten durchspielt, um die beste zu finden. Der Programmablauf ist zeitlich am aufwendigsten, führt aber in jedem Fall zum Auffinden der besten, im Modell enthaltenen Lösung des Problems.
2. *Das Heuristische Programm* (Systematisches Probierprogramm, Methode *branch and bound*). Hier wird aus der Menge der Möglichkeiten eine Teilmenge nach vorgegebenen Regeln zielstrebig ausgewählt. Die Menge der Regeln (Heuristik) ist ein Maß für den Grad der Plausibilität des Programms. Das Finden der besten Lösung des Problems ist abhängig von der Güte der Regeln. Der Rechenzeitaufwand ist gegenüber dem Trial-and-error-Programm geringer, programmtechnisch ist der Aufwand höher.
3. *Das Algorithmische Programm* enthält einen geschlossenen Algorithmus, der im allgemeinen nur einmal durchlaufen wird. Algorithmische Programme sind gegenüber heuristischen und Trial-and-error-Programmen schnell, bedingen andererseits größere Vereinfachungen und Plausibilitätskriterien, deren Güte das Ergebnis wesentlich beeinflußt.
4. *Das Plausibilitätsprogramm.* Hier wird auf einen Optimierungsalgorithmus gänzlich verzichtet, den in vorgegebene Klassen eingeordneten Störgrößen werden vielmehr unmittelbar feste Schaltvorschriften zugeordnet.

Grundlage der Optimierung sind ein oder mehrere Optimierungskriterien, die in Abhängigkeit von Tageszeit und/oder Situation unterschiedlich vorgegeben werden kön-

nen. Die Tatsache, daß bisher bei einer Beurteilung eines Steuerungsverfahrens meist die Zeitkriterien als wichtigste Kriterien angesehen wurden, bedingte, daß auch den Optimierungsmodellen überwiegend diese Kriterien direkt oder indirekt zugrundegelegt wurden. Weitergehende Ansätze im Sinne eines umfassenden Zielsystems sind jedoch bisher nicht im Rahmen einer Real-time-Steuerung zur Anwendung gelangt.
Um im nächsten Kapitel auf einige Optimierungsmodelle eingehen zu können, seien im folgenden die wichtigsten grundlegenden Beziehungen zwischen auftretenden Wartezeiten und Fahrzeugankünften mit Bezug auf die Real-time-Verarbeitung dargestellt.
Mißt man die Fahrzeugankünfte an einem Querschnitt, der vor der Haltlinie der Zufahrt eines Knotenpunkts liegt, so erhält man unter der Annahme streckenbezogener Geschwindigkeiten unmittelbar aus der Querschnittsmessung die theoretischen Ankunftszeiten an der Haltlinie. Die Summenlinie der so entstehenden Zeitfunktion des theoretischen Zuflusses an der Haltlinie möge Zuflußsummenlinie genannt werden.

$$Q_z = \sum_i q_{z,i} \qquad (3.1)$$

Entsprechend der Steuerung am Knotenpunkt fließen die Fahrzeuge intermittierend nur zu bestimmten Zeiten ab. Die Zeitfunktion des Abflusses läßt sich in drei Teile gliedern:

1. Während der effektiven Sperrzeit ist

$$q_{a,i} = 0.$$

2. Während der effektiven Freigabezeit ist

$$q_{a,i} = s, \quad \text{solange Fahrzeuge gesättigt abfließen können.}$$

3. Ist die effektive Freigabezeit länger als der gesättigte Abfluß, so ist nach dem Ende des gesättigten Abflusses

$$q_{a,i} = q_{z,i} \leqq s.$$

Die Summenlinie der Zeitfunktion des Abflusses ist die Abflußsummenlinie:

$$Q_a = \sum_i q_{a,i} \qquad (3.2)$$
$$Q_a \leqq Q_z.$$

Zufluß- und Abflußsummenlinie lassen sich in einem Diagramm darstellen (Bild 3.4).
Die Fläche zwischen Zufluß- und Abflußsummenlinie stellt die Summe der reduzierten Wartezeiten w' der einzelnen Fahrzeuge dar:

$$w'^{i_2}_{i_1} = h \sum_{i=i_1}^{i_2} \{(Q_{z,i} - Q_{a,i})\} \qquad (3.3)$$

$h \ldots$ Rechenintervall [s].

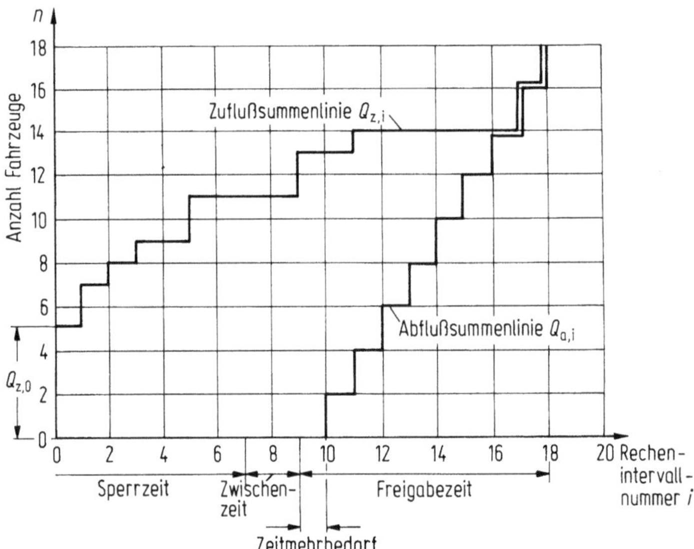

Bild 3.4. Zufluß- und Abflußsummenlinie

Der größte horizontale Abstand zwischen Zufluß- und Abflußsummenlinie ist die größte auftretende reduzierte Wartezeit w'_{max} (Wartezeit ohne Berücksichtigung der Beschleunigungsverluste, die nach Passieren der Haltlinie auftreten):

$$w'_{max} = \max\{(j - i) \cdot h\} \tag{3.4}$$

für $\quad Q_{za,\,i} = Q_{a,\,j}.$

Der größte vertikale Abstand gibt die größte Zahl der theoretisch an der Haltlinie wartenden Fahrzeuge r'_{max} an:

$$r'_{max} = \max\{Q_{z,\,i} - Q_{a,\,i}\}. \tag{3.5}$$

Er ist ein Maß für den Rückstau zu einem bestimmten Zeitpunkt t bzw. in einem bestimmten Intervall i.

Diese allgemeine Darstellung der auftretenden reduzierten Wartezeiten an einem Knotenpunkt läßt sich analog auf weitere Knotenpunkte ausdehnen. Unter der Annahme, daß auf den Streckenabschnitten zwischen den Knotenpunkten keine weiteren Wartezeiten auftreten, erhält man auf diese Weise die gesamten reduzierten Wartezeiten in einem Netz.

3.2.3 Restriktionen

Die Flexibilität des Steuerungsverfahrens wird von der Art der Verkehrserfassung, der Rechenanlage und den Möglichkeiten der Signalisierung wesentlich beeinflußt. Im Rahmen der Verkehrserfassung sind die Zahl der Meßquerschnitte und die Art der Erfassung (Zählung, Fahrzeuglängenunterscheidung, Geschwindigkeitsmessung) von Bedeutung. Darüber hinaus hat der Abstand der Meßquerschnitte von der Haltlinie entscheidenden Einfluß auf die Frage, wie rechtzeitig auf bestimmte Situationen reagiert werden kann. Je geringer der Abstand der Meßquerschnitte von den Eingangsknoten im System ist, desto mehr muß von Prognoseverfahren Gebrauch gemacht werden, die jedoch die Zahl der Fehlentscheidungen der Steuerung erhöhen.

Die Charakteristik der eingesetzten Rechenanlage legt Art und Umfang der Steuerung (Phasensteuerung, Signalgruppensteuerung) fest, die Rechengeschwindigkeit bestimmt ferner den Umfang des Optimierungsprozesses. Mit zunehmendem Umfang des betrachteten Straßennetzes müssen die Modelle aus Gründen einer nicht mehr ausreichenden Rechengeschwindigkeit zunehmend vergröbert werden bzw. algorithmische Optimierungsverfahren oder Verfahren auf der Basis von Plausibilitätsüberlegungen gewählt werden.

Die wichtigste Restriktion bezieht sich jedoch auf die vorhandenen Schaltmöglichkeiten. So wünschenswert ein kurzfristiges Umschalten im Einzelfall oft sein mag, so wird diese Umschaltzeit doch entscheidend geprägt von den schalttechnischen und verkehrstechnischen Mindestzeiten; so dürfen die Phasenzeit und die Freigabezeit eine Mindestzeit nicht unterschreiten, während die Sperrzeit für einen Verkehrsstrom eine vorgegebene Höchstsperrzeit nicht überschreiten darf.

Die Schaltrestriktionen können jedoch auch in Kombinationen auftreten, so daß vor dem Einschalten einer neuen Phase geprüft werden muß, ob die Höchstsperrzeit für einen Verkehrsstrom innerhalb der Mindestfreigabezeit erreicht werden wird. Ist dies der Fall, so muß der betreffende Verkehrsstrom sofort das Grünsignal erhalten.

3.3 Beschreibung einiger Modelle

3.3.1 Allgemeines

Aufgrund der Variabilität der Optimierungskriterien sowie der Möglichkeiten unterschiedlicher Programmstrukturen in Abhängigkeit des Steuerungsumfangs (Knotenpunkt, Straßenzug, Netz) ist eine große Zahl von Lösungsansätzen für ein Optimierungsmodell denkbar, die eine Systematik für den vorliegenden Beitrag erschwert bzw. sogar unsinnig macht. Darüber hinaus gehen die anlagebedingten unterschiedlichen Rechengeschwindigkeiten ein, die wiederum den Optimierungsaufwand begrenzen. Die folgenden Ausführungen können daher nur beispielhaften Charakter haben. Dabei ist anzumerken, daß das Verfahren der Signalprogrammbildung in Theorie und Praxis bisher auf wenige Knotenpunkte beschränkt war. Dies ist in erster Linie Ausdruck zweier Gegebenheiten, nämlich der mangelhaften Modellvorstellungen über den Verkehrsablauf im Netz und der unzulänglichen Anlagentechnik, beginnend mit der Verkehrserfassung bis zur Rechengeschwindigkeit des zentralen Steuerrechners. Heute herrscht daher die Meinung vor, daß die Signalprogrammbildung in einem integrierten Betriebssystem auf wenige kritische Knotenpunkte beschränkt bleiben muß. Tatsächlich ist nicht absehbar, wie sich die mit zunehmender Netzgröße zunehmende Zahl der Modellvorstellungen in vermehrten Fehlentscheidungen bei der Steuerung auswirken.

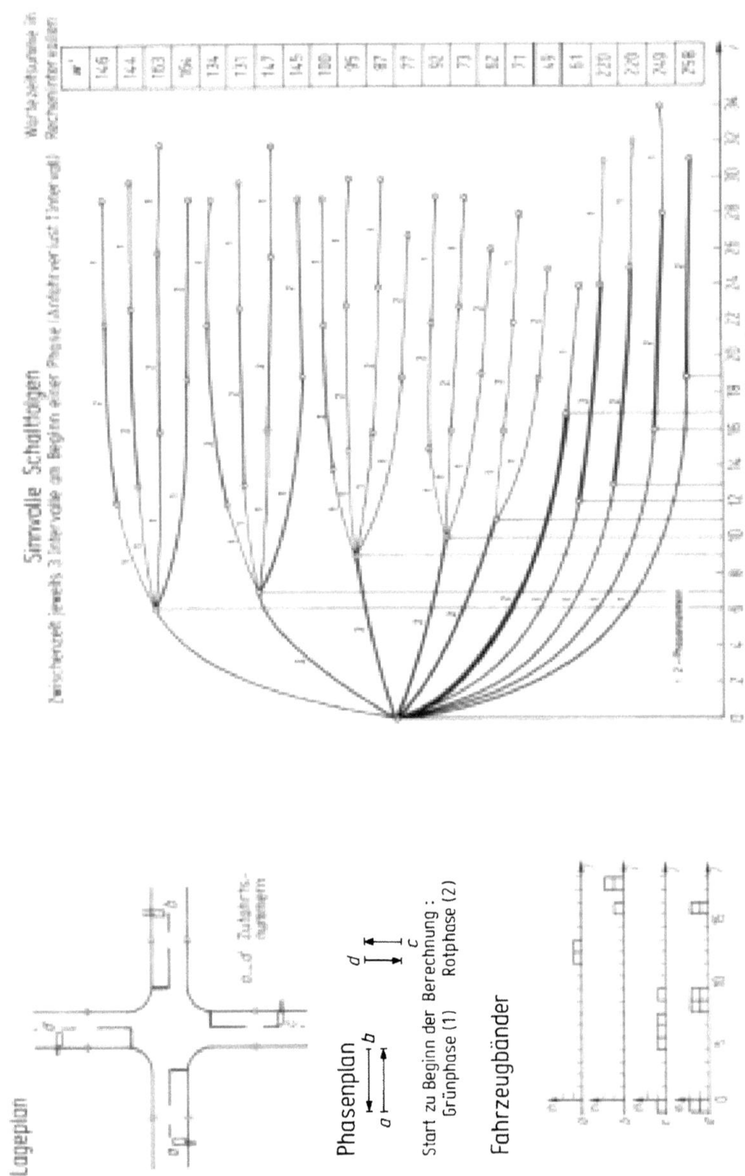

Bild 3.5. Sinnvolle Schaltfolgen für die Lichtsignalsteuerung an einem Knotenpunkt bei vorgegebener Situation

3.3.2 Heuristisches Modell zur Steuerung des Verkehrsablaufs an einem Knotenpunkt; Optimierungskriterium Wartezeit

Die Ermittlung der möglichen Schaltfolgen an einem Knotenpunkt ist zunächst ein kombinatorisches Problem. Bezeichnen n die Zahl der Intervalle eines Fahrzeugbands (vgl. Abschn. 3.2.1.), m die Zahl der Intervalle mit gesättigtem Abfluß aufgrund bereits wartender Fahrzeuge und k die Zahl der Phasen an einem Knotenpunkt, dann beträgt die Zahl möglicher Schaltfolgen z bei symmetrischen Verhältnissen in allen k Phasen:

$$z = 2^k(n + m - 1) \tag{3.6}$$

also z. B. für $n = 5$, $m = 5$ und $k = 3$ berechnet man $z = 1{,}3 \cdot 10^8$ Möglichkeiten, die im Rahmen einer Real-time-Rechnung nicht in z. B. 1 oder 2 s ständig durchgespielt werden können. Eine sinnvolle Einschränkung der Schaltkombinationen ist daher notwendig und Aufgabe der Heuristik. Während z. B. Zijwerden/Kwakernaak [5] das Problem derart lösen, daß sämtliche möglichen Schaltfolgen für eine vorgegebene, beschränkte Zahl von Zeitintervallen durchgespielt werden, kann man auch die beste Schaltfolge für alle, im System befindlichen Fahrzeuge bestimmen [6] (Bild 3.5). Kennzeichnend für diese Modelle ist, daß die Wartezeitsumme für alle dem Modell „bekannten" Fahrzeuge minimiert wird. Die Auswirkungen der Schaltung auf zukünftig ankommende Fahrzeuge werden nicht untersucht. Ein derartiges Vorgehen ist möglich, wenn:

— die Rechnung in kurzen Zeitabständen wiederholt wird (z. B. alle 1 oder 2 s),
— die Flexibilität der Schaltung ein kurzfristiges Umschalten ermöglicht (z. B. innerhalb von 10 s unter Berücksichtigung aller Restriktionen),
— der Einfluß dem Modell noch nicht bekannter Fahrzeuge vernachlässigbar ist,
— die Interdependenzen im System gering sind, so daß eine von Nachbarknoten unbeeinflußte Steuerung möglich ist.

Diese Prämissen sind in innerstädtischen Straßennetzen allerdings nur selten erfüllt.

3.3.3 Algorithmisches Modell zur Steuerung des Verkehrsablaufs an einem Einzelknoten

Ein Beispiel für ein algorithmisches Optimierungsmodell geht auf eine Idee von Miller [7] zurück. Die Frage, ob die laufende Freigabezeit an einem einzelnen Knotenpunkt um ein bestimmtes Zeitintervall h' (Vielfach des Rechenintervalls h) verlängert werden soll, wird von einer Testgröße abhängig gemacht, die die Wartezeitdifferenzen für sofortiges Umschalten bzw. für Verlängern der Grünzeit gegenüberstellt (Ableitung s. [6]):

$$T = r^* \sum_g \left\{ \delta_g - q_g \left(1 - \frac{\delta_g}{s_g} \right) \right\} - h' \sum_r \left\{ m_r + \left(\frac{m_r + s_r \cdot t_z/h'}{(s_r - q_r)} \right) \cdot q_r \right\} \tag{3.7}$$

$T \geq 0$	Verlängern der Grünzeit
$T < 0$	Umschalten in die andere Phase
r^*	effektive Sperrzeit (Rotzeit + Zwischenzeiten + Zeitmehrbedarf bei Grünbeginn)
δ	Fahrzeuge, die bei Verlängern der Freigabezeit um h' die Haltlinie passieren können.
q	Durchschnittlicher Zufluß je Intervall h' in einer Zufahrt des Knotenpunktes.
s	Gesättigter Abfluß je Intervall h'
m	Zahl wartender Fahrzeuge
t_z	Zwischenzeit
Index r	Zufahrten mit Rotsignal
Index g	Zufahrten mit Grünsignal.

Das Verlängerungsintervall h' ist so zu bestimmen, daß T möglichst groß wird, also alle Möglichkeiten der Verlängerung ausgeschöpft werden. Es bestimmt sich damit aus der größten Neigung δ_g (Bild 3.6). Während q, δ, m gemessen und s konstant oder variabel vorgegeben werden, muß r^* geschätzt werden. Im allgemeinen kann man unterstellen, daß eine Freigabezeit mindestens bis zum Ende des gesättigten Abflusses dauert, sofern der gesättigte Abfluß in allen Phasen gleich groß ist. Dieses Kriterium des *„vollständigen gesättigten Abflusses"* kann zur verkehrsabhängigen Schätzung von r^* herangezogen werden. Die effektive Sperrzeit ergibt sich damit zu

$$r^* = 2t_z + \max\left\{\frac{h'}{s_r} m_r + k_r q_r\right\}. \tag{3.8}$$

Hierbei bleibt unberücksichtigt, daß sich bei einer Verlängerung der laufenden Freigabezeit auch der Schätzwert der effektiven Sperrzeit vergrößern kann.

Der Algorithmus berücksichtigt ferner in der vorliegenden Form weder Vor- noch Nachlaufzeiten, die Auslegung für ein 3- oder 4-Phasensystem macht erheblichen

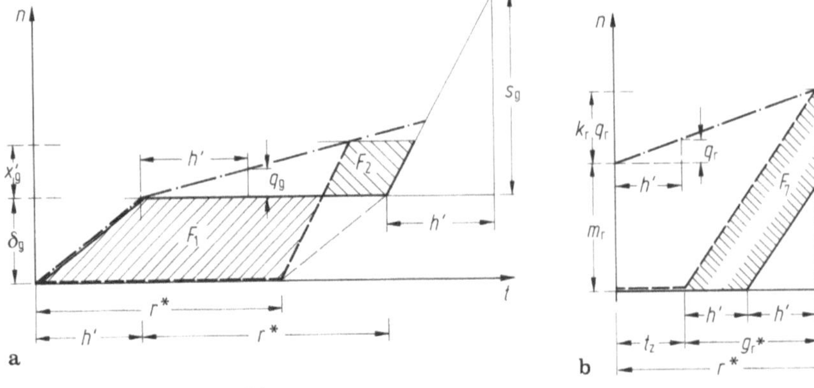

Bild 3.6a, b Berechnung der Wartezeitgewinne am Einzelknoten. Summendiagramm für eine Zufahrt mit Grünsignal (a), mit Rotsignal (b)

Mehraufwand nötig. Schließlich sei vermerkt, daß die Vorgabe von q als mittlerer gemessener Zufluß [Fz/Zeiteinheit] nicht nur die Zuflußschwankungen vernachlässigt, vielmehr ist eine derartige Vorgabe im Sinne einer Prognose für jene Zufahrten problematisch, die durch die periodischen Ankünfte von Fahrzeugpulks gekennzeichnet sind.

3.3.4 Plausibilitätsmodell für einen Einzelknoten

Zwei typische Beispiele für in der Praxis realisierte Plausibilitätsmodelle findet man von Kurzak [8] und von Ruhnke [9] beschrieben. In beiden Fällen werden bestimmte Meßwertkonstellationen unmittelbar mit Steuerungsmaßnahmen verknüpft. Der Aufwand für das modellmäßige Erfassen des Verkehrsablaufs entfällt weitgehend, ebenso wie das Durchspielen mehrerer Steuerungsmöglichkeiten und das Berechnen der jeweiligen Zielfunktion. Ein derartiges Plausibilitätsmodell kann prinzipiell aus einem komplizierten, allgemein gültigen Modell durch Vereinfachen und Berücksichtigung spezifischer örtlicher Gegebenheiten abgeleitet werden, wobei sich in jedem Fall ein ausreichend umfangreicher Simulationstest mit Bezug auf die objektiven Optimierungskriterien empfiehlt. Wie das Beispiel einer Maskenworttabelle nach Kurzak zeigt, kann jedoch auch ein Plausibilitätsmodell für einen einfachen Knotenpunkt einen Umfang annehmen, der die Überschaubarkeit wesentlich einschränkt.

Ruhnke beschreibt ein — inzwischen erweitertes — Steuerungsmodell nach dem Verfahren der Programmbildung, das in Hamburg an zwei benachbarten Knotenpunkten (Autobahnzufahrten) eingesetzt wird. Die Detektoren sind so verlegt, daß die mit ihnen erfaßten Fahrzeugankünfte und Verweilzeiten zur Berechnung der Zielgrößen Wartezeit (WZ) sowie Belegungsgrad (BG) verwendet werden können. Die Steuerung ergibt sich aus einem Plausibilitätsmodell, in dem Anforderungen (AF) von weniger stark belasteten Zufahrten berücksichtigt werden, durch die der Entscheidungsprozeß über einen Abbruch des Hauptverkehrsstroms erst ausgelöst wird (Bild 3.7). Die Entscheidung über einen Phasenwechsel erfolgt dann mit Hilfe von ermittelten Wartezeiten (WZ) und Belegungsgraden (BG), die vorgegebenen Schwellenwerten gegenübergestellt werden. Außerdem werden sogenannte Pulkankunftzeiten verwendet, die Bereiche vorgeben, in denen ein Phasenwechsel je nach zu erwartender Pulkankunft begünstigt oder verzögert werden kann.

Darüber hinaus werden in vielen Städten derartige Plausibilitätsmodelle als Verfahren der Signalprogrammbildung eingesetzt, bei denen Kriterien wie z. B. Wartezeit, Belegungsgrad und Zeitlücken einzelner Phasen untereinander verglichen sowie vorgegebenen Schwellenwerten gegenübergestellt werden. Hierzu gehören vor allem Steuerungsmodelle, die von den Signalbaufirmen als Rahmenprogramme sowohl für eine Freigabezeitanpassung als auch Signalprogrammbildung zur Verfügung gestellt werden. Ihre Anwendung ist in starkem Maße abhängig von den gegebenen Örtlichkeiten; jeder Einzelfall stellt ein eigenes Steuerungsmodell dar.

K 3198
S1
13
Modifikations- sperre gesetzt
14
kein Erstlauf
15
Zeitpunkt für Modifikationsbeginn (GSP ≅ ZT = 80) in Phase A erreicht
Weiche 14 auf + setzen
Mod Puffer m Einschaltbild
Phase A laden
Ende der Mindestzeit -1Setzen
SIAB Anforderung sperren
Pulkankunftszeit überschritten
GSP ist erreicht, in der nächsten Sekunde kann modifiziert werden
laufende Phase über die Mindest(grün)zeit hinaus halten
A/B/C
67
HS6N
Ansprung während Phasenwechsel und Mindestzeit sowie S1 umlaufend
Zeitschalter ZT = 7 setzen
68
GSP - 1 ≅ ZT = 79
Originalzeiten in Mod Puffer laden
E
Meßwerte der letzten Phase werden nur in dieser Sekunde rückgesetzt
16
Grünende N
WZ A und AF A und A' = Ø setzen
17
letzte Phase A
WZ B und AF B und A' = Ø setzen
18
letzte Phase B
WZ C und AF C = Ø setzen
A → B
30
HS6N
Mod Puffer laden MZ = 10s
67
B → A
44
HS6N
Mod Puffer laden Pulkfahrzeit =35/43s
67
C → A
58
HS6N
Mod Puffer laden Pulkfahrzeit =35/43s
67

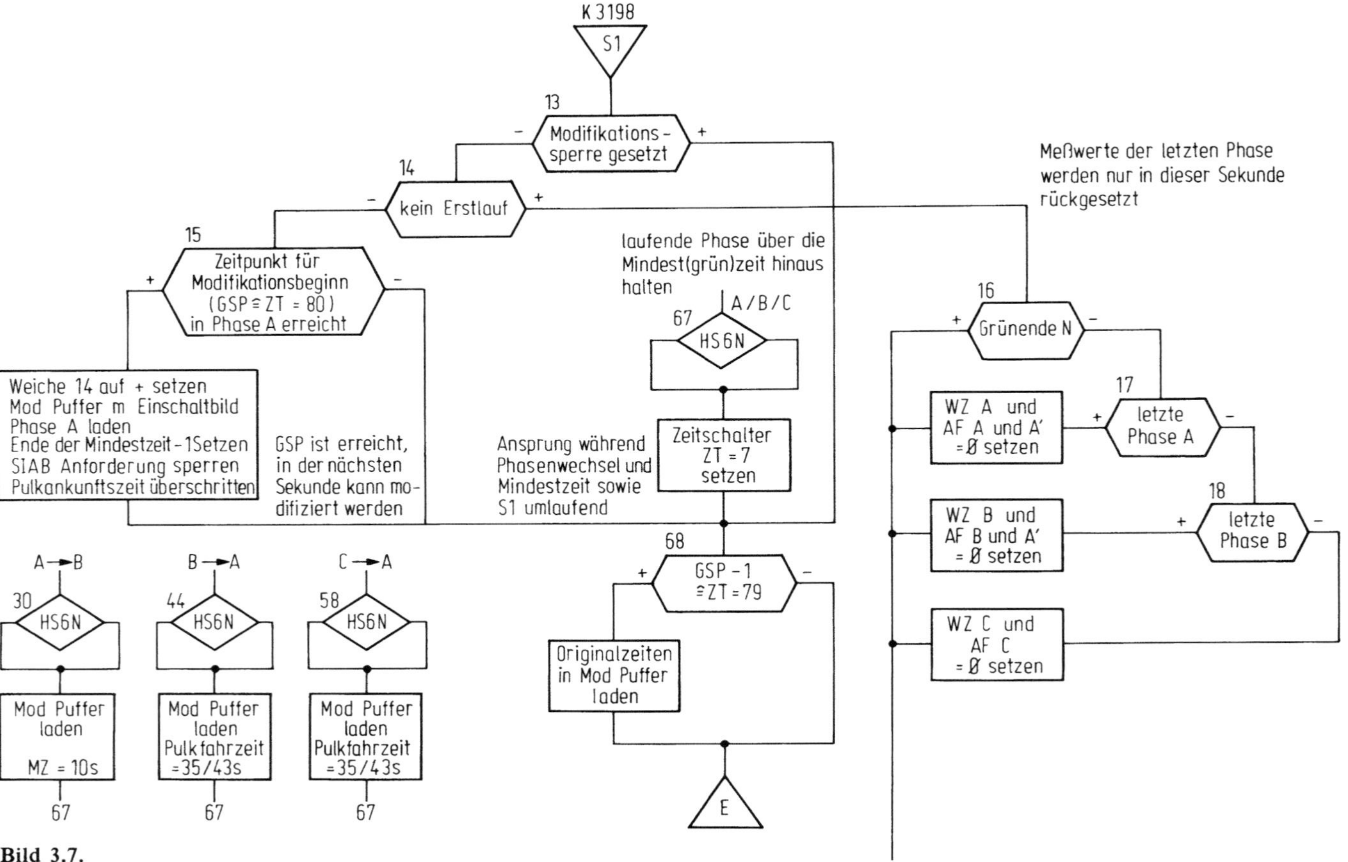

Bild 3.7.

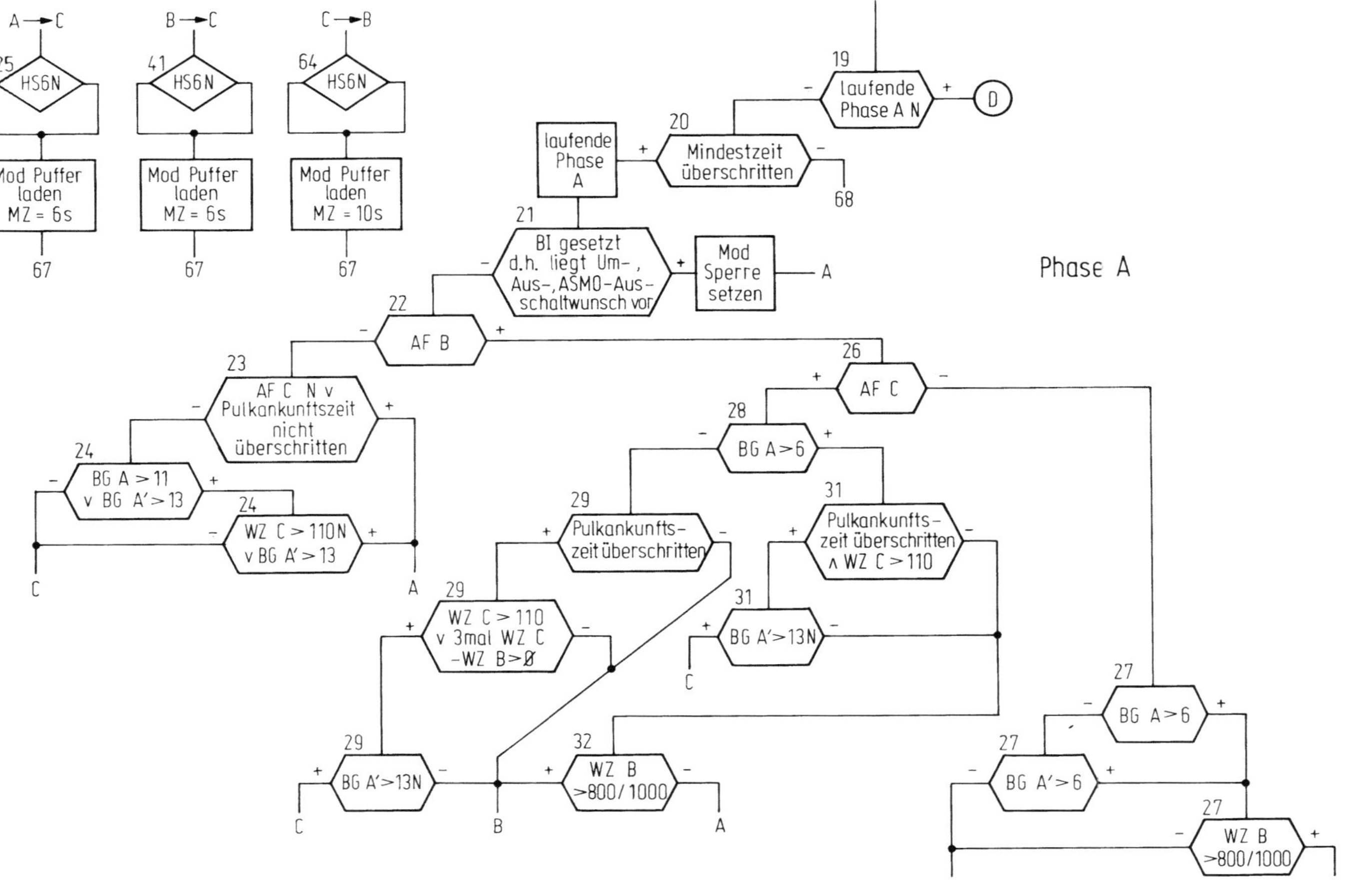

Bild 3.7. Entscheidungslogik eines Plausibilitätsmodells. Signalprogrammbildung, Steuerungs-modell ASMO-MOD, Knotenpunkt BAB/B5 Westarm Hamburg, Phase A,

Phase B
laufende Phase C
33
laufende Phase B
Mindestzeit überschritten
34
68
Laufzeit B >119 v A N >239
35
Mod Sperre und Gestört- Anzeige setzen
BI
36
Mod Sperre setzen
A
AF C
37
AF A v WZ A >Ø
38
BG B > 3
39
B
Mindestzeit A MZ =
10
20
A
WZ A>1000
41
BG B > BN
40
BG B>4N
42
WZ A >500
43
20
B
20
MZ A =
A
AF A v WZ A >Ø
45
Pulkankunfts- zeit überschritten
46
BG B > 8N
46
BG B > 8
47
BG B>4N
46
Pulkankunfts- zeit überschritten
48
MZ A =
10
A
WZ C > 119
46
C
B
WZ A >1000N
49
Pulkankunfts- zeit nicht überschr. v WZ C >150N
50
C
20
MZ A =
A
B

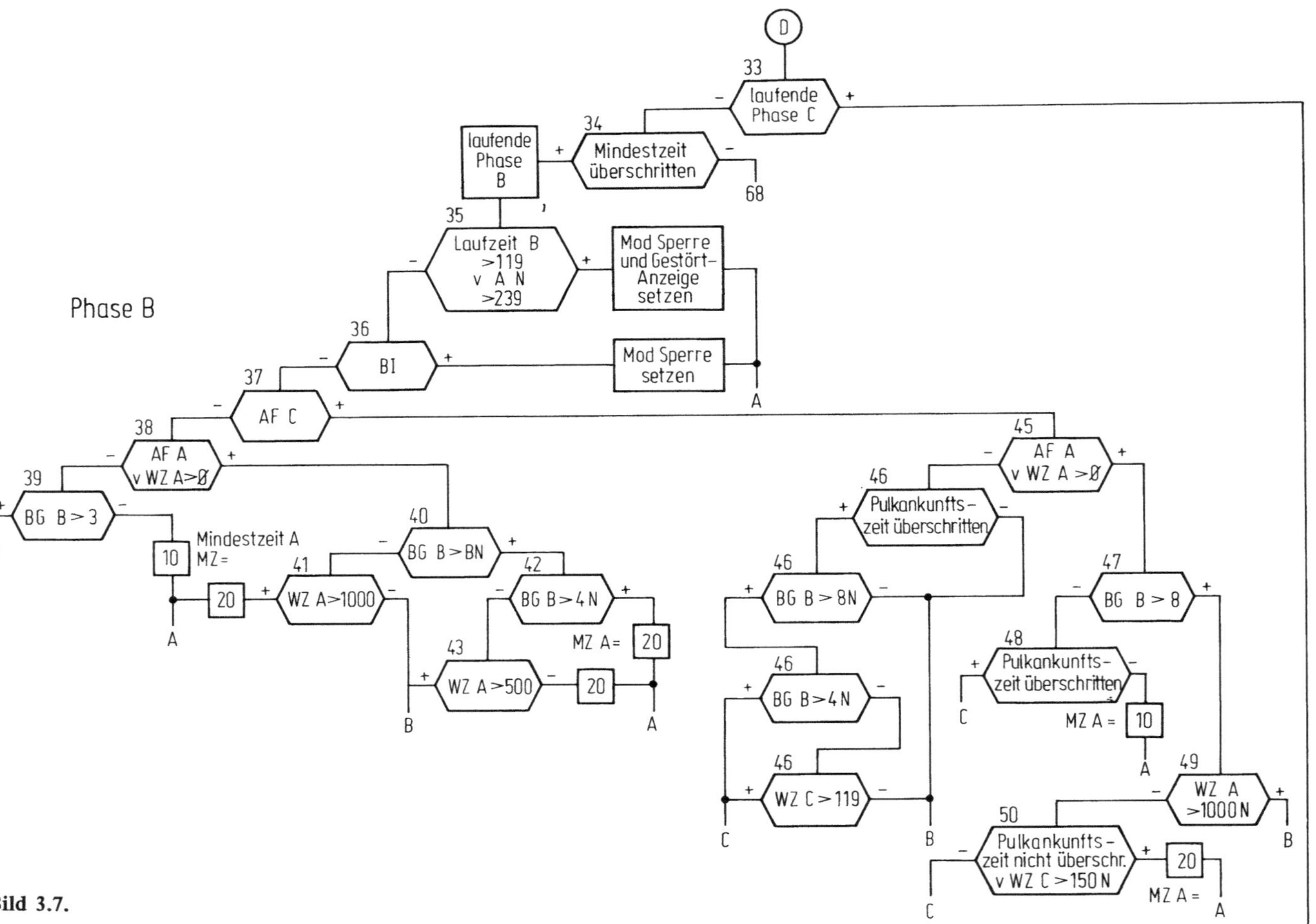

Bild 3.7.

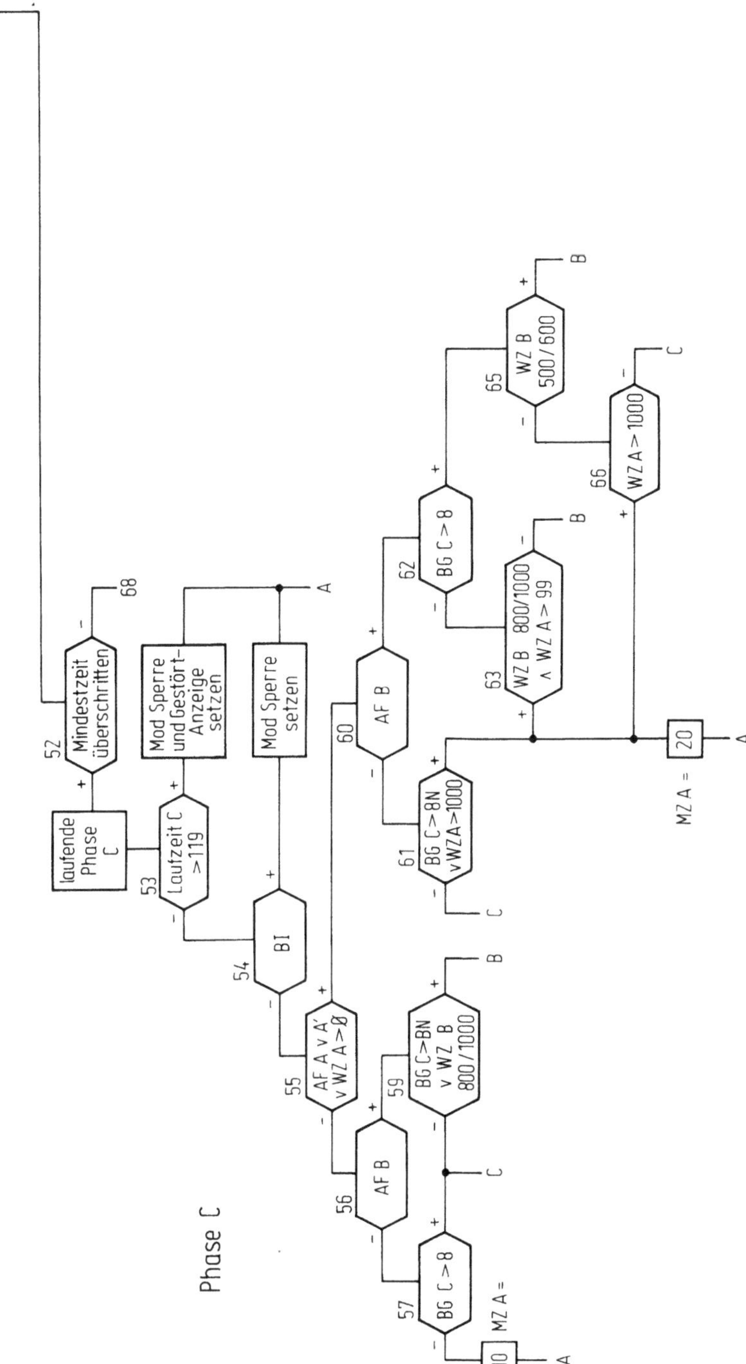

Bild 3.7. Entscheidungslogik eines Plausibilitätsmodells. Signalprogrammbildung, Steuerungsmodell ASMO-MOD, Knotenpunkt BAB/B5 Westarm Hamburg, Phase B, C

3.3.5 Steuerungsmodell für einen Hauptknoten mit Nachbarknoten

Mit dem beschriebenen algorithmischen Steuerungsmodell können die Wartezeiten an einem einzelnen Hauptknotenpunkt minimiert (verringert) werden. Bei in kurzen Abständen folgenden Knotenpunkten werden die Wartezeiten dabei unter Umständen jedoch lediglich verlagert. Der erzielte Wartezeitgewinn kann durch den nicht berücksichtigten Signalisierungszustand an den Nachbarknoten verringert oder sogar aufgehoben werden. Außerdem ist bei starkem Verkehrsaufkommen und bei ungünstigem Eintreffen der Fahrzeuge an den Nachbarknoten ein Rückstau bis über den Knotenpunkt mit Programmbildung möglich, ohne daß das Steuerungsprogramm dies erkennen und eventuelle Maßnahmen treffen kann.

In innerstädtischen Straßennetzen mit geringen Knotenpunktabständen ist daher eine Erweiterung des Modells erforderlich. In einem ersten Schritt kann das System *Einzelknotenpunkt* zu einem System *Hauptknotenpunkt mit vier Nachbarknoten* erweitert werden [10]. Dabei werden die Wartezeiten am Hauptknoten minimiert unter Berücksichtigung der Wartezeiten, die an den festzeitgesteuerten Nachbarknoten entstehen. Zu dieser Abschätzung zusätzlicher Wartezeiten ist es notwendig, den Signalisierungszustand der Nachbarknoten zu jedem Berechnungszeitpunkt, z. B. alle 2 s, zu kennen.

Bei der Berechnung des Wartezeitgewinns sowie des -verlustes einer Zufahrt sind in Abhängigkeit vom Signalisierungszustand des Nachbarknotens mehrere Fälle zu unterscheiden. Bei der Gewinnberechnung für die Grünzufahrten (Zufahrten, in denen zum Berechnungszeitpunkt „Grün" signalisiert wird) können die Fahrzeuge aus dem Verlängerungsintervall am nachfolgenden Nachbarknoten auf folgende Signalisierungszustände treffen:

1. *Grün,* d. h. alle Fahrzeuge können unverzögert abfließen,
2. *Grün/Rot,* d. h. ein Teil der Fahrzeuge kann unverzögert abfließen, der andere Teil wird um die Sperrzeit am Nachbarknoten verzögert,
3. *Rot* und *Rot/Grün,* d. h. alle Fahrzeuge werden verzögert.

Diese drei beschriebenen Signalisierungszustände am Nachbarknotenpunkt können auch für dieselbe Fahrzeugmenge auftreten, wenn diese kein Verlängerungsintervall h' zum Abfluß bekommen hat und somit zunächst um eine geschätzte Rotzeit r^* am Hauptknoten verzögert werden. Zur Berechnung der Wartezeitdifferenzen für sofortiges Umschalten gegenüber einem Verlängern der laufenden Grünphase gibt es also insgesamt neun mögliche Kombinationen. Die Berechnung der Testgröße soll an einem speziellen Beispiel (Fall (2)) erläutert werden:

Bei einem gegebenen Verlängerungsintervall h' können $\sum\limits_{g} \delta_g$ Fahrzeuge, im Höchstfall jedoch die Zahl des Sättigungsabflusses $\sum\limits_{g} s_g$, am Hauptknotenpunkt HK abfließen (s. Bild 3.6, in der die Zufluß- und Abflußsummenlinien $\sum\limits_{q_z}$ und $\sum\limits_{q_a}$ eingetragen sind).

Die Fahrzeuge $\sum\limits_{g} \delta_g$ gewinnen am Hauptknoten HK

$$G = F_1 - F_2 = \sum_{g} \delta_g \left(r^* - \frac{h'}{2}\left(1 - \frac{\delta_g}{s_g}\right)\right) - \sum_{g} q_g \cdot r^* \left(1 - \frac{\delta_g}{s_g}\right) \tag{3.9}$$

gegenüber der Sofortumschaltung, bei der sie erst nach Ende der effektiven Sperrzeit r^* abfließen können.

Am Nachbarknoten wird ein Teil des Wartezeitgewinns durch die dort gegebene Signalisierung wieder aufgehoben. Der Wartezeitgewinn setzt sich hier aus den Flächen (Bild 3.8 a)

$$G = F_3 + F_4 - (F_5 + F_6) \qquad (3.10)$$

zusammen. Dabei wird der am Hauptknoten auftretende Gewinnanteil F_1 auf die Anteile $F_3 + F_4$ reduziert, während der Anteil F_2, der den erzielten Gewinn reduziert, durch die Anteile $F_5 + F_6$ ersetzt wird.

Die Größe der angeführten Gewinnanteile ergibt sich wie folgt:

Ein Teil der im Verlängerungsintervall h' abfließenden Fahrzeugmenge, nämlich $\sum_g \delta_{g1}$, trifft am Nachbarknoten während der dort laufenden Grünphase g_n ein und kann sofort abfließen. Diese Fahrzeuge gewinnen

$$F_3 = \sum_g \delta_{g1}\left(r^* - \frac{h'}{2}\left(1 - \frac{\delta_g}{s_{gn}}\right)\right). \qquad (3.11)$$

Der andere am Hauptknoten HK im Verlängerungsintervall h' abfließende Teil der Fahrzeuge, nämlich $\sum_g \delta_{g2}$, wird am Nachbarknoten NK um r_n verzögert, wenn r_n die Sperrzeit am Nachbarknoten bedeutet. Die Fahrzeuge $\sum_g \delta_{g2}$ erzielen gegenüber der Sofortumschaltung in eine andere Phase den Wartezeitgewinn

$$F_4 = \sum_g \delta_{g2}(r^* - r_n). \qquad (3.12)$$

Für die nach dem Verlängerungsintervall der Grünphase eintreffenden Fahrzeuge ergeben sich zwei Gesichtspunkte:

Einmal wird der Beginn der nächsten Freigabezeit um h' hinausgeschoben, andererseits stehen diese Fahrzeuge um δ_g Positionen weiter vorne; sie können also in der nächsten Freigabezeit am Hauptknoten und auch am nachfolgenden Nachbarknoten eher abfließen.

Die Zahl der während r^* am Hauptknoten verzögerten Fahrzeuge ergibt sich angenähert zu (s. Bild 3.6)

$$\sum_g x_g' = \frac{r^*}{h'}\sum_g q_g. \qquad (3.13)$$

In dem angeführten Beispiel trifft ein Teil dieser Fahrzeuge am Nachbarknoten noch auf eine Grünzeit g_n und kann somit ohne Verzögerung abfließen, während der andere Teil eine Sperrzeitlänge r_n am Nachbarknoten warten muß. Der Wartezeitgewinn reduziert sich durch die Berücksichtigung dieser Fahrzeuge um

$$F_5 = \sum_g s_{gn}\left(\frac{a}{h'} - \frac{\delta_g}{s_{gn}}\right) \cdot r_n \qquad (3.14)$$

und

$$F_6 = \sum_g x_g'\left(\frac{a}{h'} - \frac{\delta_g}{s_{gn}}\right) \cdot h', \qquad (3.15)$$

wobei a den Zeitversatz zwischen Ende der geschätzten Sperrzeit r^* am Hauptknoten und Ende der Grünzeit g_n am Nachbarknoten bedeutet. Für a muß im beschriebenen Fall (2) gelten:

$$\sum_g \delta_g \cdot \frac{h'}{s_{gn}} < a < \sum_g (x'_g + \delta_g) \cdot \frac{h'}{s_{gn}}. \tag{3.16}$$

Vereinfachend wird bei allen beschriebenen Ansätzen der Sättigungsabfluß am Haupt- bzw. Nachbarknoten gleichgesetzt:

$$s_g = s_{gn}. \tag{3.17}$$

Außerdem wird vernachlässigt, inwieweit am Nachbarknoten ein ungehinderter Abfluß möglich ist.

Als Gewinn für die Fahrzeuge in den Grünzufahrten des Hauptknotens ergibt sich also (in (3.10) eingesetzt):

$$G = \sum_g \delta_{g1} \left(r^* - \frac{h'}{2} \left(1 - \frac{\delta_g}{s_{gn}} \right) \right) + \sum_g \delta_{g2} (r^* - r_n)$$
$$- \sum_g \left(\frac{a}{h'} - \frac{\delta_g}{s_{gn}} \right) (s_{gn} \cdot r_n + x'_g \cdot h') \tag{3.18}$$

Die Abschätzung des Verlusts für die Verkehrsströme in den Rotzufahrten (Zufahrten, in denen zum Berechnungszeitpunkt „*Rot*" signalisiert wird) erfolgt analog.

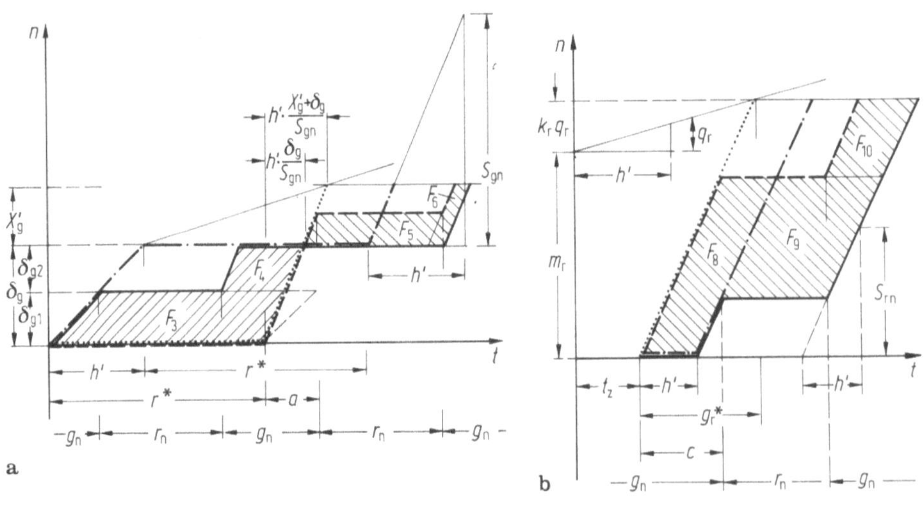

Bild 3.8a, b Berechnung der Wartezeitgewinne an einem Hauptknoten HK mit Nachbarknoten NK; **a** Grünzufahrt, **b** Rotzufahrt

Eine Verlängerung der Freigabezeit bedeutet eine Vergrößerung der Wartezeiten der Fahrzeuge in den Rotzufahrten um h' am Hauptknoten und um einen weiteren Betrag, der vom Signalisierungszustand des Nachbarknotens abhängt. Zusätzlich werden noch Fahrzeuge verzögert, wenn bereits die wartende Fahrzeugmenge abfließt.
Für die Berechnung der zusätzlichen Wartezeit sind ebenfalls neun Fälle zu unterscheiden, von denen einer als Beispiel erläutert werden soll:
Am Hauptknoten bedeutet eine Verlängerung der Freigabezeit eine Vergrößerung der Wartezeiten der Fahrzeuge in den Rotzufahrten um h' (Bild 3.6).
Der Verlustwert am Hauptknoten ergibt sich zu

$$F_7 = h' \sum_r (m_r + k_r \cdot q_r). \tag{3.19}$$

Am Nachbarknotenpunkt tritt noch ein zusätzlicher Verlustwert auf, der sich in Abhängigkeit vom Signalisierungszustand am Nachbarknoten ergibt. In dem hier angeführten Beispiel wird die am Nachbarknoten zufließende Verkehrsmenge in beiden Fällen — bei Sofortumschaltung in die Rotphase sowie bei Verlängerung um h' und damit verzögerter Umschaltung in die Rotphase — nach Ablauf der Grünzeit g_n am Nachbarknoten verzögert. Der zuvor am Hauptknoten ermittelte Verlustwert (Fläche F_7) bleibt dabei erhalten, denn er teilt sich auf in die Verlustwerte, die durch die Flächen F_8 und F_{10} dargestellt sind. Durch die Sperrzeit r_n des Nachbarknotens vergrößert sich der Verlustwert noch um den Wert der Fläche F_9:

$$F_9 = r_n \left(m_r + k_r \cdot q_r - \frac{s_m}{h'} (g_r^* - h') \right), \tag{3.20}$$

so daß sich für diesen Berechnungsfall im Gesamtsystem der Verlustwert ergibt:

$$V = F_7 + F_9 \tag{3.21}$$

Alle weiteren Berechnungsfälle s. [10].
Die Testgröße T wird aus der Differenz des Gewinns G in den Grünzufahrten und des Verlusts V in den Rotzufahrten gebildet. Wenn der Gewinn überwiegt oder die gleiche Größe wie der Verlust hat ($T \geq 0$), erfolgt eine Verlängerung der laufenden Grünphase um ein Berechnungsintervall. Bei $T < 0$ wird in die andere Phase umgeschaltet.
Das Modell *Signalprogrammbildung am Hauptknoten mit Nachbarknoten* geht davon aus, daß der Signalisierungszustand an den benachbarten Nebenknoten während der Prognosezeit bekannt ist. Diese Voraussetzung ist nicht gegeben, wenn die benachbarten Knotenpunkte ihrerseits Hauptknoten sind, an denen die Signalisierung im Sinne einer Programmbildung ständig geändert wird. Eine genügend genaue Prognose dieser Signalisierungszustände an den Folgeknoten ist nur mit sehr großem Aufwand zu erreichen [11]. Um eine modellmäßige Abhängigkeit zwischen benachbarten Knotenpunkten oder den Ecknotenpunkten einer Netzmasche herzustellen, kann auf jeder Verbindungsstrecke dieser Knoten mit Programmbildung ein fiktiver Zwischenknoten angenommen werden. Die Signalprogramme dieser fiktiven Zwischenknoten werden so bestimmt, daß sich möglichst optimale Versatzzeiten zwischen den sich ständig ändernden Signalprogrammen an den Knotenpunkten mit Programmbildung einstellen können.

Die Signalprogramme der Zwischenknoten und die Versatzzeiten zum Eckknotenpunkt werden als Vorgaben für das Steuerungsmodell in Listen bereitgestellt, sie können sich je nach Umlaufzeit der auch die Netzmasche umfassenden, übergeordneten Strategie verändern. Signalprogramme und Versatzzeiten wirken auf die Steuerung benachbarter Knoten oder einer Netzmasche nicht unmittelbar als Restriktionen. Sie werden wie bei den bereits beschriebenen Steuerungsmodellen der Programmbildung mit in die Testgrößenberechnung einbezogen. Die daraus entstehenden Entscheidungen über die Steuerung der Knotenpunkte mit Programmbildung erfolgen analog zu der Entscheidungslogik der beschriebenen Modelle.

3.3.6 Steuerungsmodell für einen Straßenzug

Mit dem Steuerungsmodell für einen Straßenzug, das unter der Bezeichnung „*Erzeugung Grüner Wellen*" in [12] beschrieben wird, ist der Versuch gemacht worden, für einen Streckenzug über mehrere Knotenpunkte hinweg eine koordinierte Signalsteuerung im On-line-Verfahren zu entwickeln und ständig den laufenden Belastungsänderungen anzupassen. Voraussetzung für die Anwendung ist, daß zwei Knotenpunkte der beiden Endbereiche des zu koordinierenden Streckenabschnitts als Hauptknoten und die übrigen Knotenpunkte als Nebenknoten betrachtet werden können.
Die Hauptknoten sind in allen Zufahrten mit Detektoren versehen, so daß die Signalisierungszustände nach dem Verfahren der Signalprogrammbildung optimiert werden können. Bei dieser Optimierung werden die Signalisierungszustände der unmittelbar benachbarten Nebenknoten mit einbezogen. Dadurch wird eine Abhängigkeit zwischen Haupt- und Nebenknoten erreicht, die auch dann erhalten bleibt, wenn sich die Freigabezeitverteilungen an den Nebenknoten durch äußere Eingriffe ändern.
Eine Beeinflussung der Freigabezeiten an den Nebenknoten im Sinne einer guten Koordinierung wird in Abhängigkeit von den Signalisierungszuständen an den Hauptknoten und von vorgegebenen Freigabezeitversätzen zwischen Haupt- und Nebenknoten erreicht. Von den Signalisierungszuständen an den Hauptknoten werden dazu die Zeitpunkte für das Freigabezeitende derjenigen Zufahrten verwendet, die als Hauptrichtungen in den betrachteten Streckenabschnitt hineinführen. Die Nebenknoten werden dann so beeinflußt, daß die Freigabezeiten der Hauptrichtung um vorgegebene Versatzzeiten später als am Hauptknoten beendet werden. Dabei richtet sich die Größe der Versatzzeiten außer nach der Entfernung der Haltlinien auch nach der Größe der Richtungsverkehrsstärken. Diese Versatzzeiten können in Voruntersuchungen für verschiedene Belastungsfälle z. B. mit Hilfe der Combination-Methode berechnet werden.
Die Anzahl der Phasen am Hauptknoten ist beliebig. Es muß aber mindestens eine Phase davon als nicht relevant für die Koordinierung definiert werden, damit gleichzeitig mit der Einschaltung dieser Phase auch der Abbruch der Hauptrichtung an den nachfolgenden Nebenknoten eingeleitet werden kann.
Somit werden die Signalisierungszustände an den Nebenknoten entsprechend der Koordinierung der Hauptrichtung angepaßt.

3.4 Bewertung und Einsatzbereiche der Steuerungsmodelle der Signalprogrammbildung

3.4.1 Allgemeines

Eine Beurteilung von Steuerungsmodellen kann mit Hilfe von Kenngrößen erfolgen, die die Auswirkungen dieser Verfahren auf den Verkehrsablauf beschreiben. Für eine umfassende Bewertung, etwa im Sinne einer Kosten-Nutzen-Analyse oder Kostenwirksamkeitsanalyse, fehlen derzeit die Grundlagen. Die bisherigen Bewertungen beschränken sich weitgehend auf verkehrstechnische Meßgrößen. Zu einer Beurteilung eines neu entwickelten Modells muß ein Basissystem definiert werden. Von der Auswahl dieses Basissystems wird es abhängen, wie groß eventuelle Veränderungen der ermittelten Kenngrößen beim Einsatz der zu beurteilenden Steuerungsmodelle sein werden. Dabei ist es oft nicht ausreichend, auf den Ist-Zustand vor Realisierung des neuen Konzepts zurückzugreifen. Das Basisverfahren muß [13]

— weitverbreitet sein und häufig angewendet werden,
— sich ohne großen Aufwand realisieren lassen,
— während der Erfassungszeiträume gleichbleibende Signalprogramme aufweisen,
— im Untersuchungsbereich eine weitgehende Koordinierung der Verkehrsströme vorsehen.

Aufgrund dieser Bedingungen ist das Steuerungsverfahren der zeitplanabhängigen Signalprogrammauswahl als das in der Regel geeignete Basisverfahren anzusehen.

3.4.2 Meßergebnisse

Im Rahmen von Vergleichsuntersuchungen wurde das beschriebene Modell *Signalprogrammbildung am Einzelknotenpunkt* bewertet. Hinsichtlich der Wartezeiten wurden folgende Ergebnisse erzielt:

— *morgens* verringerten sich die Wartezeiten von im Mittel 62,0 auf 43,2 s (Verbesserung +30,4 %),
— *mittags* war insgesamt eine Verbesserung von im Mittel 16,6 s (Verbesserung +31,6 %) festzustellen.

Die insgesamt festgestellten Verbesserungen waren jedoch nicht gleichmäßig auf alle Zufahrten des Knotens verteilt. Weitere Indikatoren aus dem Bereich Sicherheit (erhöhte Anforderung an den Verkehrsteilnehmer) oder Umweltbeeinträchtigung (Lärm, Abgase) wurden nicht in die Bewertung einbezogen.
Die Charakteristik der Signalprogrammbildung läßt sich in einer Gegenüberstellung der Reisezeitverteilungen erkennen:
Die Reisezeitverteilungen für die Programmbildung sind eingipflig im Gegensatz zu den Verteilungen der zeitplanabhängigen Signalprogrammauswahl, die häufig zwei Gipfel aufweisen (Bild 3.9).
Zweigipflige Verteilungen entstehen für Beziehungen mit koordiniertem Verkehrsablauf, die — solange die Koordinierung aufrechterhalten werden kann — eine starke Konzentration der Reisezeiten in wenigen Klassen zeigen. Bei Überlastungen entsteht

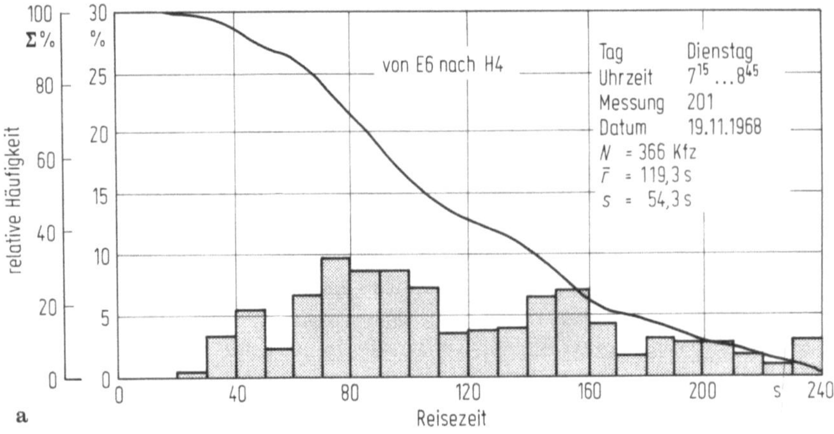

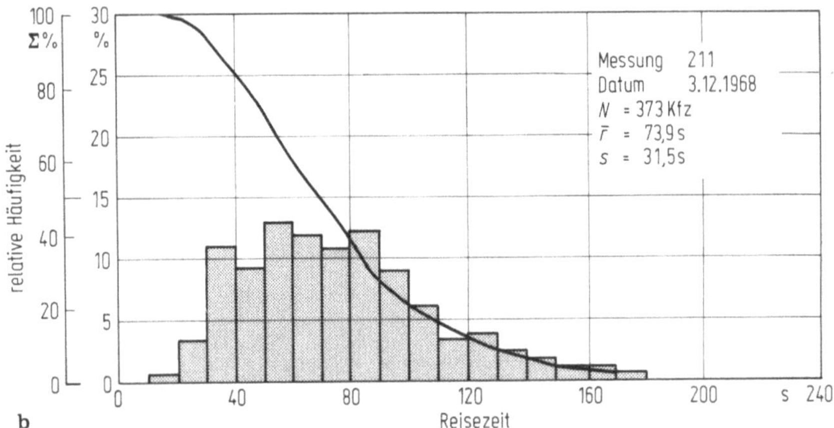

Bild 3.9a, b Reisezeitverteilungen zur zeitplanabhängigen Signalprogrammauswahl **(a)** und Signalprogrammbildung **(b)**

ein zweiter Gipfel, der die Reisezeiten für Fahrzeuge enthält, die eine Sperrzeit länger warten müssen.

Die Ergebnisse der Reisezeitmessungen für das Steuerungsmodell *Signalprogrammbildung am Hauptknoten mit Nachbarknoten* (Abschn. 3.3.5) wurden in Abhängigkeit von den Verkehrsbelastungen der Strecken (Auslastungsgrad) dargestellt (Bild 3.10). Dabei zeigte sich, daß geringere Reisezeiten erst ab einem Auslastungsgrad von etwa 0,7 festzustellen sind.

Das Steuerungsmodell *Signalprogrammbildung für einen Streckenzug* (vgl. Abschn. 3.3.6) wurde — wie bereits erwähnt — in drei Versionen eingesetzt und mit Hilfe von Reisezeitmessungen bewertet. Für die Fahrzeuge auf den untersuchten Strecken ergaben sich Reisezeitverbesserungen von 5,1 bis 28,0 % je nach eingesetztem Verfahren. Dabei ist jedoch zu berücksichtigen, daß es sich hier um einen Streckenzug handelte, der

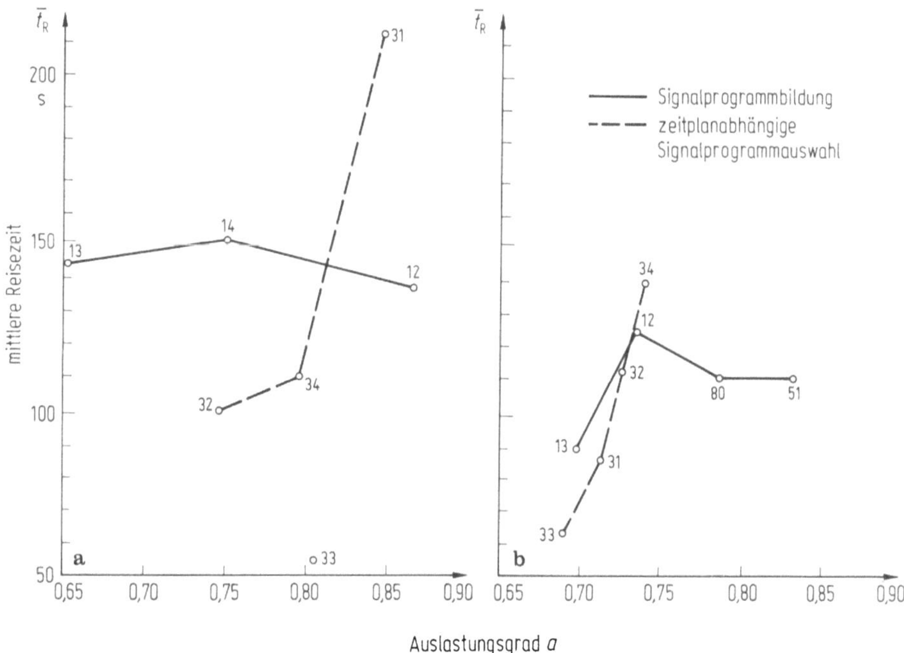

Bild 3.10a und **b** Gemessene mittlere Reisezeiten für die Verfahren der zeitabhängigen Signalprogrammauswahl und der Signalprogrammbildung. **a** Meßstrecke 1, **b** Meßstrecke 2

eine eindeutige Priorität für die Verkehrsströme längs der Strecke zuließ. In den Querrichtungen, die hier nicht untersucht wurden, ist von längeren Reisezeiten auszugehen.

3.4.3 Einsatzbereiche

Die Einsatzbereiche für Steuerungsmodelle auf der Grundlage der Signalprogrammbildung können im Rahmen der bisherigen Erkenntnisse nach räumlichen, zeitlichen und verkehrlichen Gesichtspunkten angegeben werden [12].

Das Modell *Signalprogrammbildung am Einzelknoten* ist für den Einsatz an Einzelknotenpunkten geeignet, die in keiner oder nur schwacher Abhängigkeit zu benachbarten Knotenpunkten stehen. Zur vollen Ausschöpfung der möglichen Flexibilität sind große Detektorabstände (ungefähr 200 m) erforderlich. Das Verfahren kann für jede Verkehrsstärke eingesetzt werden, wobei aber einige Randbedingungen hinsichtlich Freigabe- und Sperrzeiten beachtet werden müssen. Diese Randbedingungen haben zum Ziel, unzumutbare Nachteile für einzelne Verkehrsteilnehmer, die in der Optimierung nicht berücksichtigt werden (z. B. Fußgänger), zu vermeiden.

Das Verfahren *Signalprogrammbildung am Hauptknoten mit Nachbarknoten* zeigt die besten Ergebnisse beim Einsatz in Spitzenstunden des Verkehrsablaufs. Immer dann, wenn die Koordinierung für einen Streckenzug aufgrund der starken Verkehrsbelastung nicht mehr aufrecht erhalten werden kann, ist der Einsatz dieses Modells empfehlenswert. Dies kann bei einem Auslastungsgrad von 0,7 und größer der Fall sein. Das Verfahren eignet sich unter den genannten Voraussetzungen für die Steuerung von *Hauptknotenpunkten mit Nachbarknoten* in kurzen Abständen. Die Signalprogramme an diesen Nachbarknoten (Festzeitsteuerung, zeitplan- oder verkehrsabhängige Signalprogrammauswahl) haben einen wesentlichen Einfluß auf die Steuerung am Hauptknotenpunkt. Nur durch eine im Sinne einer Koordinierung erfolgten Abstimmung der Signalprogramme an den Nachbarknoten kann eine sinnvolle Steuerung des Verkehrsablaufs am Hauptknoten ermöglicht werden.

Das Modell der Signalprogrammbildung für einen Streckenzug ist für Streckenzüge mit jeweils am Ende befindlichen Hauptknotenpunkten und dazwischenliegenden Nebenknotenpunkten geeignet. An den Hauptknotenpunkten kommt das Verfahren der Programmbildung zum Einsatz. Die Querverkehre an den auf der Strecke liegenden Nebenknoten sollen klein sein, da hier erhöhte Reisezeiten in Kauf genommen werden müssen. Der Einsatz dieses Verfahrens eignet sich besonders bei ausgeprägten Richtungsübergewichten.

3.5 Literatur

1 Begriffsbestimmungen Straßenplanung und Straßenverkehrstechnik, Köln: Forschungsgesellschaft für das Straßenwesen 1973

2 Böttger, R.: Möglichkeiten der verkehrsabhängigen Regelung von Straßenverkehr. Straßenverkehrstechnik 11/12 (1966)

3 Kurzak, H.: Steuerung und Bewertung verkehrsabhängiger Signalanlagen im Stadtstraßennetz. Straßenbau und Straßenverkehrstechnik, Heft 172 (1974)

4 Richtlinien für Lichtsignalanlagen (RiLSA) Köln: Forschungsgesellschaft für das Straßenwesen 1977

5 Zijwerden, I.D., van; Kwakernaak, H.: A new Approach to traffic-actuated Computer Control of Intersections. Karlsruhe: 4th International Symposium on the Theory of Traffic Flow 1968

6 Schönharting, J.: Signalprogrammbildung an einem Knotenpunkt und an zwei in Abhängigkeit stehenden komplexen Knotenpunkten. TH Wien, Dissertation 1970

7 Miller, A.J.: A Computer Control System for Traffic Networks. London: 2nd International Symposium on the Theory of Traffic Flow, June 25th to 27th, Publication No. 3 (1963)

8 Kurzak, H.: Untersuchungen zur verkehrsabhängigen Signalsteuerung von Stadtstraßenknotenpunkten mit Hilfe der Simulation. Schriftenreihe des Instituts für Verkehrsplanung und Verkehrswesen der Technischen Universität München, Heft 3 (1971)

9 Ruhnke, D.: Signalprogrammbildung an einer BAB-Anschlußstelle. Hamburg: Vortrag 1971, gehalten auf dem Symposium: Kriterien zur Bewertung von Betriebssystemen zur verkehrsabhängigen Signalsteuerung (nicht veröffentlicht)

10 Boesefeldt, J.; Everts, K.; Philipps, P.: Untersuchungen zur verkehrsabhängigen Signalsteuerung Teil B: Steuerungsmodelle für Straßenzüge. Straßenbau und Straßenverkehrstechnik, Heft 131 (1972)

11 Boesefeldt, J.; Everts, K.; Philipps, P.: Untersuchungen zur verkehrsabhängigen Signalsteuerung Teil C: Steuerungsmodelle für Teilnetze. Straßenbau und Straßenverkehrstechnik, Heft 149 (1973)

12 Boesefeldt, J.; Everts, K.; Philipps, P.: Untersuchungen zur verkehrsabhängigen Signalsteuerung Teil D: Integrierte Betriebssysteme für Netze. Straßenbau und Straßenverkehrstechnik, Heft 188 (1975)

13 Hinweise zum Einsatz von Bewertungsverfahren für Steuerungsmaßnahmen in innerörtlichen Straßennetzen. Forschungsgesellschaft für das Straßenwesen 1975

Teil H

Verfahren zur Lichtsignalsteuerung für den öffentlichen Personennahverkehr (ÖPNV)

1 Ausgangslage

Die in vielen Städten aufgestellten Beschleunigungsprogramme zur Förderung des ÖPNV enthalten — von einer Analyse der Gegebenheiten ausgehend — eine Reihe von Maßnahmen zur Verbesserung des Verkehrsablaufs für Straßenbahnen und Busse. Diese Maßnahmen umfassen sowohl bauliche und betriebliche als auch organisatorische Eingriffe. Bauliche Lösungen sind nur dann möglich, wenn genügend Verkehrsraum und finanzielle Mittel vorhanden sind. Außerdem stoßen gerade der Ausbau des innerstädtischen Straßennetzes — auch zugunsten des ÖPNV — und die Bereitstellung zusätzlicher Verkehrsflächen auf erhebliche Schwierigkeiten. So gewinnen betriebliche Maßnahmen, wie die Beeinflussung an Lichtsignalanlagen zugunsten der Straßenbahnen und Busse, zunehmend an Bedeutung.

Verkehrsabhängige Steuerungsverfahren für den motorisierten Individualverkehr sind bereits seit längerer Zeit im Einsatz bzw. in der Erprobung. Für die Steuerung des ÖPNV fehlen jedoch weitgehend Lösungen, die eine Optimierung der Lichtsignalsteuerung im Hinblick auf eine Priorisierung des ÖPNV ermöglichen. Zwar werden spezielle Anforderungsschaltungen an einzelnen Knotenpunkten für Straßenbahnen und Busse eingesetzt, bei denen — ausgelöst durch ein ÖPNV-Fahrzeug — in einem Signalprogramm fest eingeplante Freigabezeiten (*„Fenster"*) angezeigt werden, um z. B. dem Fahrzeug das Kreuzen eines Knotenpunktes zu ermöglichen. Derartige Anforderungsschaltungen stellen in der Regel jedoch kein Steuerungsmodell mit einem Optimierungsalgorithmus dar, sondern teilen dem ÖPNV-Fahrzeug lediglich eine Signalzeit ohne Berücksichtigung der Ankunfts- bzw. Anmeldezeit zu. Steuerungsmodelle dagegen ermöglichen sehr differenzierte Beeinflussungsmaßnahmen, auf die noch einzugehen ist (vgl. Abschn. G 2.3).

Alle Steuerungsmaßnahmen — der Einsatz eines Modells sowie die Realisierung von Anforderungsschaltungen — haben das Ziel, die Reisezeiten für ÖPNV-Fahrzeuge zu reduzieren. Dabei ist jedoch zu beachten, daß die Vorgabe einer absoluten ÖPNV-Priorität nicht immer als beste Lösung anzusehen ist, da auch ein flüssiger Individualverkehr im öffentlichen Interesse liegt. Abgesehen davon, daß im Individualverkehr wichtige, für den öffentlichen Gebrauch bestimmte Güter transportiert werden, können Störungen des Verkehrsablaufs durch eine einseitige Priorität für den ÖPNV bei gleichzeitiger Straßenraumanforderung beider Verkehrsträger zur Behinderung des ÖPNV führen. Somit sind auch betriebliche Maßnahmen zu beachten, die eine Optimierung des Gesamtverkehrs anstreben.

Vor der Beschreibung von Steuerungsverfahren für den öffentlichen Personennahverkehr soll kurz auf die Gründe eingegangen werden, die eine Bevorzugung des ÖPNV notwendig machen. Dabei ist nicht die Priorisierung aus gesellschafts- und verkehrspolitischer Sicht gemeint, sondern die sich aus dem Verkehrsablauf ergebende Notwendigkeit, wenn Behinderungen z. B. durch die Signalsteuerung eine Beeinflussung zugunsten des ÖPNV erfordern.

Die Ursachen der Benachteiligung gegenüber dem Individualverkehr lassen sich —
wenn nicht eine räumliche Trennung der Verkehrswege gegeben ist — wie folgt zu-
sammenfassen:
— Das Fahrverhalten der schwerfälligeren Busse und Straßenbahnen weicht von dem
  des Individualverkehrs — soweit es sich um Personenkraftwagen (Pkw) handelt —
  ab. Das Beschleunigungsvermögen liegt erheblich unter dem eines Pkw, wenn auch
  nach der Anfahrphase durchaus Fahrgeschwindigkeiten wie bei einem Pkw erreicht
  werden.
— Die Haltestellen verursachen mit z. T. zufällig verteilten Aufenthaltszeiten einen
  diskontinuierlichen Fahrverlauf und damit andere Ankunftszeiten an einer nachfolgenden Lichtsignalanlage als der größte Teil der in Grüner Welle fahrenden
  Fahrzeugpulks.
— Die Koordinierungen („Grüne Wellen") in der Lichtsignalsteuerung sind in der
  Regel für den Individualverkehr und nicht für den ÖPNV geplant und eingesetzt,
  so daß von der verkehrstechnischen Planung die Voraussetzungen für einen ver-
  lustzeitfreien Verkehrsablauf des ÖPNV nicht gegeben sind.
— Weitere Behinderungen, denen eine Straßenbahn — wenn ihre Trasse im allgemeinen Verkehrsraum liegt — oder ein Bus, der in der Regel den ersten Fahrstreifen
  einer mehrspurigen Fahrbahn benutzt, ausgesetzt sind, ergeben sich durch abbiegende und haltende Fahrzeuge, die den unbeweglichen ÖPNV mehr als den Individualverkehr beeinträchtigen.
Dies sind die wichtigsten Faktoren, die den Verkehrsablauf von ÖPNV-Fahrzeugen
negativ beeinflussen [1]. Davon stellen Behinderungen durch Lichtsignalanlagen einen
erheblichen Anteil dar. Das Ausmaß der Zeitverluste durch Signalanlagen ist durch einige von Verkehrsbetrieben durchgeführte Analysen bekannt — der mittlere Zeitver-
lustanteil an der Reisezeit beträgt zwischen 15 % und 25 %.
Bild 1 zeigt einen typischen Verlauf der Reisezeit sowie der Verlustzeiten der Straßenbahnen über einen innerstädtischen Streckenzug [2]. Die Signalverlustzeiten betragen
hier ca. 25 % der Reisezeit. Welche Vorteile gegeben sind, wenn diese Signalverlustzeiten durch Beeinflussungsmaßnahmen auf der im Beispiel gezeigten 6 km langen
Strecke auf ca. 5 % reduziert werden könnten, zeigen folgende Zahlen:
— die Reisezeit würde von knapp 23 min auf ca. 18 min sinken (für den Fahrgast bedeutsam) und
— die Anzahl der Kurse (eingesetzte Fahrzeuge auf der Strecke) könnte von 6 auf 5
  reduziert werden (für den Verkehrsbetrieb betriebswirtschaftlich von großer Bedeutung) — bei einer angenommenen Zugfolge von 10 min und gleicher Reisezeit für
  die Gegenrichtung.
Selbst wenn diese kleine Modellüberlegung hinsichtlich der möglichen Reduzierung
der Signalverlustzeit als optimistisch eingestuft wird, so läßt sich doch erkennen, daß
bei längeren Fahrstrecken die Chance gegeben ist, einen Kurs einzusparen und die
Reisezeit spürbar zu verkürzen.
Bei der Bewertung möglicher Verbesserungen durch den Einsatz von Steuerungsmaßnahmen zugunsten des ÖPNV kann also unterschieden werden nach:
— *Nutzen für den Fahrgast:* Pünktlichkeit, geringere Reisezeiten, verbesserter Fahrkomfort (weniger Halte) sowie
— *Nutzen für den Verkehrsbetrieb:* Verkürzung der Wagenumlaufzeiten (Verringerung
  der Kurse), verringerter Wagen- und Personaleinsatz.

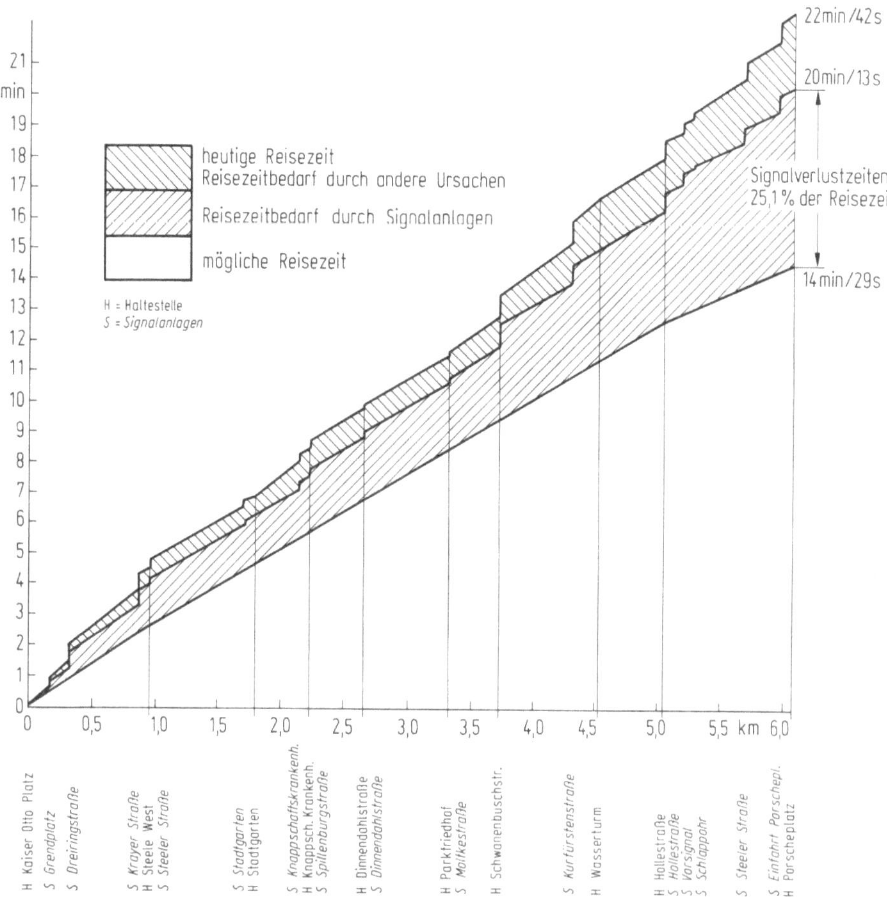

Bild 1. Übersicht des Reisezeitbedarfes Strecke Steele – Porscheplatz (Durchschnittswerte) [2]

Sollen Signalverlustzeiten vermieden werden, muß genau untersucht werden, wo und aus welchem Grunde sie auftreten. Erst dann können signaltechnische Maßnahmen, wie eine verkehrsabhängige Steuerung für Bus, Straßenbahn und gegebenenfalls auch Individualverkehr, zur besseren Berücksichtigung des Verkehrsablaufs und zur Reduzierung unnötiger Verlustzeiten führen. Derartige Maßnahmen sind oft nicht nur effektiver, sondern meistens auch erheblich billiger einzurichten als bauliche Maßnahmen. Auch Busspuren bewirken in der Regel unerhebliche Verbesserungen auf den Strecken zwischen den lichtsignalgesteuerten Knotenpunkten. Ohne signaltechnische Maßnahmen am Ende oder bei der Unterbrechung von Busspuren sind diese oft wirkungslos. Wichtig ist, daß die Zielkonflikte des Individualverkehrs und ÖPNV vom Planer erkannt und in Maßnahmen umgesetzt werden können, um die eigentlichen Vorteile des ÖPNV, aus der Sicht der Benutzer:
— die regelmäßige Verkehrsbedienung sowie
— die Pünktlichkeit und Zuverlässigkeit,
zu erhalten und zu fördern.

2 Vorgehensweise bei der Einrichtung von Beeinflussungsmaßnahmen

Bei der Untersuchung eines Verkehrsnetzes eines Nahrverkehrsbetriebs im Hinblick auf mögliche Verbesserungen sollten zunächst alle zur Verfügung stehenden Maßnahmen für eine mögliche Anwendung in Betracht gezogen werden. Eine Zusammenstellung derartiger Maßnahmen enthält das Merkblatt für Maßnahmen zur Beschleunigung des öffentlichen Personennahverkehrs mit Straßenbahnen und Bussen [1]. Die nachfolgend beschriebene Vorgehensweise bei der Planung von Beschleunigungsmaßnahmen in Form eines Entscheidungsablaufs ist in [3] enthalten.

Am Anfang jedes Planungsprozesses steht die Analyse der Ursachen der Behinderung des ÖPNV, ohne die keine Vorschläge zur Verbesserung des Verkehrsablaufs gemacht werden können ((1) in Bild 2). In der Regel sind die problematischen Streckenabschnitte und Knotenpunkte bekannt — das Maß und vor allem die Ursachen der Störungen müssen jedoch durch Messungen erhoben werden, die durch Mitfahren in den Straßenbahnen und Bussen erfolgen kann. Dabei sind beim Durchfahren einer Strecke an Haltestellen folgende Zeitpunkte zu registrieren:

— Ankunftszeitpunkt,
— Ende Fahrgastwechselzeit,
— Ende Fahrscheinverkauf (wenn dies durch den Fahrzeuglenker erfolgt) sowie
— Abfahrtzeitpunkt.

Bei Haltestellen vor Lichtsignalanlagen ist zusätzlich zu den Zeitpunkten die jeweilige Signalstellung aufzunehmen bzw. — noch besser — der Freigabezeitbeginn der ÖPNV-Phase, um einen eindeutigen Bezug zur Signalsteuerung herstellen zu können. Auch Behinderungsursachen sind zu notieren. Aus derartigen Erhebungen können Reisezeiten, Verlustzeiten (vor allem vor Signalanlagen) und Haltestellenaufenthaltszeiten ermittelt werden.

Als nächster Schritt sollte der Vergleich mit der theoretischen Leistungsfähigkeit stehen ((2) in Bild 2), um ein Maß der möglichen Verbesserung zu gewinnen. Die theoretische Leistungsfähigkeit kann z. B. durch die maximal erzielbare Reisegeschwindigkeit bestimmt werden, die sich aus der zulässigen Höchstgeschwindigkeit unter Berücksichtigung der Haltestellenaufenthaltszeiten und der Anfahr- und Bremsvorgänge ergibt. Diese Leistungsfähigkeit läßt sich aber auch durch ÖPNV-abhängige Steuerungsverfahren nicht völlig erreichen. Simulationsstudien für eine ÖPNV-Linie in Kassel haben ergeben, daß der Anteil der Signalverlustzeiten an der mittleren Reisezeit auf Werte zwischen 5 und 8 % reduziert werden kann [4]. Der Vergleich zwischen gemessenen Werten und der theoretisch ermittelten Leistungsfähigkeit zeigt knotenpunkts- oder streckenweise, ob Verbesserungen zugunsten des ÖPNV möglich sind ((3) in Bild 2).

Zur Verbesserung des Verkehrsablaufs steht eine Reihe geeigneter Maßnahmen zur Verfügung [5, 7]. Nach der Auswahl einer Maßnahme (4) muß die Grundsatzentscheidung fallen, ob diese Maßnahme direkt realisiert werden soll (Trial-and-Error-Methode) oder deren zu erwartende Auswirkungen zunächst untersucht oder abgeschätzt werden sollen (5).

Nach dem Einsatz der Maßnahme (17) muß entschieden werden, ob sich die erhofften Verbesserungen eingestellt haben (18). Dies geschieht entweder durch subjektive Beobachtungen oder besser durch Nachher-Messungen, deren Ergebnisse mit denen Vorher-Messungen zu vergleichen sind. Bei zufriedenstellenden Ergebnissen war die Auswahl der Maßnahme richtig, ansonsten muß die Maßnahme konsequenterweise rückgängig gemacht bzw. modifiziert werden (19) und über den Einsatz einer anderen möglicherweise geeigneteren Maßnahme entschieden werden.

Dieser ab (5) beschriebene Nebenzweig im Entscheidungsablauf kann in der Regel nicht empfohlen werden, obgleich er häufig in der Praxis durchlaufen wird. Denkbar ist die Trial-and-Error-Methode höchstens bei versuchsweise durchgeführten Maßnahmen, die zeitlich beschränkt werden (z. B. Zulassen von Taxis auf Busspuren, probeweises Einrichten einer zeitlich begrenzten Benutzung der Busspur auch durch andere Fahrzeuge). Eine Entscheidung gegen die Trial-and-Error-Methode bedeutet eine Untersuchung über die Auswirkung einer Maßnahme vor deren Realisierung und somit eine sinnvolle und kostensparende Planung.

Im Laufe der weiteren Untersuchung wird nach Auswahl der Maßnahme festgestellt, ob die Maßnahme räumlich oder zeitlich bzw. räumlich/zeitlich wirkt (6). Ist letzteres der Fall, ist der Einsatz einer Simulation als Hilfe bei der Optimierung der Maßnahme zu empfehlen (13). Wenn Verbesserungen möglich sind (14), können diese erneut simuliert werden, und so kann iterativ eine Optimierung der geplanten Maßnahme herbeigeführt werden. Bei zufriedenstellenden Ergebnissen (15) kann die Maßnahme realisiert werden (16), oder es wird eine andere geeignet erscheinende Maßnahme ausgesucht (4) und das Entscheidungsdiagramm erneut durchlaufen.

Wirkt die Maßnahme räumlich, wird die Simulation zur Überprüfung der ausgesuchten Maßnahme empfohlen, jedoch nur dann, wenn nicht noch einfachere Methoden zur Quantifizierung der Auswirkungen der geplanten Maßnahme führen. Zur Überprüfung dieser Fragestellung wird folgendes Entscheidungsschema durchlaufen: Zuerst ist zu prüfen, inwieweit die räumlich wirkende Maßnahme den Individualverkehr beeinträchtigt (7). Kann z.B. ein Busfahrstreifen oder eine Busaufstellspur im Knotenpunktbereich durch Einzug eines Parkstreifens eingerichtet werden, so ergeben sich durch die Maßnahme keine gravierenden Auswirkungen auf den fließenden Individualverkehr. Führt die geplante Maßnahme jedoch zu einer Beeinträchtigung des fließenden Individualverkehrs, so ist zu prüfen, inwieweit dies (11) durch Leistungsfähigkeitsbetrachtungen berechenbar ist, z. B. durch Verminderung der Anzahl von Fahrstreifen oder durch die Ermittlung der Rückstaulängen. Häufig können durch solche Untersuchungen nicht alle Auswirkungen auf den Individualverkehr erfaßt werden, dann ist der Einsatz einer Simulation zur Überprüfung der Auswirkungen sinnvoll (12). Sind die Auswirkungen auf den Individualverkehr trivial oder ausreichend gut durch Berechnungen abschätzbar, muß in gleicher Weise nach den Auswirkungen auf den ÖPNV gefragt werden (8). Sind auch diese durch Berechnungen im oben aufgeführten Sinn bewertbar und die Ergebnisse zufriedenstellend (15), kann die Maßnahme realisiert (16) bzw. bei nicht zufriedenstellenden Ergebnissen eine Alternativmaßnahme betrachtet werden (4).

Wenn sich die Auswirkungen der Maßnahme auf den ÖPNV durch Berechnungen

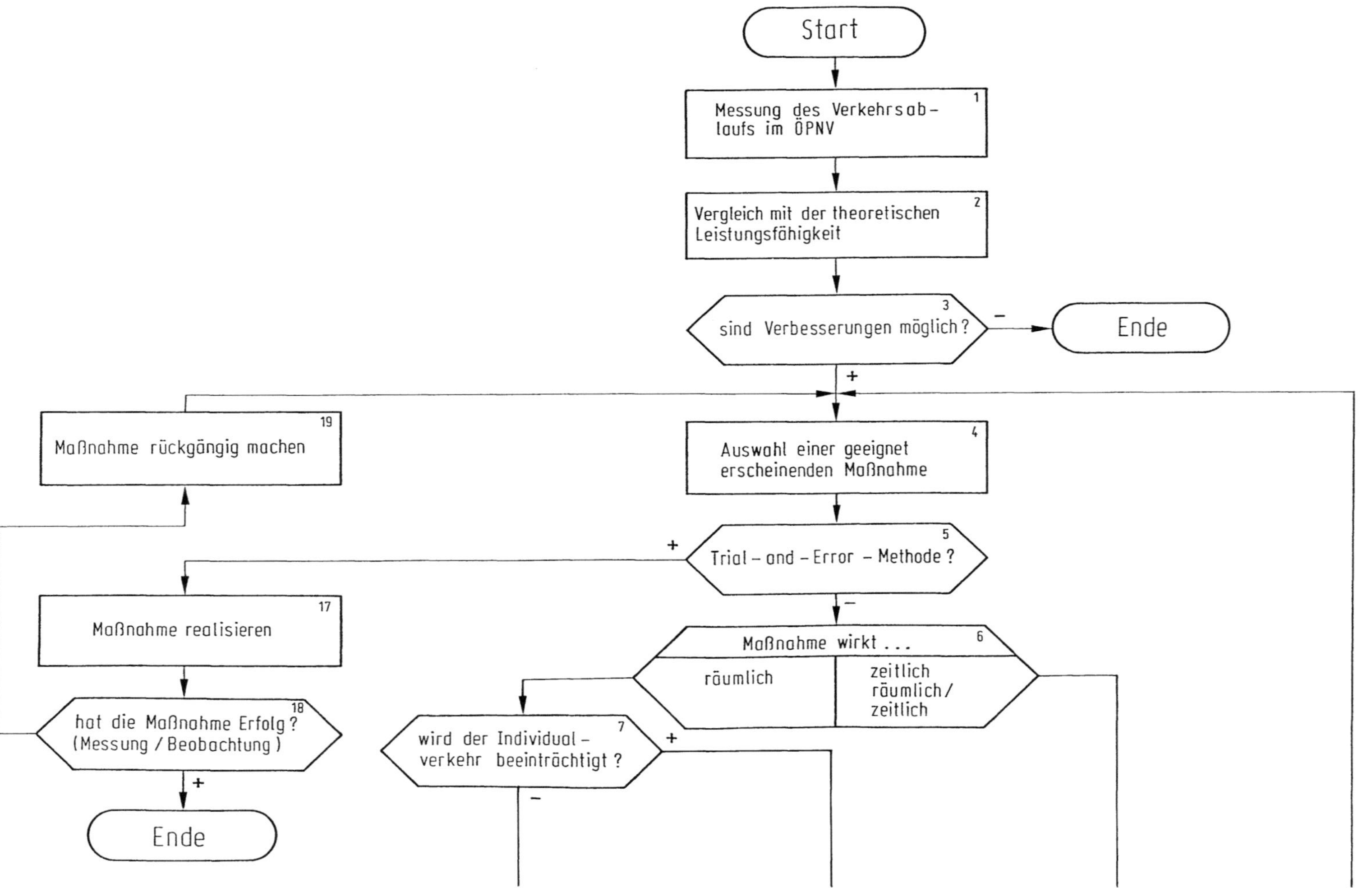

Start
Messung des Verkehrsab- laufs im ÖPNV
Vergleich mit der theoretischen Leistungsfähigkeit
sind Verbesserungen möglich?
Ende
Maßnahme rückgängig machen
Auswahl einer geeignet erscheinenden Maßnahme
Trial – and – Error – Methode ?
Maßnahme realisieren
Maßnahme wirkt ...
räumlich
zeitlich räumlich/ zeitlich
hat die Maßnahme Erfolg ? (Messung / Beobachtung)
wird der Individual- verkehr beeinträchtigt ?
Ende

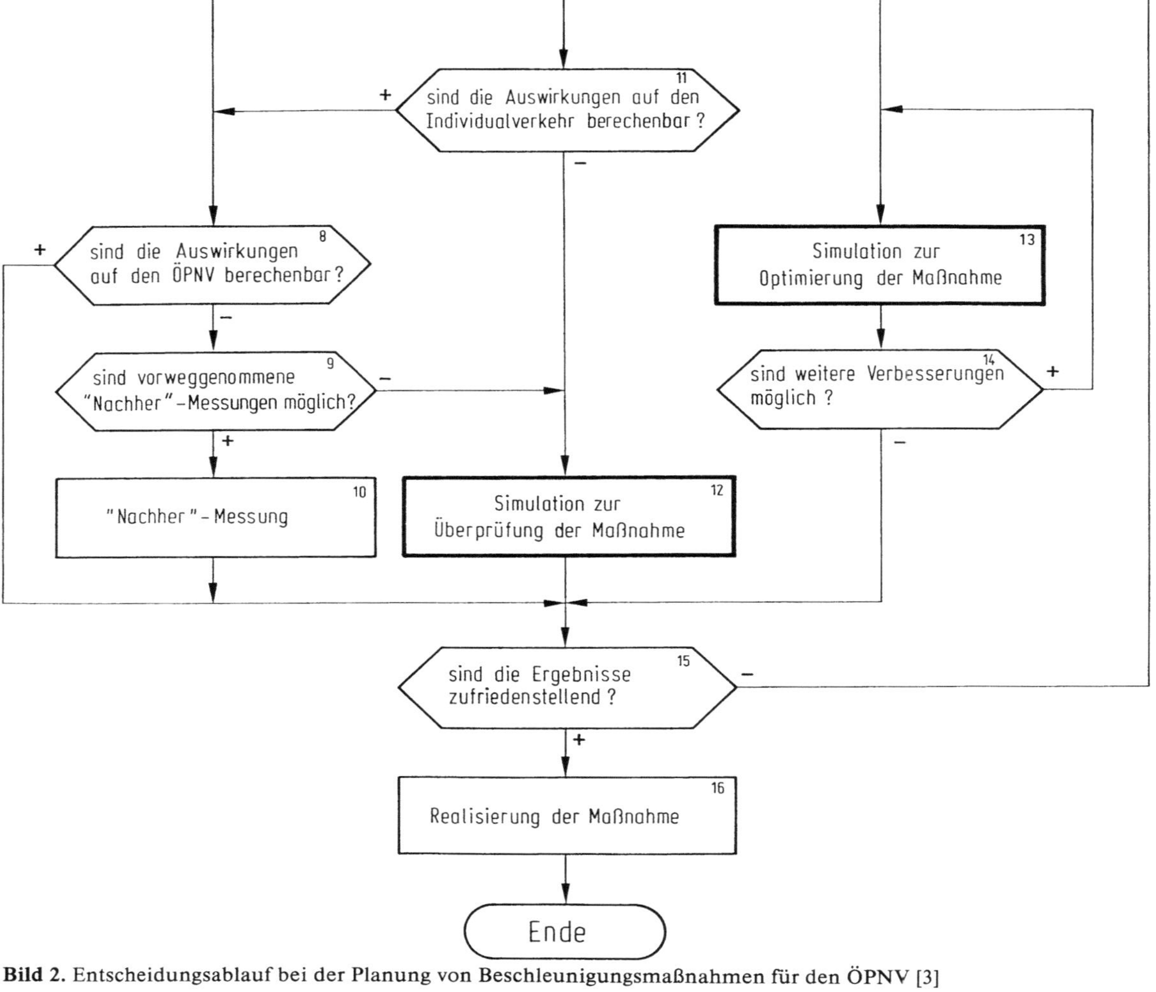

Bild 2. Entscheidungsablauf bei der Planung von Beschleunigungsmaßnahmen für den ÖPNV [3]

nicht abschätzen lassen, ist zu prüfen, inwieweit sich durch vorweggenommene *Nachher-Messungen* die Auswirkungen nicht doch quantifizieren lassen (9), (10). Unter einer vorweggenommenen *Nachher-Messung* soll hier eine Messung vor der Realisierung der Maßnahme verstanden werden, die aber für den ÖPNV unter möglichst gleichen Bedingungen wie nach der Realisierung der Maßnahme durchgeführt wird. Führt man nun derartige Messungen für den ÖPNV zu verkehrsschwachen Zeiten (sonntags oder nachts) durch, können sonst auftretende Behinderungen (vor allem durch starken Verkehr) weitgehend ausgeschaltet und für den ÖPNV somit fast ein Nachher-Zustand ohne bauliche Veränderungen erreicht werden. Wichtig ist hierbei, daß sonstige Nebenbedingungen gleich gehalten werden (Haltestellenaufenthaltszeiten und Einsatz der Signalprogramme wie zu den Spitzenverkehrszeiten). Dieses einfache Verfahren ist kaum aufwendiger als die in (1) durchgeführten Messungen und läßt eine gute Abschätzung des zu erwartenden Nachher-Zustandes bei einfachen räumlichen Maßnahmen zu.

Die Beachtung des Entscheidungsablaufs führt bei der Planung in jedem Fall zu fundiert begründeten Vorschlägen für Beschleunigungsmaßnahmen. Gut begründbare Maßnahmen sind gleichzeitig leichter durchsetzbare Maßnahmen und liefern sachliche Einsatzkriterien für individuell geplante Beschleunigungsmaßnahmen in konkreten Anwendungsfällen.

Enthalten die ausgewählten Maßnahmen eine Beeinflussung der Lichtsignalanlagen, so sind eine Reihe von Randbedingungen zu beachten. Nicht allein das verkehrstechnische Konzept (die Planung der Zeit-Weg-Beziehungen und der Signalprogramme für den ÖPNV und Individualverkehr), sondern auch das technische Konzept (Erfassungssystem, Kreuzungssteuergeräte, Verkehrsrechner, Übertragungseinrichtungen) sind in die Planung einzubeziehen. Die betrieblichen Gegebenheiten bzw. Möglichkeiten entscheiden letztlich über die Realisierbarkeit der Maßnahmen. Dabei sind vor allem Art, Ausbau und Flexibilität (Programmierbarkeit) der Kreuzungssteuergeräte und eines eventuell vorhandenen Verkehrsrechners zu beachten.

3 Steuerungsverfahren

3.1 Grundlagen

Verkehrsabhängige Steuerungsverfahren für den ÖPNV lassen sich hinsichtlich ihrer Auswirkungen im Signalprogramm eines Knotenpunktes prinzipiell in zwei Fälle einteilen (Bild 3):

— Anforderungen einer ÖPNV-Phase, die das Schalten von speziellen eingeblendeten Freigabezeiten (Sonderphasen) für den ÖPNV bedeuten sowie
— Freigabezeitmodifikationen, die das Verlängern von Freigabezeiten und das Kürzen von Sperrzeiten zugunsten des ÖPNV bewirken. Dabei sind vielfache Möglichkeiten der Lichtsignalbeeinflussung gegeben. Freigabezeitmodifikationen können sowohl auf Fahrzeugsignale (vor allem, wenn sie für ÖPNV-Fahrzeuge gelten, die auf den Verkehrsflächen des Individualverkehrs fahren), als auch auf ÖPNV-Signale angewendet werden.

Anforderungsschaltungen erfolgen in der Regel ohne einen besonderen Steuerungsalgorithmus, während den verschiedenartigen und teilweise komplexen Freigabezeitmodifikationen eine Entscheidungslogik oder sogar ein Steuerungsmodell mit einer Entscheidung über eine Zielfunktion zugrunde liegen muß. Alle verwendeten Steuerungsalgorithmen und auch eine einfache Anforderungsschaltung können nur ablaufen, wenn ihnen über Erfassungseinrichtungen Informationen über — zumin-

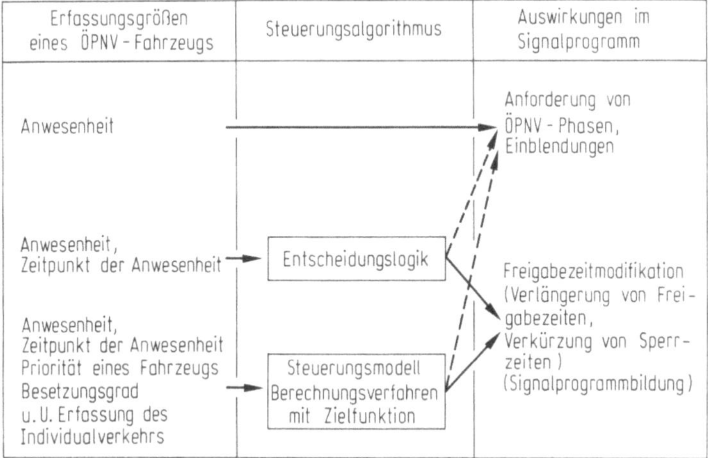

Bild 3. Verkehrsabhängige Steuerungsverfahren

dest — die Anwesenheit sowie den Zeitpunkt der Anmeldung (Anwesenheit) und weitere Erfassungsgrößen der ÖPNV-Fahrzeuge zur Verfügung gestellt werden (Bild 3).
Art und Umfang der Erfassungsgrößen von ÖPNV-Fahrzeugen beeinflussen die Möglichkeiten bei der Entwicklung eines Steuerungsalgorithmus oder eines Modells. Die Ingenieurarbeit bei der Aufstellung derartiger Algorithmen — die Planung der Steuerungseingriffe — bestimmt letztlich die Qualität des Verkehrsablaufs für die zu beeinflussenden ÖPNV-Fahrzeuge.
Im folgenden soll allgemein auf die Entwicklung der Steuerungsalgorithmen und die Auswirkungen im Signalprogramm eingegangen werden. In Abschn. 3.2 wird dann die Anwendung der Verfahren auf Knotenpunkte und Streckenzüge behandelt, wobei zu beachten sein wird, daß wegen unterschiedlicher Planungsvoraussetzungen und vielfältiger Möglichkeiten allgemeingültige Planungsverfahren nicht angegeben werden können.
Anforderungsschaltungen können nicht als Steuerungsmodell bezeichnet werden. Sie bedeuten ein zwangsläufiges Schalten von speziellen Freigabezeiten für den ÖPNV bei Anforderung durch einen Bus oder eine Straßenbahn. Zur Zeit werden derartige Anforderungen durch Kontakte am Fahrdraht oder an der Schiene bzw. durch Induktionsschleifen beim Überfahren ausgelöst und nach Übertragung des Impulses an einen Verkehrsrechner oder ein Kreuzungssteuergerät die entsprechenden Signalgruppen mit der eingeblendeten Freigabezeit aktiviert. Eine derartige Einblendung erfolgt meistens auf Kosten einer anderen — nicht verträglichen — Freigabezeit zu ungunsten des Individualverkehrs. Solche Anforderungsschaltungen vermeiden eine in jeder Umlaufzeit wiederkehrende — überwiegend ungenutzte — ÖPNV-Freigabezeit, wie dies bei den meisten heutigen Festzeitsteuerungen immer noch anzutreffen ist. Einblendungen ermöglichen in der Regel das Einfahren von Straßenbahnen und Bussen in gemeinsam mit dem Individualverkehr genutzte Verkehrsräume (z. B. am Ende einer Busspur) oder das Kreuzen von anderen Konfliktströmen an Knotenpunkten.
Die einmaligen kurzen Einblendungen von Freigabezeiten während der Umlaufzeit eines Signalprogramms haben den Nachteil, daß längere Wartezeiten (Verlustzeiten) entstehen können und das ÖPNV-Fahrzeug unnötig behindern. Es ist deshalb immer zu prüfen, ob nicht mindestens zwei mögliche Einblendungen während eines Umlaufs möglich sind. Diese Forderung erhält besonderes Gewicht, wenn die Ankunftszeiten eines Busses oder einer Straßenbahn unregelmäßig oder nicht abschätzbar sind, wie dies z. B. an Einzelknotenpunkten oder beim Queren eines koordinierten signalgesteuerten Streckenzuges der Fall ist. Unbedingt erforderlich sind mehrere Einblendungsmöglichkeiten, wenn die Zugfolge (Busfolge) des ÖPNV mehrere Fahrzeuge innerhalb einer Umlaufzeit vorsieht. Dies ist bei großen Umlaufzeiten von ca. 100 s durchaus möglich.
Neben der Erfassungsgröße *Anwesenheit* eines Fahrzeugs ist in solchen Fällen eine Information über die Ankunftszeit des ÖPNV-Fahrzeugs an der Erfassungseinrichtung erforderlich. Der Zeitpunkt der Anwesenheit muß möglichst sekundengenau in bezug zur aktuellen Zeit im Signalprogramm gesetzt werden um zu wählen, welche von zwei oder auch mehreren Einblendungsmöglichkeiten zeitlich am geeignetsten ist und deshalb geschaltet werden soll. Eine derartige Zuordnung von Anwesenheitszeitpunkten eines Busses oder einer Straßenbahn zur Signalzeit erfordert eine Entscheidungslogik, die entweder im Steuergerät oder Verkehrsrechner programmiert oder aber auch in einfachen Fällen hardwaremäßig hergestellt werden kann.

Freigabezeitmodifikationen (vgl. G 2.3) können sich in einem Signalprogramm für ein ÖPNV-Fahrzeug prinzipiell wie folgt auswirken:

— *Verlängerung der laufenden Freigabezeit:*
  eine „Grünzeit" für den Gesamtverkehr oder eine ÖPNV-Freigabezeit werden entweder um einen festen Zeitbetrag oder in festgelegten Grenzen solange verlängert, bis das ÖPNV-Fahrzeug die Zugabezeit genutzt hat;
— *Verkürzung der laufenden Sperrzeit:*
  eine Sperrzeit wird um einen festen oder variablen Betrag verkürzt, um einem ÖPNV-Fahrzeug in der vorgezogenen Freigabezeit eine möglichst frühe Durchfahrt an einem Knotenpunkt zu ermöglichen.

Beide Modifikationsarten haben Auswirkungen auf die übrigen Zufahrten des betroffenen Knotenpunkts bzw. auf ihre Signalzeiten. Wie diese Auswirkungen vom Verkehrsingenieur in einer Entscheidungslogik festgelegt werden, wird weitgehend vom speziellen Anwendungsfall abhängen. Die Freigabezeitverlängerung zugunsten eines ÖPNV-Fahrzeuges kann erreicht werden:

— durch eine Verkürzung der „Grünzeit" in der Querrichtung, wenn dort nur ein geringer Verkehr vorhanden ist, oder
— durch die Verkürzung der „Grünzeit" der Gegenrichtung, wenn nach links abbiegende ÖPNV-Fahrzeuge priorisiert werden sollen, oder
— durch Kürzung der nächsten Freigabezeit nach Einhaltung der nachfolgenden Querphase, wenn kein weiteres ÖPNV-Fahrzeug abfließen muß und ein starker Querverkehr das Kürzen der Querphase nicht erlaubt.

Beim Vorziehen einer Freigabezeit durch Verkürzen der laufenden Sperrzeit kann ähnlich verfahren werden:

— die zusätzliche (vorgezogene) Freigabezeit kann der eingeschalteten Phase zugute kommen, wenn der Querverkehr die Kürzung der „Grünzeit" verträgt, oder
— die Freigabezeit der Gegenrichtung kann noch verzögert werden, um einen Abbiegevorgang eines ÖPNV-Fahrzeugs zu ermöglichen, oder
— die abgebrochene verkürzte Querphase kann durch eine nachfolgende längere Querphase ausgeglichen werden.

Wichtig bei angeforderten Freigabezeitverlängerungen (Zugabezeiten) zugunsten des ÖPNV ist es, diese — oft nur von den ÖPNV-Fahrzeugen nutzbaren — Signalzeiten nur solange wie notwendig anzuzeigen. Hierzu ist die Erfassung der Fahrzeuge sofort nach Ausnutzen der Freigabezeit bzw. nach Überqueren des Knotenpunkts sinnvoll, über die ein Abbruch der geschalteten Signalzeit erreicht werden kann.

Welche der beschriebenen Möglichkeiten in einem Steuerungsalgorithmus festgelegt wird, kann auch sehr entscheidend von vorhandenen Koordinierungen („Grüne Wellen") abhängen. Freigabezeitverlängerungen oder -verkürzungen können sich sowohl positiv als auch negativ auf den Verkehrsfluß in einer Koordinierungsrichtung auswirken.

Die durch Fahrzeuge des ÖPNV ausgelösten Freigabezeitmodifikationen können auch so formuliert werden, daß kritische Verkehrszustände im Individualverkehr — wie z. B. Rückstau in den Querrichtungen oder auf Abbiegespuren — berücksichtigt werden. Die derart über Detektoren erfaßten Einflüsse des Individualverkehrs können in eine Entscheidungslogik aufgenommen werden und je nach zugelassenem Freiheitsgrad cine Signalprogrammbildung am Knotenpunkt ergeben.

Neben den am häufigsten eingesetzten, relativ überschaubaren Verfahren der Freigabezeitmodifikation über eine Entscheidungslogik sind auch Steuerungsmodelle im Einsatz oder in der Entwicklung. Unter einem Steuerungsmodell soll hier ein Verfahren verstanden werden, bei dem aufgrund einer Optimierung nach vorgegebenen Kriterien eine Freigabezeitmodifikation oder eine Signalprogrammbildung durchgeführt wird. Das wesentliche Merkmal eines Steuerungsmodells besteht in der Verwendung eines allgemein gültigen Berechnungs- (Optimierungs-)verfahrens, das im Gegensatz zu einer knotenpunktbezogenen Entscheidungslogik eine Zielfunktion enthält. Diese Zielfunktion liefert ein optimiertes Ergebnis für eine Entscheidung über eine Modifikation, die dann in einem Signalprogramm ausgeführt werden kann.

Bei derartigen Steuerungsmodellen kann die Feststellung der Anwesenheit und des Zeitpunktes dieser Anwesenheit ausreichen. Aufgrund vorgegebener Verteilungsfunktionen der Haltestellenaufenthaltszeit (wenn eine Haltestelle zwischen Anmeldung eines ÖPNV-Fahrzeugs und zu beeinflussendem Knotenpunkt liegt) oder der konkurrierenden Anforderungen kann die Signalisierung optimiert werden [6]. In [7] wird ein Verfahren beschrieben, in dem Busse gewichtet mit ihrem Besetzungsgrad in einem Steuerungsmodell für den Gesamtverkehr berücksichtigt werden können. Eine weitere Optimierungsgröße liefert der Verspätungsgrad von ÖPNV-Fahrzeugen, der zu erheblichen Bevorzugungen des ÖPNV führen sollte, wenn eine Verspätung vorliegt. Die Ermittlung der jeweiligen aktuellen Verspätung eines Fahrzeugs erfordert jedoch ein besonderes Erfassungssystem, das nur im Rahmen eines Betriebsleitsystems durch den Soll-Ist-Vergleich (Vergleich Fahrplan/aktueller Zeitstandort des ÖPNV-Fahrzeugs) gegeben ist. Auf konkrete Anwendungsfälle der allgemein beschriebenen Steuerungsalgorithmen wird im nächsten Kapitel eingegangen.

3.2 Anwendungsmöglichkeiten

Die Anwendungsmöglichkeiten der Verfahren zur Beeinflussung von Lichtsignalanlagen sollen im folgenden nicht nach der zuvor aufgeführten Systematik dargestellt werden, sondern anhand ihrer Verwendbarkeit an Knotenpunkten oder auf Streckenzügen beschrieben werden.

Ein Verkehrsingenieur wird die Wahl eines Verfahrens immer vom jeweiligen Anwendungsfall abhängig machen, die Art und die Komplexität des Verfahrens (einfache Anforderungen oder Steuerungsmodell) ergeben sich aus der Aufgabenstellung. Es sollen zunächst Beispiele für Verfahren aufgeführt werden, die für die Steuerung von Knotenpunkten geeignet sind, bei denen Abhängigkeiten zu benachbarten Knotenpunkten in Form Grüner Wellen für den Individualverkehr oder einer gewünschten Fahrbeziehung des ÖPNV nicht gegeben sind.

Knotenpunkt — Einblendung von Freigabezeiten (Entscheidungslogik)

In diesem Beispiel ist ein zweimal mögliches Einblenden einer Freigabezeit vorgesehen (Bild 4). Dem Lageplan ist zu entnehmen, daß die Busse in der Zufahrt 1 eine Busspur benutzen und nach einem Haltestellenaufenthalt über eine Induktionsschleife (Detektor) eine Freigabezeit am Signal 61 anfordern müssen. Die Freigabezeiten der Signalgruppen 61 und 1 (parallel laufender und abbiegender Individualver-

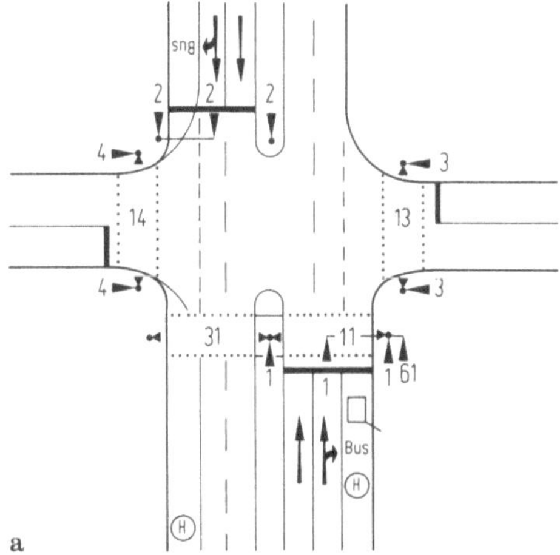

Signal-gruppe	Grundsignalprogramm	RE	GE
1		28	70
2		14	70
3		9	76
4		9	76
11		3	77
13		15	58
14		15	58
31		3	77
61		15	25

Signal-gruppe	Modifikation 1	RE	GE
1		14	
2			
3			
4			
11			
13			
14			
31			
61		127*	

Signal-gruppe	Modifikation 2	RE	GE
1			52
2			
3			
4			
11			
13			
14			
31			
61		56	66

b   RE = Rotende   GE = Grünende   *RE = 127 bedeutet : Dauerrot

Bild 4a und **b** Signalprogramm für ein zweimaliges Einblenden einer Freigabezeit. **a** Lageplan,
b Signalprogramme

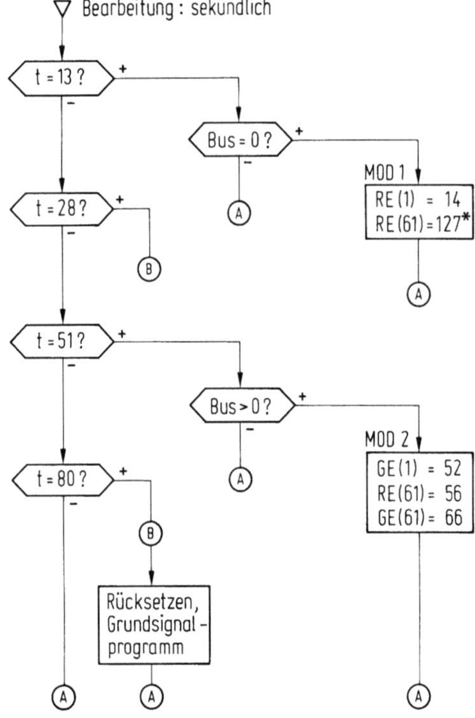

Bild 5. Entscheidungslogik zur Grünzeitmodifikation bei einer Priorisierung des Busses

kehr) sind unverträglich, so daß ein Eingriff zugunsten des Busses immer auf Kosten des Individualverkehrs in der Zufahrt 1 oder des Querverkehrs erfolgen muß. Im Grundsignalprogramm ist zwar für die Signalgruppe 61 eine ständige Freigabezeit vorgesehen, die Grünzeit der Signalgruppe 1 erfolgt entsprechend zeitlich später.

In der Modifiktion 1 kann die Busfreigabezeit unterdrückt werden, wenn bis kurz vor Beginn (hier: 1 Sekunde) keine Busanmeldung vorliegt. Die *eingesparte* Zeit kommt dem Individualverkehr der Signalgruppe 1 zugute. Diese Anordnung der Modifikationsmöglichkeit (eine im Grundsignalprogramm fest vorgesehene Busfreigabezeit, die im modifizierten Programm unterdrückt werden kann) sollte immer gewählt werden. Sie hat den Vorteil, daß bei einer Störung der Erfassungseinrichtung und entsprechender Meldung an das Steuergerät oder bei Ausfall des programmierten Modifikationsbausteins immer eine Freigabezeit am Signal 61 gegeben wird, weil dann das Grundsignalprogramm automatisch eingesetzt wird.

Die Modifikation 2 sieht eine weitere Einblendung vor, wenn bis kurz vor dem Freigabezeitbeginn ein Bus als vorhanden erkannt wird.

Die Entscheidungslogik (Bild 5) weist nun zwei Zeitpunkte im Signalprogramm auf, zu denen abgefragt werden muß, ob ein Bus vorhanden ist bzw. sich nicht angemeldet hat. Die „Rotende"- bzw. „Grünendezeiten" der betroffenen Signalgruppen sind dann entsprechend der Modifikation 1 und 2 festzusetzen. In jeweils einem nachfolgenden Zeitpunkt ist das Grundsignalprogramm wiederherzustellen (Rücksetzzeitpunkt).

Dieses Beispiel eignet sich für solche Knotenpunkte, an denen nur zeitlich begrenzte

Eingriffe zu definierten Zeitpunkten im Signalprogramm vorgenommen werden sollen. Derartige Einschränkungen sind oft an Knotenpunkten gegeben, die aus Gründen der Leistungsfähigkeit für den Gesamtverkehr nur geringe Modifikationsmöglichkeiten aufweisen oder an denen im Zuge Grüner Wellen die Eintreffzeiten des ÖPNV-Fahrzeugs nur zu bestimmten Zeiten erwartet werden können.

An Einzelknotenpunkten bzw. einem Knotenverbund, die signaltechnisch keine Verbindung zu Nachbarknoten aufweisen, oder bei einer absoluten ÖPNV-Priorität kann das folgende Einsatzbeispiel angewendet werden:

Knotenpunkt — Freigabezeitmodifikation (Entscheidungslogik)

Ein komplexer Knotenpunktverbund wird von Straßenbahn (Tram), Bus und sogar noch von rangierenden Eisenbahnzügen befahren. Es besteht eine Dreiphasenregelung für den Individualverkehr (Bild 6). Am Ende der Phase 1 ist für die Straßenbahn eine eigene Signalzeit vorgesehen. Bus und Eisenbahn sollen in der weiteren Betrachtung vernachlässigt werden [8].

Die Straßenbahnen sollen an diesem Knotenpunkt derart Priorität erhalten, daß über die gesamte Umlaufzeit der sich nähernden Straßenbahn beim Eintreffen am Knotenpunkt eine Freigabezeit zur Verfügung gestellt werden soll, die sie möglichst ohne Halt nutzen kann. Bild 6 zeigt die sogenannte Wartestruktur der Straßenbahn. Auf den Zeitachsen sind die Phasenfolge (Ordinate) und die Ankunftszeit der Straßenbahn (Abszisse) aufgetragen. Danach wird zunächst — bei Eintreffen im ungefähr ersten Drittel der Umlaufzeit — die Phase 1 verlängert, um der Straßenbahn am Ende eine ungehinderte Durchfahrt zu ermöglichen. Bei späterem Eintreffen während der Phase 2 kann als Zwischenphase die Phase 1 (für die Straßenbahn) geschaltet werden. Danach erfolgt ein Phasenwechsel (Phase 3 vor Phase 2). Beim Eintreffen während der Phase 3 kann ebenfalls direkt die Phase 1, aber mit vorgezogener Freigabezeit für die Straßenbahn, geschaltet werden.

Diese Modifikationen stellen zunächst theoretisch sicher, daß der Straßenbahn in Abhängigkeit ihres Eintreffens sofort eine Freigabe erteilt wird. Wartezeiten entstehen dennoch, und zwar aus Prioritätskonflikten zwischen gegenläufigen Straßenbahnzügen und den — im Beispiel nicht dargestellten — Bussen und Eisenbahnzügen mit eigenen Beeinflussungsmöglichkeiten. Wichtig für die rechtzeitige Schaltung der Phasen ist eine genaue Verkehrserfassung. Im aufgeführten Beispiel wird die Straßenbahn in den Zufahrten durch eine Reihe von Detektoren (Fahrdrahtkontakten) mehrfach erfaßt.

Dieses Beispiel zeigt eine Freigabezeitmodifikation, mit der durch die richtige Zuteilung der ÖPNV-Freigabezeit in Abhängigkeit vom Anforderungszeitpunkt die Optimierung des ÖPNV erreicht wird. Die notwendige Entscheidungslogik wird hier nicht dargestellt.

Knotenpunkt — Freigabezeitmodifikation (Steuerungsmodell)

An Knotenpunkten, bei denen eine absolute ÖPNV-Priorität nicht angestrebt wird, können Steuerungsverfahren eingesetzt werden, die eine Berücksichtigung beider Verkehrsarten, des Individualverkehrs und des ÖPNV, ermöglichen. Auch ist an vielen Knotenpunkten kein ausreichendes Raumangebot für eigene Fahrspuren der Busse und Straßenbahnen vorhanden, so daß sich die Notwendigkeit ergibt, für diese Fälle der gemeinsamen Nutzung der Verkehrsflächen Lösungsmöglichkeiten in der Signal-

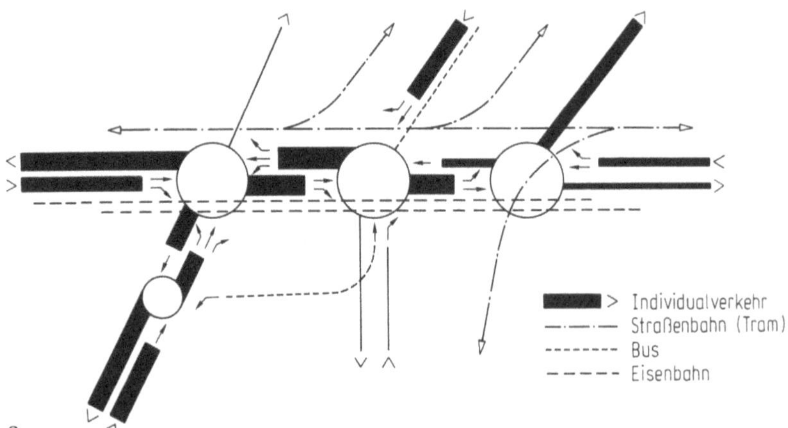

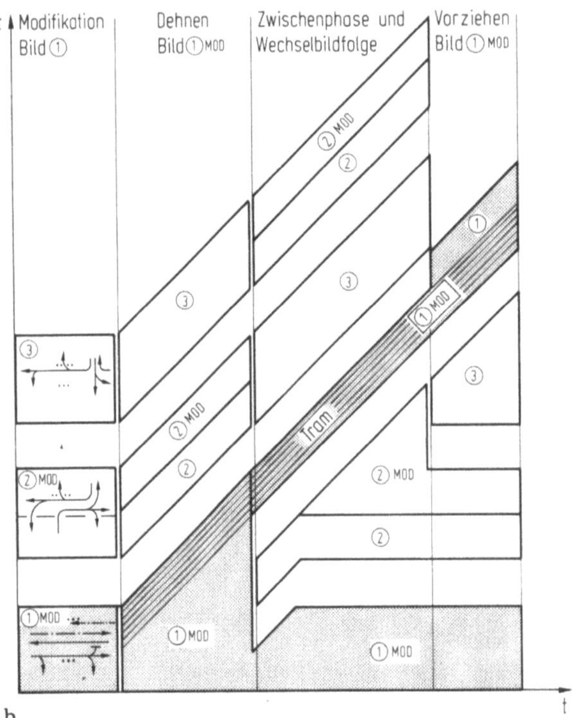

Bild 6a und **b** Lageplan **(a)** und Wartestruktur **(b)** für ein Beispiel zur ÖPNV-Priorisierung [8]

steuerung zu entwickeln. Eine Lösung besteht darin, auch in diesen Fällen die selektiv erfaßten Fahrzeuge des ÖPNV durch z. B. eine solange gegebene Verlängerung der Grünzeit zu bevorzugen, bis die Fahrzeuge die Kreuzung verlassen haben. Hierzu wäre ein Verfahren geeignet, wie es bereits zuvor beschrieben wurde. Diese absolute ÖPNV-Priorität ist jedoch nicht immer erwünscht, insbesondere dann, wenn ein starker Individualverkehr berücksichtigt werden muß.

Die Steuerung des Individualverkehrs und des ÖPNV über gemeinsame Signale kann — wenn sie verkehrsabhängig für beide Fahrzeugarten erfolgen soll — auch mit gemeinsamen Kriterien für ein Steuerungsverfahren vorgenommen werden. Die zur Steuerung des Individualverkehrs häufig verwendeten Steuerungskriterien wie Verkehrsstärke, Fahrzeug-Wartezeit oder Zeitlücken sind dafür jedoch ungeeignet, da sie nur unterschiedslos Fahrzeuge berücksichtigen können. Besser sind kombinierte Kriterien wie die personenbezogene Wartezeit, die in [7] als Steuerungskriterium verwendet wurde. Dabei wird eine für alle Fahrzeuge in den Zufahrten eines Knotenpunkts ermittelte Wartezeit mit der Anzahl der sich in den Fahrzeugen befindlichen Personen gewichtet. Dies setzt voraus, daß Busse mit Hilfe eines selektiven Erfassungssystems ermittelt werden können und der Besetzungsgrad für Fahrzeuge des Individualverkehrs (z. B. 1,3-1,5 Personen/Fahrzeug) und des ÖPNV (z. B. 40-60 Personen/Fahrzeug) als Parameter vorgegeben werden.

Das in [7] beschriebene Steuerungsmodell OPIS (Optimierung von Personenwartezeiten in der Signalsteuerung) enthält einen Algorithmus, der dem Programmsystem PBIL (vgl. Kapitel G 3) entlehnt ist. Dabei werden Personenwartezeiten berechnet, indem die in den Zufahrten eines Knotenpunkts bekannten, von Induktionsschleifen erfaßten Fahrzeuge mit einem Besetzungsgrad gewichtet werden. Es werden — ähnlich wie im Programmsystem zur Signalprogrammbildung — ein zu erwartender Wartezeitverlust bzw. -gewinn errechnet, die nach einem Vergleich zu einer Verlängerung einer laufenden Grünphase oder deren Abbruch zugunsten der Querrichtung bzw. einer anderen Phase führt.

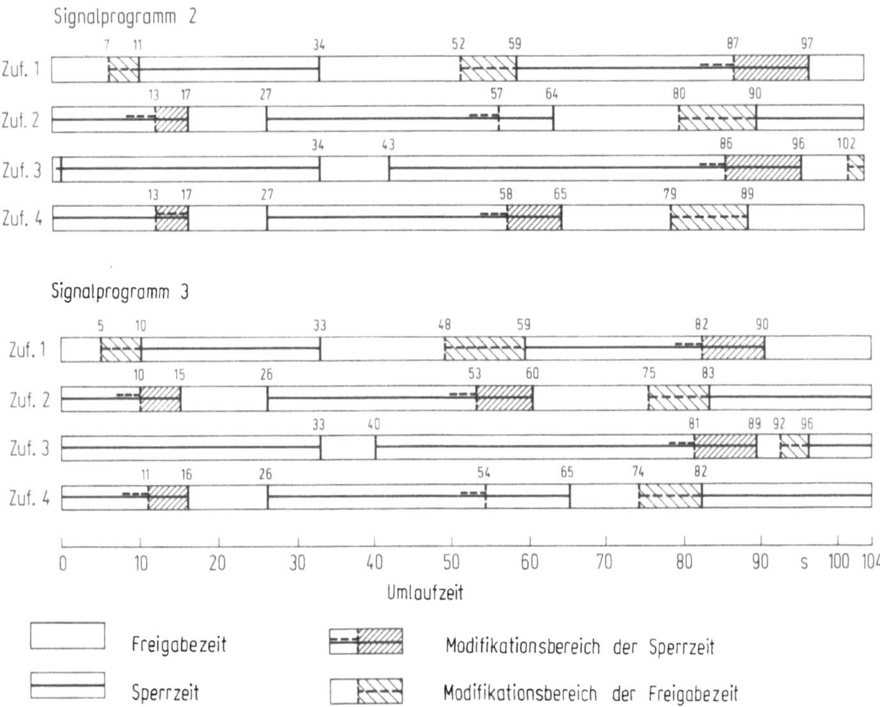

Bild 7. Modifikation von Signalprogrammen nach dem Programmsystem OPIS [7]

Die Modifikationsmöglichkeiten, die durch den Vergleich der zu erwartenden Wartezeiten entstehen, beschränkten sich beim Einsatz von OPIS auf die Verlängerung und
Verkürzung von Freigabezeiten (Bild 7).

Streckenzug — Einblendungen von Freigabezeiten (Entscheidungslogik)

Im Zuge koordinierter Streckenzüge, in denen der Fahrverlauf eines ÖPNV-Fahrzeugs
besser planbar wird — vor allem, wenn ein eigener Fahrraum vorhanden ist —, können Einblendungen zeitlich besser auf das Eintreffen eines Busses oder einer Straßen-

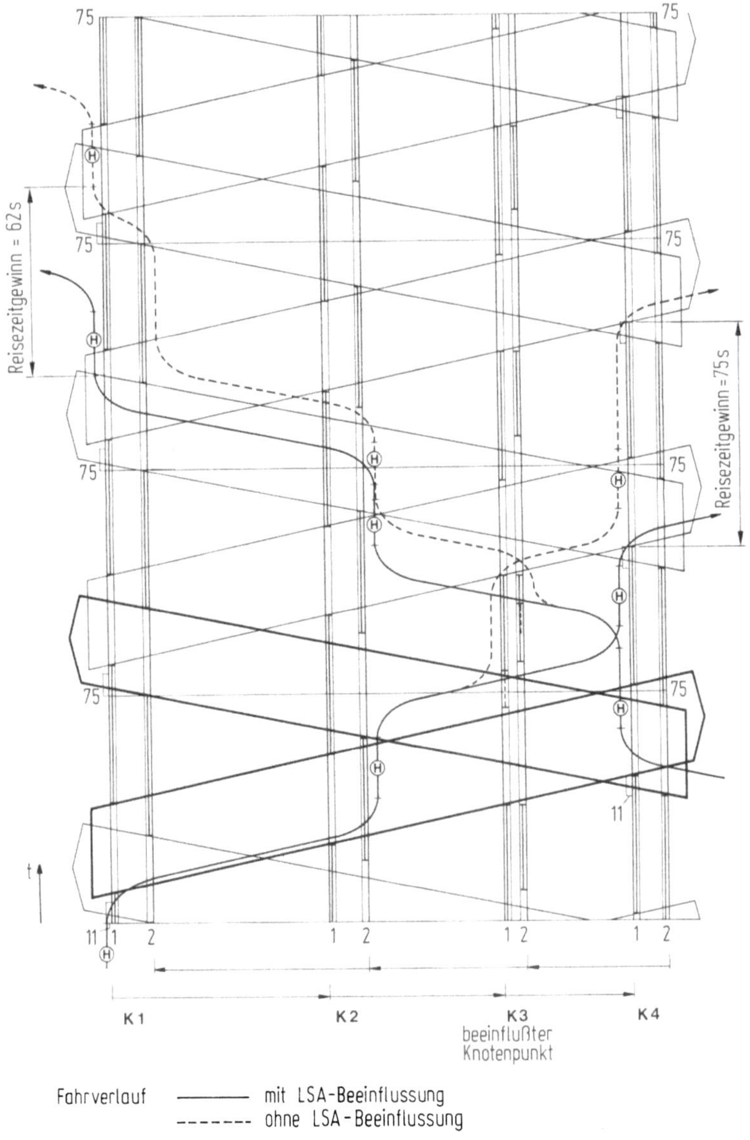

Bild 8. Beispiel für eine flexible Freigabezeitmodifikation an K3

bahn abgestimmt werden. Haltezeiten bzw. Verlustzeiten lassen sich aber nur dann durch diese unflexible Steuerung der Einblendungen entscheidend reduzieren, wenn sie im Signalprogramm so geplant werden können, daß sie im Zuge einer koordinierten Steuerung den Fahrverlauf des ÖPNV relativ genau berücksichtigen. Prinzipiell ist hinsichtlich der Signalplanung die gleiche Methodik anzuwenden wie beim Einzelknotenpunkt.

Streckenzug — Freigabezeitmodifikation (Entscheidungslogik)

Welche erheblichen Vorteile für den Verkehrsablauf eines ÖPNV-Fahrzeugs auf einem relativ kurzen Streckenabschnitt erzielt werden können, wenn eine flexible Freigabezeitmodifikation eingesetzt wird, zeigt ein Beispiel (Bild 8).

Allein durch die Modifikationsmöglichkeiten an einem Knotenpunkt (K3) kann die Fahrzeit eines Busses bei nur vier zu überquerenden Signalanlagen um über eine Minute in jeder Richtung reduziert werden. Durch das Vorziehen bzw. Verlängern der Grünzeit am Knotenpunkt K3 kann der Bus jeweils ohne Halt zwischen den Haltestellen fahren, ohne daß die Grüne Welle des Individualverkehrs beeinträchtigt wird. Gerade im Zuge Grüner Wellen lassen sich erhebliche Reisezeitgewinne für den Öffentlichen Personennahverkehr erzielen, wenn der Fahrverlauf der Fahrzeuge entsprechend genau bestimmbar wird und an den betreffenden Knotenpunkten flexible Steuerungsmaßnahmen vorgesehen werden.

Die Umsetzung der Maßnahmen in eine Signalsteuerung ist im Prinzip die gleiche wie

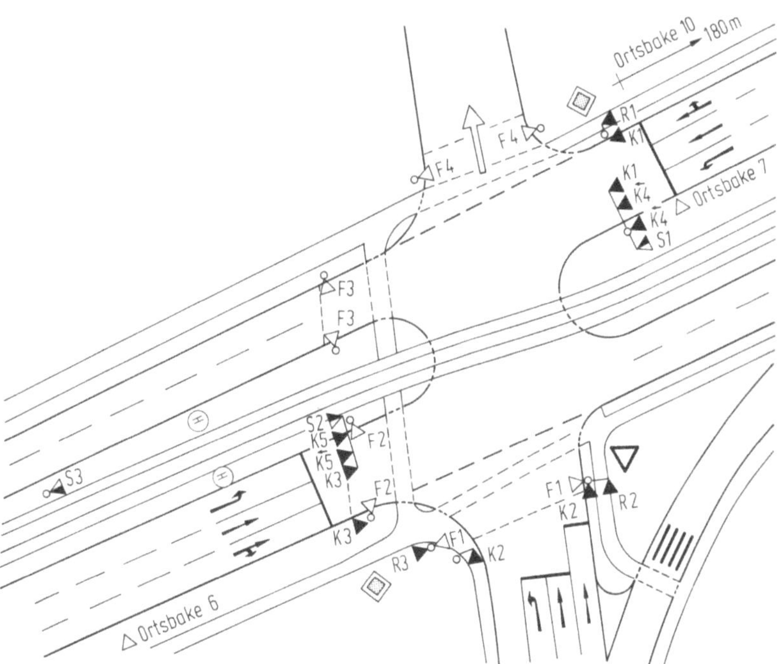

Bild 9. Lageplan mit Darstellung der Ortsbaken zur Linienerfassung

bei Einzelknotenpunkten. Während sie allerdings bei Einzelknotenpunkten aufgrund der zufälligen Eintreffzeiten sehr flexibel geplant, d. h. zu jeder Zeit im Umlauf möglich sein sollten, ist der Zeitraum des Eintreffens am Signal im Zuge Grüner Wellen häufig aufgrund ermittelbarer Fahrverläufe relativ gut einzugrenzen. Dies gilt auch, wenn Haltestellen noch vor dem zu passierenden Signal einer Kreuzung liegen. Freigabezeitmodifikationen sind nur dort im Signalprogramm vorzusehen, wo auch mit dem Eintreffen eines ÖPNV-Fahrzeugs gerechnet werden muß. Allerdings sind auf Streckenzügen bei der Planung auch wesentliche Randbedingungen zu berücksichtigen, wie die für den gesamten Streckenzug geltende feste Umlaufzeit und vor allem die Koordinierung für den Individualverkehr in der Hauptrichtung, die in der Regel zu einem Zielkonflikt mit dem Verkehrsablauf des ÖPNV führt.

Planungen für Lichtsignalbeeinflussungen in Grünen Wellen können bei vielen Modifikationsmöglichkeiten sehr komplex sein. Im folgenden werden die Beeinflussungsmöglichkeiten zugunsten einer Straßenbahn an einem Knotenpunkt (Bild 9) eines koordinierten Streckenzugs dargestellt. Als Erfassungseinrichtungen sind in diesem Fall Ortsbaken eingesetzt, die zusätzlich zur Ortserfassung eine Linienunterscheidung (hier: Linie A und B) ermöglichen. In Bild 10 sind der Phasenablauf und ein Signalprogramm mit den Modifikationen 1 bis 4 dargestellt.

Modifikation 1 ermöglicht eine zusätzliche Freigabezeit für die Straßenbahn am Signal S3 bei der Ausfahrt aus der Haltestelle. Dabei wird eine mittlere Haltestellenaufenthaltszeit als Konstante einbezogen. Durch derartige Signale erfolgt bereits eine Vorsteuerung für den nachfolgenden Knoten, was im Zuge Grüner Wellen bei eigenem Bahnkörper gut planbar ist.

Modifikation 2 bewirkt einen vorgezogenen Abbruch der Linksabbieger (Signal K5), um eine sich nähernde Straßenbahn sowohl über Signal S1 als auch über Signal S2 früher passieren zu lassen.

Modifikation 3 wird nur realisiert, wenn zum Abfragepunkt 4 die Linie A aus Richtung Ortsbake 6 anfordert, um die Freigabezeit am Signal S2 zu nutzen. Eine Anforderung der Linie B wird unterdrückt, weil ihre Weiterfahrt im Folgeknoten nicht gewährleistet ist.

Modifikation 4 garantiert ebenfalls, daß eine Straßenbahn der Linie A oder B in die Haltestelle einfahren kann, aber keine Bahn der Linie B die gegenüberliegende Haltestelle über Signal S2 verlassen kann, weil sie am nachfolgenden Knotenpunkt (hier nicht dargestellt) ohnehin bei einer Sperrzeit auflaufen würde.

Dieses Beispiel zeigt die komplexe Steuerung von ÖPNV-Fahrzeugen im Zuge Grüner Wellen, wobei Einflüsse der Signalsteuerung an den Nachbarknoten einbezogen werden müssen. Freigabezeitmodifikationen für den Individualverkehr und ÖPNV werden dabei im Signalprogramm ebenso realisiert wie Einblendungen für den ÖPNV, die zudem noch verlängert werden können.

Streckenzug — Freigabemodifikation (Steuerungsmodell)

Als ein Steuerungsmodell für einen lichtsignalgesteuerten Streckenzug kann im strengen Sinne nur ein Modell bezeichnet werden, das eine Optimierung für die Gesamtheit bzw. für Abschnitte einer Strecke mit Hilfe einer Zielfunktion vornimmt und danach knotenpunktsweise in eine Signalsteuerung umsetzt. Derartige Modelle für den ÖPNV sind zur Zeit nicht bekannt. Allerdings werden die gerade zuvor beschriebenen Beeinflussungsmaßnahmen häufig bereits als Steuerungsmodell bezeichnet, denn in

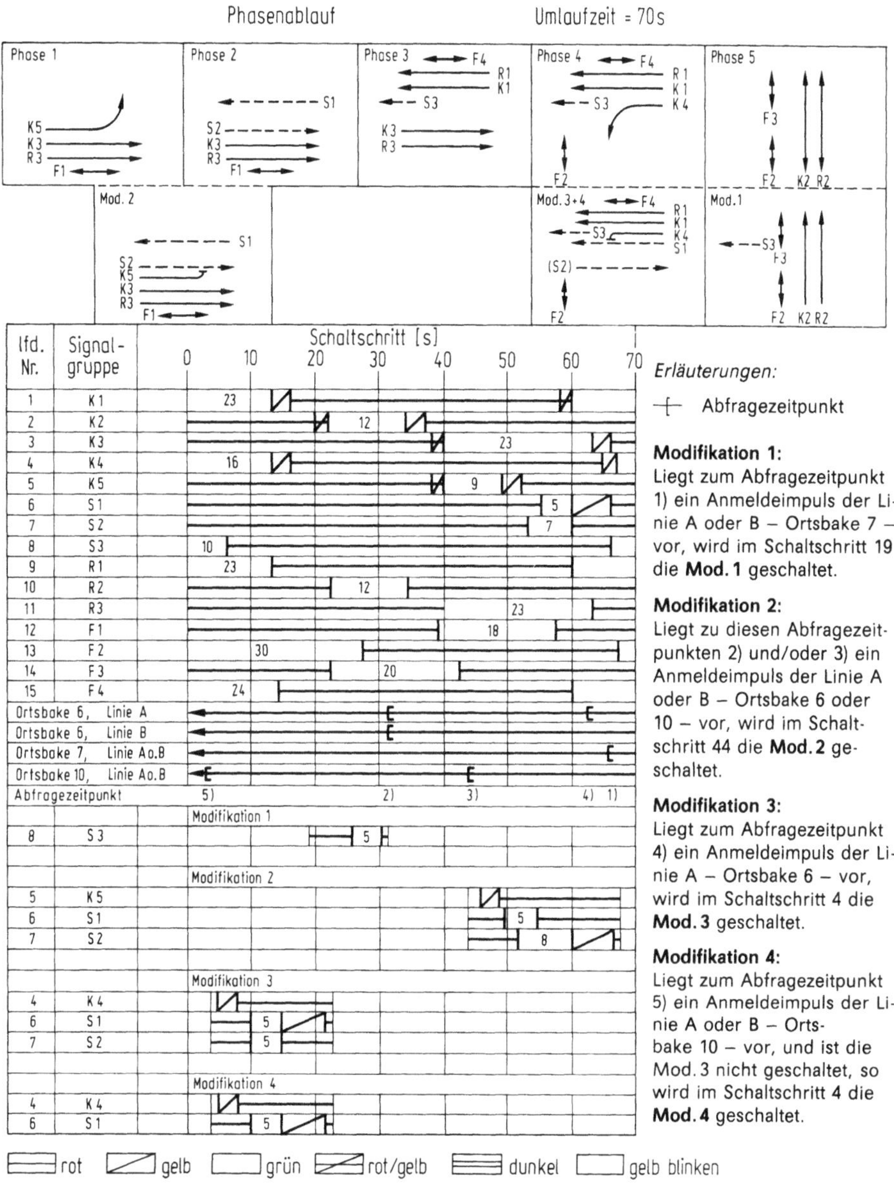

Modifikation 1:
Liegt zum Abfragezeitpunkt
1) ein Anmeldeimpuls der Linie A oder B – Ortsbake 7 –
vor, wird im Schaltschritt 19 die **Mod. 1** geschaltet.

Modifikation 2:
Liegt zu diesen Abfragezeitpunkten 2) und/oder 3) ein
Anmeldeimpuls der Linie A oder B – Ortsbake 6 oder
10 – vor, wird im Schaltschritt 44 die **Mod. 2** geschaltet.

Modifikation 3:
Liegt zum Abfragezeitpunkt
4) ein Anmeldeimpuls der Linie A – Ortsbake 6 – vor,
wird im Schaltschritt 4 die **Mod. 3** geschaltet.

Modifikation 4:
Liegt zum Abfragezeitpunkt
5) ein Anmeldeimpuls der Linie A oder B – Ortsbake 10 – vor, und ist die
Mod. 3 nicht geschaltet, so wird im Schaltschritt 4 die **Mod. 4** geschaltet.

Bild 10. Signalprogramme mit Modifikationsmöglichkeiten

ihrem Umfang und ihrer Komplexität bei der Erstellung eines Algorithmus und der
Programmierung stehen sie einem Programmsystem zur Optimierung des Gesamtverkehrs auf einem Streckenzug nicht nach.
Modellmäßige Ansätze für ein Steuerungsmodell für Straßenbahnen sind in [6] dargelegt. Hier werden Vorschläge gemacht, die Verteilung der Haltestellenaufenthaltszeiten in die Berechnung von Signalverlustzeiten der ÖPNV-Fahrzeuge vor Knotenpunk-

Erfassungssystem

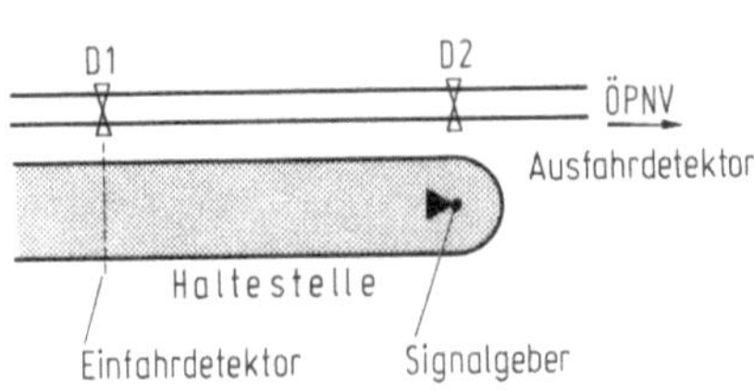

Regelgröße

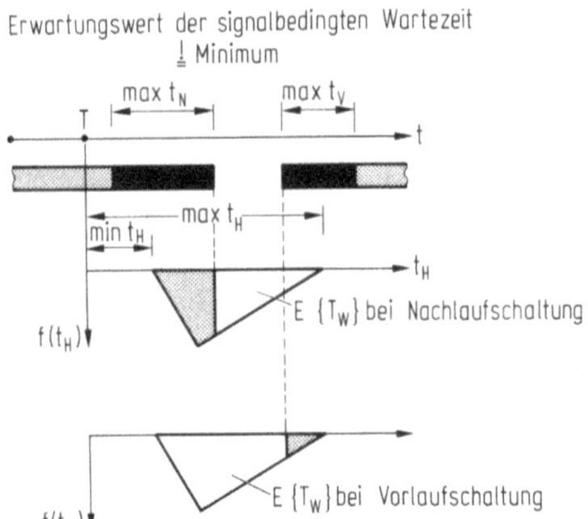

Steuerungslogik (Vereinfachte Darstellung für eine Fahrtrichtung)

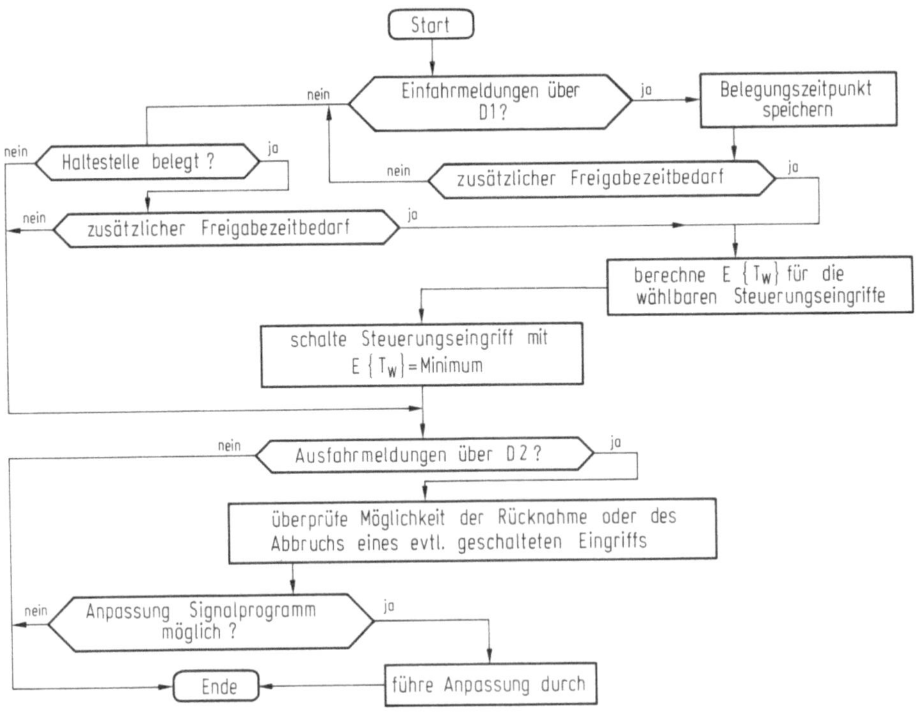

Bild 11. Erfassungssystem, Regelgröße und Steuerlogik für das Steuerungsmodell „BÖVAL" [9]

ten einzubeziehen. Es wird ein Erwartungswert der Signalverlustzeiten errechnet, der von einer empirisch ermittelten Dreiecksverteilung der Haltestellenaufenthaltszeiten im Abfahrbereich zwischen minimaler und maximaler Aufenthaltszeit ausgeht. Eine Signalverlustzeit kann nur auftreten, wenn der Abfahrzeitbereich ganz oder teilweise in der Sperrzeit der Lichtsignalanlage liegt und das ÖPNV-Fahrzeug abfahren möchte. Der Erwartungswert für eine solche Signalverlustzeit berechnet sich als Produkt der aus der Wahrscheinlichkeit für einen Abfahrwunsch (identisch mit der Verteilung der Haltestellenaufenthaltszeiten) und der sich dann ergebenden mittleren Wartezeit. Der Erwartungswert wird als Regelgröße in einem in [9] beschriebenen Steuerungsmodell BÖVAL (Beschleunigung öffentlicher Verkehrsmittel in Lichtsignalanlagen) verwendet (Bild 11).

Über den minimalen Erwartungswert für die Wartezeit wird ein optimaler Signalisierungszustand angestrebt. Dies können variable Vor- und Nachläufe und auch Einblendungen sein. Insbesondere bei konkurrierenden Anforderungen durch Straßenbahnen kann über BÖVAL eine Priorisierung erfolgen. Auch variable Haltestellenaufenthaltszeiten bedingt durch unterschiedliche — aber zeitlich bestimmbare — Fahrgastaufkommen lassen sich durch entsprechende Vorgaben berücksichtigen.

3.3 Erfassungssysteme

Die Beeinflussung der Lichtsignalanlagen zugunsten des ÖPNV setzt die Erfassung der Fahrzeuge voraus, die Bestandteil des aus Fahrzeug- und Streckeneinrichtungen bestehenden Gesamtsystems zur Steuerung der Signalanlagen ist. Die hier ermittelten Informationen werden durch Übertragungseinrichtungen (z. B. Kabel, Funk) an Kreuzungssteuergeräte oder Verkehrsrechner weitergegeben. Die Art der Erfassungseinrichtungen wird maßgeblich durch die Wahl des Steuerungsverfahrens bestimmt. In Abhängigkeit der hier benötigten Informationen über Ort, Ankunftszeit und weitere Kenngrößen eines ÖPNV-Fahrzeugs (vgl. Bild 3) muß das Erfassungssystem ausgewählt werden. In der Praxis ist es oft anzutreffen, daß ein Erfassungssystem für ein Verkehrsnetz bereits besteht (z. B. als Element eines Betriebssystems), somit sind durch diese Vorgabe die Möglichkeiten der Lichtsignalbeeinflussung bestimmt und weitgehend eingeschränkt. Anzustreben ist jedoch, die Wahl eines Erfassungssystems von der Art der geeignetsten Steuerung für einen Knotenpunkt, einer Strecke oder eines Verkehrsnetzbereichs abhängig zu machen.

Ausgehend von den in Bild 3 aufgeführten — und nun noch weiter differenzierten — Erfassungsgrößen sollen die prinzipiellen Systeme nach [1] in nachfolgender Tabelle diesen zugeordnet werden:

Erfassungsgrößen	Gruppe	Erfassungssystem
Anwesenheit und Zeitpunkt	A	mechanische Auslösung durch Fahrzeug an einer Streckeneinrichtung, drahtgebundene Übertragung zur Lichtsignalsteuerung

Erfassungsgrößen	Gruppe	Erfassungssystem
Anwesenheit Zeitpunkt mit Unterscheidung nach Fahrzeugen, Linien, Kursen	B	drahtlose Kommunikation Fahrzeug-Streckeneinrichtung, drahtgebundene Übertragung zur Lichtsignalsteuerung
	C	drahtlose Kommunikation Fahrzeug-Lichtsignalsteuerung
Anwesenheit Zeitpunkt Besetzungsgrad Verspätungsgrad	D	drahtlose Kommunikation Fahrzeug-Betriebsleitrechner und drahtgebundene Kommunikation zum Verkehrsrechner

Zur *Gruppe A* gehören die weitverbreiteten Fahrdrahtkontakte und Schienenkontakte, die beim Überfahren durch die Straßenbahn einen Impuls an die Steuergeräte der Signalsteuerung weitergeben (Bild 12). Anwesenheit und Zeitpunkt dieser Anwesenheit eines ÖPNV-Fahrzeugs können somit ausgewertet werden.

Die *Gruppe B* umfaßt zunächst alle Arten von Detektoren, wobei Induktionsschleifen gegenüber den störanfälligen Ultraschall- und optischen Detektoren vorgezogen werden sollten. Induktionsschleifen mit ihren Auswerteschaltungen können zunächst keine Unterscheidung nach einem Fahrzeug des ÖPNV und des Individualverkehrs vornehmen, sie können also nur auf eigenen Fahrspuren des ÖPNV eingesetzt werden. Durch Sendeeinrichtungen in Bussen (Bild 13) kann eine spezielle Unterscheidung erreicht werden, so daß auch ÖPNV-Fahrzeuge erfaßt werden, die im allgemeinen Verkehrsraum mitfahren. Zusätzliche, vom Fahrzeug abgegebene Signale ermöglichen dabei auch die Unterscheidung nach Linien und Kursen, so daß Lichtsignalanlagen je nach Fahrtrichtung des ÖPNV-Fahrzeugs entsprechend beeinflußt werden können.

Zu den Erfassungssystemen mit einer drahtlosen Kommunikation zu den Streckeneinrichtungen gehören auch die Ortsbaken. Von einem ÖPNV-Fahrzeug wird über einen Sender ein Signal ausgestrahlt, das bei der Vorbeifahrt an einer Ortsbake („passive

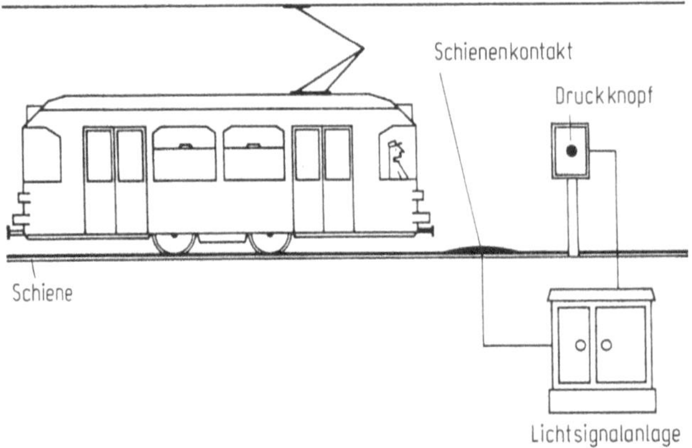

Bild 12. Einfache Kontakte zur mechanischen Auslösung [1]

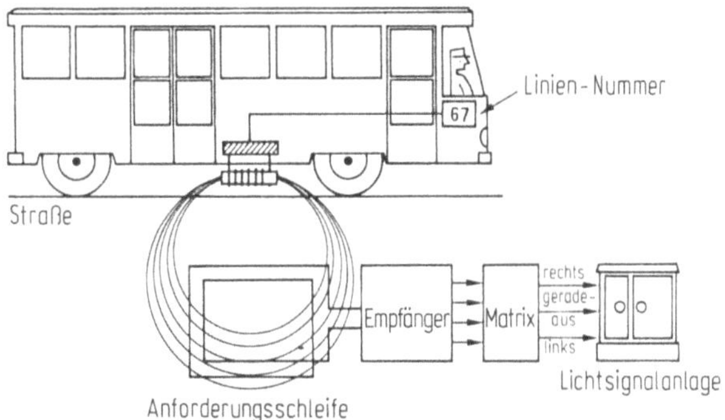

Bild 13. Detektor zur drahtlosen Kommunikation [1]

Bake") empfangen wird. Die Anwesenheit des Fahrzeugs wird dann über eine Verkabe-
lung an das Knotenpunktsteuerungsgerät und von dort eventuell an einen Verkehrsrechner weitergeleitet. In den von den Fahrzeugen ausgestrahlten Infrarotsignalen
können Angaben wie Linien- und Kursnummer enthalten sein.
Die von den ÖPNV-Fahrzeugen ausgesandten Signale können auch direkt an das Kno-
tensteuergerät übermittelt werden, so daß die drahtgebundene Informationsübertragung von der Bake zum Gerät entfallen kann *(Gruppe C)*. Hier können auch per Funk
Daten vom Fahrzeug direkt an das Steuergerät übertragen werden, wobei zur genauen
Ortung der Fahrzeuge, wie bereits beschrieben, Ortsbaken eingesetzt werden, die
durch Informationsaustausch z. B. über Mikrowellen („aktive Bake") den Fahrzeugen
ihren Standort mitteilen können (Bild 14).
Erfassungssysteme der *Gruppe D* sind möglich, wenn der Verkehrsbetrieb ein Betriebsleitsystem aufgebaut hat und eine drahtgebundene Kommunikation zwischen Betriebsleitsystem und Verkehrsrechner gegeben ist (Rechner-Rechner-Kopplung). Anmeldungen werden von ÖPNV-Fahrzeugen per Funk an das Betriebsleitsystem geleitet.
Hierbei sind weiterhin Ortsbaken zur Ermittlung des Standorts erforderlich. Neuere

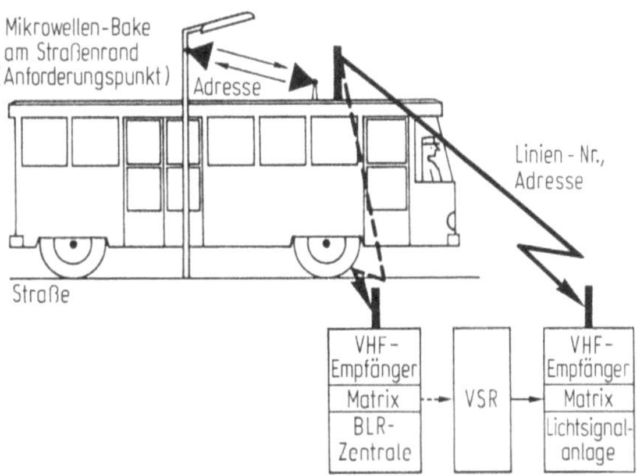

Bild 14. Drahtlose direkte
Übertragung über Funk [1]

Betriebsleitsysteme ermöglichen mit entsprechender Software die logische Ortung von Fahrzeugen, Streckeneinrichtungen sind nicht oder nur in sehr geringem Umfang erforderlich. Bei Erreichen von logisch festgelegten Punkten im Streckennetz wird eine Meldung an den Betriebsleitsystemrechner weitergegeben. In Bild 15 sind diese Wege der Beeinflussung von Lichtsignalanlagen und auch die übrigen prinzipiellen Realisierungsvarianten dargestellt.

Die Erfassung der ÖPNV-Fahrzeuge mit Hilfe der Komponenten eines Betriebsleitsystems hat den Vorteil, daß die aufwendigen Erfassungseinrichtungen und die teilweise notwendigen Ansteuerungseinrichtungen für die Knotenpunktsteuergeräte eingespart werden können. Als zusätzliche Einrichtung ist lediglich eine Rechner-Rechner-Kopplung zwischen Betriebsleitsystem und Verkehrsrechnersystem herzustellen [10].

In Bild 16 sind die notwendigen Software-Bausteine eines solchen Systems dargestellt.

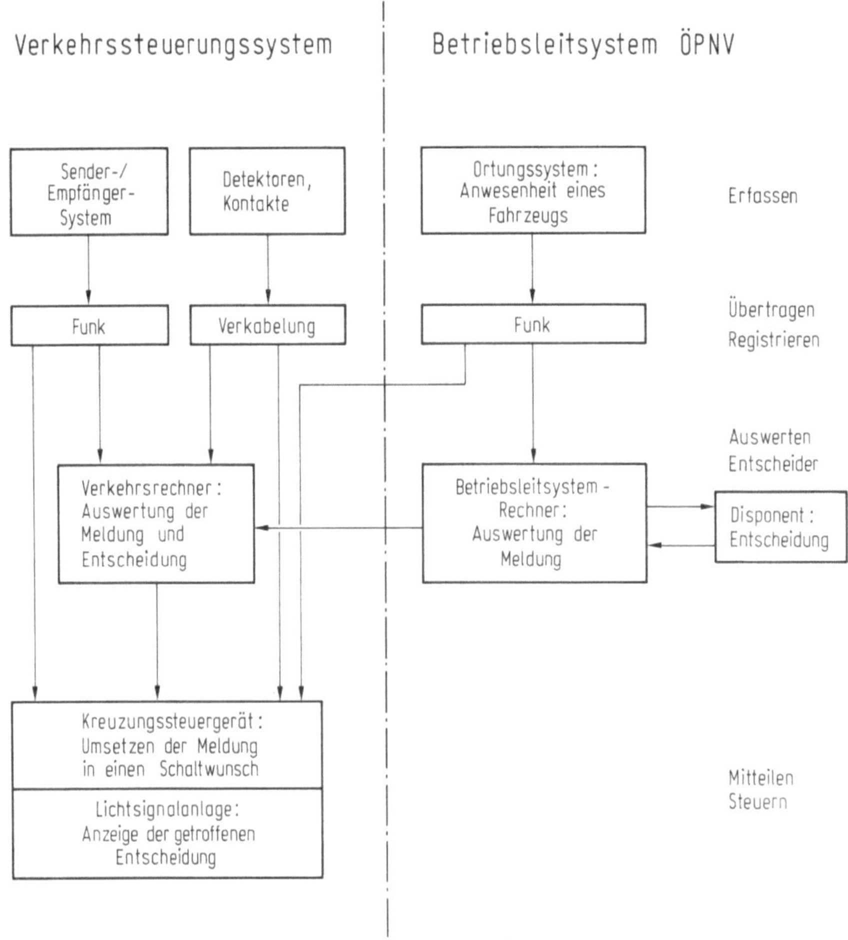

Bild 15. Bevorzugung des ÖPNV an Lichtsignalanlagen – Realisierungsvarianten –

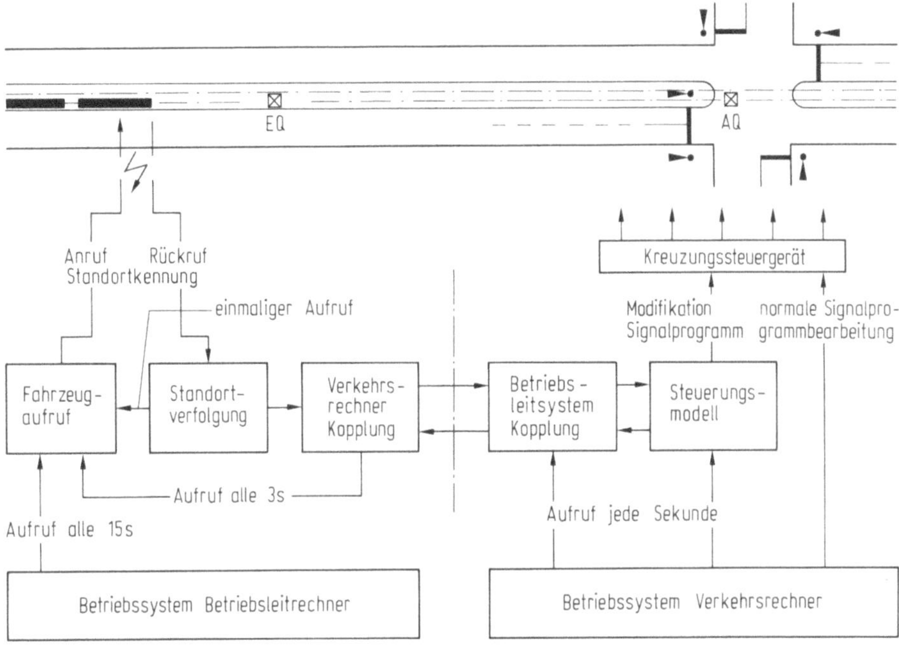

Bild 16. Kopplung zwischen Betriebsleitsystem und Verkehrsrechner

Durch den Regelzyklus (z. B. alle 15 s) des Betriebsleitsystems wird ein sich einem lichtsignalgesteuerten Knotenpunkt näherndes Fahrzeug über ein Modul Fahrzeugaufruf erfaßt. Die Rückmeldung wird in einem Modul Standortverfolgung, in dem das Wegenetz datenmäßig abgelegt ist, dazu benutzt, die genaue Ankunft des Fahrzeugs an einem ebenfalls logisch definierten Erfassungsquerschnitt (EQ) aus den Informationen *Ort* und *Sollgeschwindigkeit* zu bestimmen. Der im Wegenetz festgelegte Erfassungsquerschnitt entspricht dem Ort, an dem ein Fahrzeug bekannt sein muß, um die Lichtsignalsteuerung noch rechtzeitig beeinflussen zu können (in herkömmlichen Systemen liegt hier der Fahrdrahtkontakt oder die Induktionsschleife). Ein weiterer einmaliger Aufruf zum prognostizierten Ankunftszeitpunkt dient der Kontrolle der Prognose. Ist das Fahrzeug noch nicht eingetroffen, erfolgen weitere Hochrechnungen bis zur exakten Ortung des Fahrzeugs am Erfassungsquerschnitt. Die Informationen über das angemeldete Fahrzeug werden schließlich an den Verkehrsrechner übergeben. Dort erfolgt die Weiterverarbeitung des Impulses eines angemeldeten Fahrzeugs, indem ein Steuerungsmodell oder eine Entscheidungslogik durchlaufen wird und ein Steuerungseingriff ausgelöst wird. Im Falle einer gegebenen Verlängerung einer Freigabezeit (Zugabezeit) ist es sinnvoll, eine Kontrolle des Abflusses des ÖPNV-Fahrzeugs mit Hilfe eines Abfragezyklus (z. B. alle 3 s) durchzuführen. Sobald das Fahrzeug den ebenfalls definierten Abflußquerschnitt (AQ) erreicht, wird dies an den Verkehrsrechner weitergeleitet, damit ein Abbruch der zusätzlich gegebenen Freigabezeit sofort nach Durchfahrt des ÖPNV-Fahrzeugs möglich ist. Die Möglichkeiten eines Betriebsleitsystems bei der Standorterfassung von Fahrzeugen zu nutzen, bietet sicher erhebliche Einsparungsmöglichkeiten bei den Erfassungseinrichtungen. Nachteilig kann sich hierbei die — zur Zeit noch nicht in der Praxis erprobte — Erfassungsgenauigkeit auswirken. Auch die Vielzahl der verwendeten bzw. eingesetzten Komponenten (Rechner, Kopplung, Fahrzeuggeräte usw.) kann Auswirkungen auf die Betriebssicherheit einer Lichtsignalbeeinflussung haben. Nur wenn alle Systemteile betriebsbereit sind, können die vorgesehenen Beeinflussungsmaßnahmen auch realisiert werden. Durch die Kopplung eines Betriebsleitrechners und eines Verkehrsrechnersystems ergibt sich allerdings eine Reihe von Möglichkeiten, die in beiden Systemen anfallenden Daten zu Bevorzugungsstrategien in der Lichtsignalsteuerung zu nutzen.

4 Literatur

1 Merkblatt für Maßnahmen zur Beschleunigung des öffentlichen Personennahverkehrs mit Straßenbahnen und Bussen. Köln: Forschungsgesellschaft für Straßen- und Verkehrswesen (Hg.) 1982

2 Förderungsprogramm für Straßenbahnen und Busse in Essen, Teil I: Straßenbahnen. Essen: Essener Verkehrs-AG (Hg.)

3 Philipps, P.; Stork, W.; Weber, U.: Untersuchung von signaltechnischen Maßnahmen zur Verbesserung des Busverkehrs in Grünen Wellen. Bonn: Schriftenreihe Forschung Straßenbau und Straßenverkehrstechnik, BMV, Heft 350 (1981)

4 Rolcke; Brenner; Erlenkötter: Bevorrechtigungsmaßnahmen für Straßenbahnen und Busse an Lichtsignalanlagen. Dortmund: Nahverkehrspraxis 6 (1982)

5 Klein, N; Stork, W.; Theis, T.: Untersuchung von Maßnahmen zur räumlich-zeitlichen Verkehrsaufteilung des straßengebundenen ÖPNV und IV; F.A. 1.044 S77G des Bundesministers für Verkehr

6 Brenner, M: Steuerung des Individualverkehrs und des öffentlichen Personennahverkehrs unter Berücksichtigung der Gesamtwartezeiten. Bonn: Schriftenreihe Forschung Straßenbau und Straßenverkehrstechnik, BMV, Heft 281

7 Philipps, P.: Verkehrsabhängige Signalsteuerung unter Einbeziehung des ÖPNV. Bonn: Schriftenreihe Forschung Straßenbau und Straßenverkehrstechnik, BMV, Heft 350 (1981)

8 Pitzinger, P.: Priorität für den Öffentlichen Verkehr an Lichtsignalanlagen. Bonn: Straßenverkehrstechnik, Heft 5 und 6 (1981)

9 Brenner, M.: Bevorrechtigungsmaßnahmen für den ÖPNV durch Einbeziehung in die Lichtsignalsteuerung, Vorträge VÖV Jahrestagung '82. alba Verlag 1982

10 Albrecht, H.; Philipps, P.: Beeinflussung von Lichtsignalanlagen zur Bevorzugung des ÖPNV mit einer Kopplung von Betriebsleit- und Verkehrsrechner. Borkum: Beitrag zum Statusseminar VIII des BMFT: Nahverkehrsforschung '81 (1981)

Teil I

Fahrstreifensignalisierung

1 Zielsetzung und Einsatzkriterien

1.1 Zielsetzung

Fahrstreifensignalisierung verfolgt das Ziel, mit Hilfe von Signalen die jeweils verfügbaren Fahrstreifen eines längeren Straßenabschnittes entsprechend der sich im Laufe der Zeit ändernden Nachfrage abwechselnd diesem oder jenem Fahrzeugstrom optimal zuzuweisen oder bestimmte Fahrstreifen aus Gründen der Verkehrssicherheit bzw. der rationellen Betriebsabwicklung vom allgemeinen Verkehr freizuhalten. Diese variable Zuordnung von Fahrstreifen unterscheidet sich von der Verkehrssteuerung an Straßenknoten, bei denen die Fahrstreifen i. a. durch Markierungszeichen auf der Fahrbahn fest bestimmten Verkehrsströmen zugeordnet sind. Dort erfolgt die Anpassung an die Nachfrage lediglich durch variable Zuordnung von Freigabezeit (unter Einschluß der Variation der Umlaufzeit).

1.2 Anwendungsfälle

Bei der Fahrstreifensignalisierung sind zwei Fälle zu unterscheiden:
— Disposition über Fahrstreifen, die nur in einer Richtung befahren werden
— Disposition über Fahrstreifen, die im Laufe der Zeit abwechselnd in der einen oder in der anderen Richtung befahren werden.

Anwendungsfälle für die Disposition über Fahrstreifen, die nur in einer Richtung befahren werden, sind:

A) Zusammenführung von Verkehrsströmen gleicher Zielrichtung unter Fahrstreifensubtraktion, wenn zeitweise der Zufluß von der einen und zeitweise der Zufluß von der anderen Richtung erheblich überwiegt — dieser Anwendungsfall wird auch Einfahrhilfe genannt — (Bild 1, A);

B) Umfahrung von Störstellen (Unfallstellen, Schadensstellen, Baustellen, Tunnelröhren mit zu hoher Schadstoffkonzentration usw.) auf hochbelasteten Straßenabschnitten mit erheblicher Verkehrsbedeutung (z. B. wichtige längere Tunnel oder Brücken, u. U. auch längere Baustellen (Bild 1, B)) und

C) Fahrstreifen-/Fahrbahnzuweiseung an Abfertigungsstellen wie Grenzübergängen, Mautstellen, Fährhäfen, Parkeinrichtungen, Tankstellen, Tunneln usw. in Abhängigkeit von Betriebsplänen und Nachfrage (Bild 1, C).

Anwendungsfälle für die Disposition über Richtungswechsel-Fahrstreifen sind:

D) Richtungswechselbetrieb auf einzelnen Fahrstreifen (Bild 2, D a) oder Fahrbahnen (alle Fahrstreifen einer Fahrbahn (Bild 2, D b), wenn in einem Straßenzug zeit-

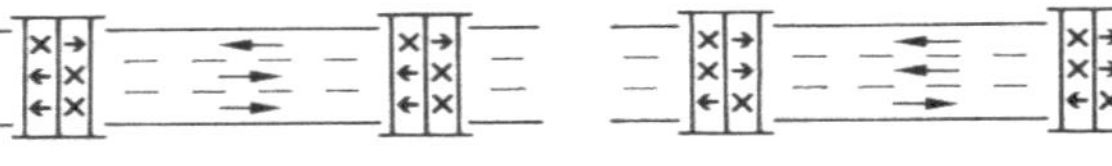
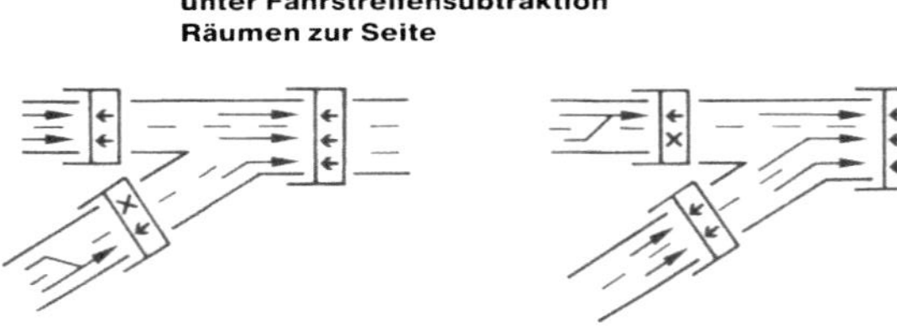

Bild 1. Disposition über Fahrstreifen, die nur in einer Richtung befahren werden

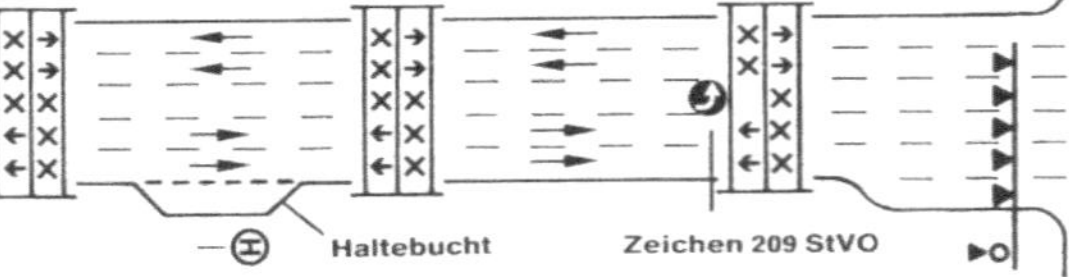
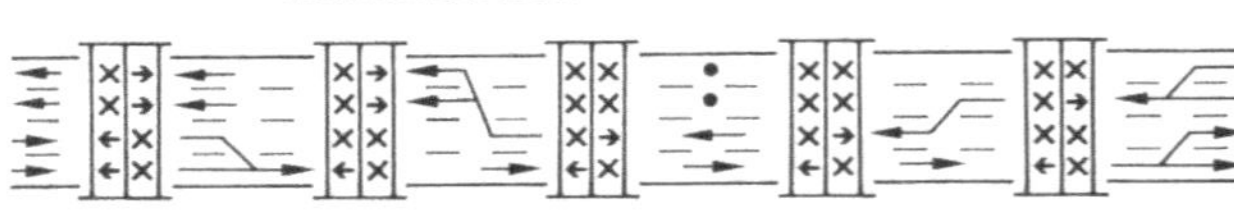

Bild 2. Disposition über Fahrstreifen, auf denen die Verkehrsrichtung gewechselt werden kann

weise der Verkehr in der einen Richtung und zeitweise der Verkehr in der anderen Richtung erheblich überwiegt und

E) Umfahrung von Störstellen (Unfallstellen, Schadensstellen, Baustellen, Tunnelröhren mit zu hoher Schadstoffkonzentration usw.) auf hochbelasteten Straßenabschnitten mit erheblicher Verkehrsbedeutung (z. B. wichtige längere Tunnel oder Brücken, u. U. auch längere Baustellen) (Bild 2, E).

Die vorgenannten Anwendungsfälle A bis E der Fahrstreifensignalisierung werden häufig miteinander kombiniert. Z. B. besteht die sogenannte Tunnelsteuerung i. d. R. aus einer Kombination von Einrichtungen zur Fahrstreifen-/Fahrbahnzuweisung an Abfertigungsstellen und Einrichtungen zur Umfahrung von Störstellen. Außerdem können zur Tunnelsteuerung u. U. noch Einrichtungen für Richtungswechselbetrieb gehören.

1.3 Einsatzkriterien

Für den Einsatz von Fahrstreifensignalisierung bei der *Zusammenführung von Verkehrsströmen (A)* oder für den *Richtungswechselbetrieb (D)*, müssen folgende verkehrliche Voraussetzungen erfüllt sein [3]:

1. Die Gesamtnachfrage auf dem kritischen Abschnitt muß mindestens 90 h im Jahr, möglichst aber täglich während mehrerer Stunden hoch sein, sollte aber die Gesamtfahrbahnleistung bei optimaler Fahrstreifenzuweisung nicht übersteigen.
2. Zu Zeiten hoher Gesamtnachfrage muß das Verhältnis der Verkehrsstärken der durch die Fahrstreifensignalisierung zu beeinflussenden Fahrzeugströme
   bei 3streifigen Fahrbahnen   mindestens 2:1,
   bei 4streifigen Fahrbahnen   mindestens 3:1,
   bei 5streifigen Fahrbahnen   mindestens 1,5:1
   betragen.
3. Die einzelnen Verkehrsstärkeverhältnisse, die einen bestimmten Betriebszustand erfordern, müssen jeweils über längere Zeiten — mindestens aber über 5 min — konstant bleiben, weil die Betriebszustände mit Rücksicht auf die Fahrer und die Minderung der Querschnittsleistung beim Umschaltvorgang nicht in beliebig dichter Folge gewechselt werden können. Je länger die zwischen zwei Betriebszuständen einzuhaltenden leistungsmindernden Zwischenzeiten (Räum- und Sicherheitszeiten) werden müssen, um so länger müssen die Zeiten konstanter Verkehrsstärkeverhältnisse sein.
4. Es muß möglich sein, auf Fahrstreifen mit Fahrstreifensignalisierung das Warten von Abbiegern, ruhenden Verkehr und planmäßiges Halten von Straßenbahnen und Bussen zu unterbinden (Anordnung von Halteverboten).
5. Streckenabschnitte mit *Richtungswechselbetrieb* sollten den Charakter einer Vorfahrtstraße haben und entsprechend beschilderbar sein.
   Der Abbiegeverkehr an Zwischenknoten und der Verkehr zu und von anliegenden Grundstücken muß gering sein.
   Es muß möglich sein, das direkte Linksabbiegen in Zeiten hoher Nachfrage zu unterbinden (Blockumfahrung). Das direkte Linksabbiegen kann nur zugelassen wer-

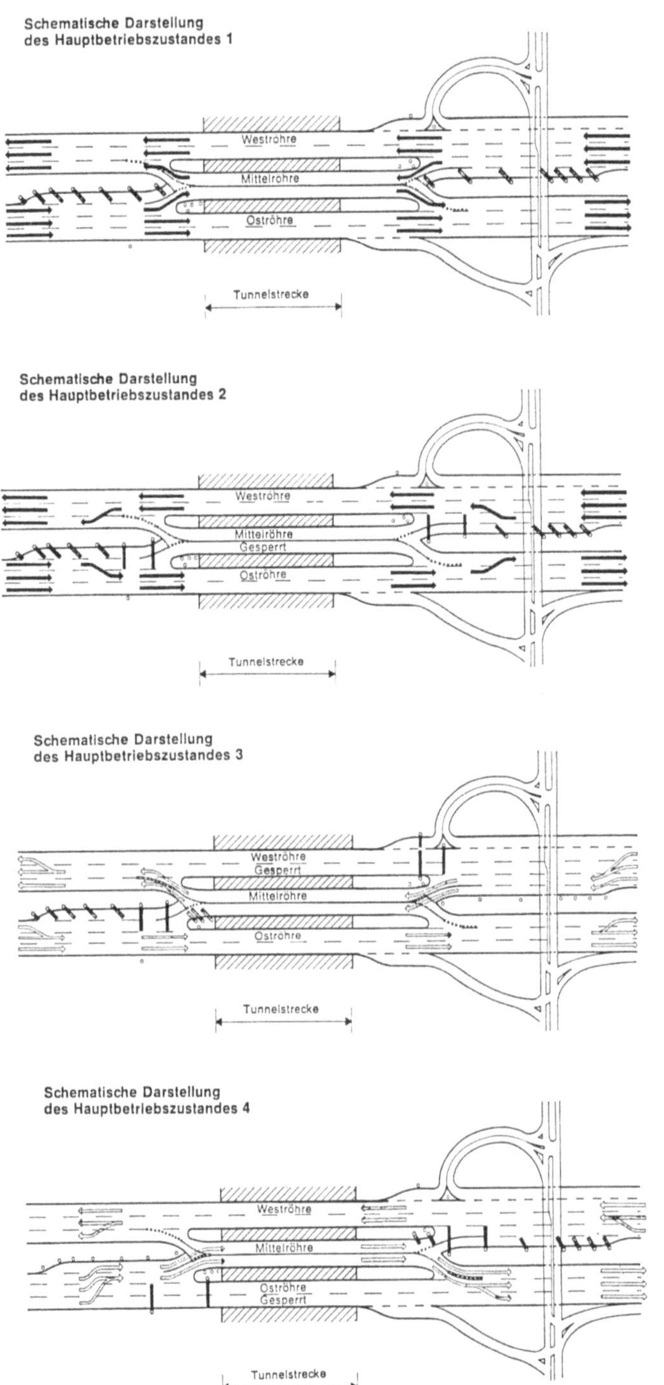

Bild 3. Beispiel für die Zuweisung von Fahrbahnen (Tunnelröhren) und Fahrstreifen bei unterschiedlicher Nachfrage im neuen Hamburger Elbtunnel [19]

den, wenn Fahrstreifen in Fahrbahnmitte für den Durchgangsverkehr gesperrt sind
und als Aufstellstreifen für Linksabbieger benutzt werden können.

Kreuzender und einbiegender Verkehr — auch höhengleich kreuzender Fußgänger-
und Radverkehr — müssen signalisiert werden.

Fahrstreifensignalisierung, die lediglich zur *Umfahrung von Störstellen* auf bestimmten
Fahrstreifen (B) (E) eingerichtet wird, kommt nur an hochbelasteten kritischen Engpässen (wichtige Tunnel und Brücken) mit hoher Unfallrate bzw. extrem häufigen
Wartungsarbeiten in Betracht, wenn akzeptable Umleitungen über andere Straßen
nicht zur Verfügung stehen. Wo aus anderen Gründen eine Fahrstreifensignalisierung
eingerichtet wird, empfiehlt es sich allerdings zu prüfen, ob die Fahrstreifensignalisierung auch zusätzlich für die Umfahrung von Störstellen ausgelegt werden sollte.
Umfahrungssysteme ersparen bei häufigen Wartungsarbeiten — die z. B. in Tunnel-
strecken zum Zwecke der Reinigung und des Lampenwechsels notwendig werden —
das zeitraubende und für das damit beschäftigte Personal gefährliche Auf- und Abbauen von Baustellenbeschilderungen und u. U. das Aufstellen von Warnposten.

Fahrstreifen-/Fahrbahnzuweisung an Abfertigungsstellen (C) kann an größeren Abfertigungsstellen einen wirtschaftlicheren Betrieb ermöglichen und Unsicherheiten bei den
Fahrern abbauen. Solche Einrichtungen kommen in Betracht, wenn über wenigstens
drei Fahrstreifen oder drei Fahrbahnen disponiert werden muß. Diese Form der Fahrstreifensignalisierung hat sich bei Tunneln, die aus drei Einzelröhren bestehen, als
vorteilhaft erwiesen. Im Rahmen der sogenannten Tunnelsteuerung wird zu Zeiten
schwachen Verkehrs eine Röhre vom Verkehr freigehalten [9], [18]. Dies ermöglicht
ungestörte Wartungsarbeiten und erspart Beleuchtungs- und Belüftungskosten. Die
Fahrbahn der mittleren Tunnelröhre wird meistens mit Einrichtungen für den Richtungswechselbetrieb ausgestattet. Übliche Betriebsformen für solche Tunnel sind in
Bild 3 dargestellt.

1.4 Auswirkungen auf die Verkehrssicherheit

Unter der Voraussetzung, daß die Fahrer die von Fahrstreifensignalisierung gegebenen
Weisungen über die Benutzung von Fahrstreifen befolgen, können von Fahrstreifensignalisierungen verschiedene sicherheitsfördernde Effekte erwartet werden. Da i. a.
[14] ein U-förmiger Zusammenhang zwischen Unfallrate und Verkehrsstärke pro Fahrstreifen besteht (Bild 4), können sie dazu beitragen, daß durch ein erhöhtes Fahrstreifenangebot für die Richtung mit starkem Verkehr auf den einzelnen Fahrstreifen extrem hohe Verkehrsdichten und damit Auffahrunfälle vermieden werden. Andererseits
kann für die Richtung mit schwachem Verkehr die Reduzierung der Fahrstreifenzahl
und damit die Erhöhung der Verkehrsdichte auf den verbleibenden Fahrstreifen zu
einer Verminderung der Einholunfälle und der Abkommensunfälle führen. Dieser Effekt wird auch vom „*Freischalten*" der (des) mittleren Fahrstreifen(s) (Bild 2, D c) zu
Zeiten insgesamt schwacher Nachfrage erwartet. Bei diesem Betriebszustand wird
durch den größeren Abstand zwischen den beiden Fahrrichtungen ein zusätzlicher Si-
cherheitseffekt erwartet. Der vom Fahrverkehr freie Mittelstreifen kommt im übrigen
kreuzenden Fußgängern zustatten.

Bild 4. Zusammenhang zwischen Unfallrate und Verkehrsstärke, erwartete Wirkung von Fahrstreifenzuweisung auf die Unfallrate

Unter Aspekten der Verkehrssicherheit kommt dem Wechsel von Betriebszuständen besondere Bedeutung zu. Dies gilt besonders für den Richtungswechsel auf einem Fahrstreifen. Grundsätzlich sollte nur jeweils der Betriebszustand auf *einem* Fahrstreifen geändert werden, sofern nicht die gesamte Fahrbahn einem Richtungswechsel unterworfen wird (Bild 2, D b). Einmal muß der Fahrer die Änderung der Fahrstreifensignalisierung erkennen und bereit sein, danach zu handeln. Zum anderen muß ihm die Möglichkeit (Zeit) gegeben werden, seinen Fahrstreifen zu räumen. Dabei spielt die herrschende Verkehrsstärke eine Rolle. Das zügige Räumen zur Seite ist nur möglich, wenn der benachbarte Fahrstreifen den Verkehr auch ohne Beeinträchtigung des Verkehrsflusses aufnehmen kann. Räumungen von Fahrstreifen zur Seite sollten deshalb möglichst nur dann durchgeführt werden, wenn sowohl auf dem Fahrstreifen, der den räumenden Verkehr aufnehmen soll, als auch auf dem zu räumenden Fahrstreifen der Verkehr schwach ist und insgesamt etwa 10 Fz/Minute nicht übersteigt. Nur in diesem Fall kann davon gesprochen werden, daß die Fahrzeuge in der Zeit, die zum Durchfahren des größten Abstands zweier hintereinander dargebotener Fahrstreifensignale nötig ist, ihren Fahrstreifen problemlos räumen.

Wie aus Bild 3 hervorgeht, kann Räumen zur Seite auch bei Richtungswechsel auf der gesamten Fahrbahn *vor der Überleitstelle* in Frage kommen, obwohl hinter der Überleitstelle nach vorn geräumt wird. Glücklicherweise stellen sich die Verkehrsteilnehmer bei innerörtlicher Fahrstreifensignalisierung mit Festzeitsteuerung auf zu erwartende Räumvorgänge ein, indem sie die Fahrstreifen bei geringen Verkehrsstärken *„räumgerecht"* benutzen (vgl. Bild 12). Bei der Zusammenführung von Verkehrsströmen an Autobahnknoten kann ein ähnliches Verhalten von Fahrern, die den rechten Fahrstreifen der durchgehenden Strecke räumen sollen, auf dem sie normalerweise Vorfahrt haben, nicht erwartet werden.

Eine Hebung der Verkehrssicherheit wird von der Fahrstreifensignalisierung erwartet, die eine Umfahrung von Störstellen bewirkt. Allerdings kann auch das beste automatische Störfallentdeckungssystem nicht so schnell sein, daß immer unmittelbar nach einem Unfall auf den betroffenen Fahrstreifen vor der Unfallstelle ein Deckungssignal gegeben werden kann. Es ist deshalb i. a. bei dichtem Verkehr nicht möglich, mit Systemen zur Umfahrung von Störstellen bereits das Fahrzeug, das einem kollidierenden Fahrzeug unmittelbar folgt, um die Unfallstelle herumzuleiten. Dies könnte bei fehlenden Lücken im Verkehrsstrom des Nachbarstreifens auch zu kritischen Situationen führen.

2 Bauliche Voraussetzungen und Signalisierung

2.1 Bauliche Voraussetzungen für Fahrstreifensignalisierung und flankierende Verkehrsregelung

Für Fahrstreifensignalisierungen zur Zusammenführung von Verkehrsströmen sind i. d. R. besondere bauliche Maßnahmen nicht erforderlich. Die Fahrstreifen müssen lediglich immer einwandfrei markiert sein. Richtungswechselbetrieb erfordert dagegen i. d. R. erhebliche bauliche Maßnahmen. Grundvoraussetzung ist, daß die der Fahrstreifensignalisierung unterworfenen Fahrstreifen ohne auffällige Breitenveränderungen durch den gesamten zu steuernden Streckenabschnitt — einschließlich der Knoten — durchlaufen und immer gut sichtbar markiert sind. Straßenbahnen und Busfahrstreifen sind im Bereich von Fahrstreifen, die dem Richtungswechsel unterliegen, nicht möglich. Für Busse sind Haltebuchten erforderlich. Für Rechtsabbieger müssen zusätzliche Fahrstreifen zur Verfügung stehen, die ein zügiges Verlassen der mit Fahrstreifensignalisierung versehenen Fahrbahn gestatten. Die Endknoten von Strecken mit Richtungswechselbetrieb müssen für den Übergang des Verkehrs von einer Betriebsform in die andere ausgebaut werden. (s. hierzu [6]). Die anschließenden Strecken müssen den Verkehr aus der mit Fahrstreifensignalisierung versehenen Strecke aufnehmen, ohne dort Rückstau auszulösen. In Strecken mit Richtungswechselbetrieb sollten sich möglichst wenig Zwischenknoten befinden. Die Zwischenknoten sollten so gestaltet sein, daß sie die Begreifbarkeit erleichtern. Ihre Signalisierung mit Wechsellichtzeichen ist zwingend geboten.

Die gesamte Verkehrsregelung (Vorfahrtregelung, Signalisierung, Wegweisung, Gebots- und Verbotszeichen, Überleitungstafeln usw.) ist in dem von einer Fahrstreifensignalisierung betroffenen Straßennetz der Fahrstreifensignalisierung anzupassen. In der Regel werden dazu Wechselverkehrszeichen im Umfeld der Fahrstreifensignalisierung erforderlich. Wenn wegen der Fahrstreifensignalisierung Fahrtrichtungsbeschränkungen an einzelnen Knotenpunkten zeitweise erlassen werden müssen, so sollte dies in den betroffenen Straßen mit größerer Verkehrsbedeutung vorher so rechtzeitig angekündigt werden, daß die Verkehrsteilnehmer sich auf andere Wege einstellen können. Allerdings muß verhindert werden, daß dieser Verkehr in Bereiche ausweicht, in denen er wegen seiner negativen Umwelteinflüsse unerwünscht ist. Sind Hauptverkehrsverbindungen von solchen Maßnahmen betroffen, so müssen ggf. Alternativrouten ausgeschildert werden.

Für die Zuweisung von Fahrstreifen an Abfertigungsstellen ist der durch die Fahrstreifensignalisierung bedingte bauliche Zusatzaufwand für die Gestaltung der Anlagen relativ gering. Wie aus Bild 1, C und aus Bild 3, Hauptbetriebszustände 3 und 4, hervorgeht, besteht hier das Problem, Fahrer, die an den Überleitstellen gleich mehrere Fahrstreifen wechseln müssen, im Übergangsbereich klar zu führen. Bei fester Fahrstreifenmarkierung können hier Probleme auftreten. In den Übergangsbereichen wäre deshalb eine „variable Fahrstreifenmarkierung" erwünscht. Vor dem neuen Hamburger Elbtunnel (Bild 3) werden solche variablen Fahrstreifenmarkierungen durch in die Fahrbahn eingebaute Leuchten — nach Art der Unterflurbefeuerung von Flughafen-Rollbahnen — bewirkt. Die Scheiben dieser Leuchten schließen plangleich mit der Fahrbahnoberfläche ab. Mit insgesamt 90 Unterflurleuchten in 5 Ketten werden dort die Fahrstreifenmarkierungen den verschiedensten Betriebszuständen angepaßt. Die Helligkeit der Leuchten wird automatisch den jeweils herrschenden Lichtverhältnissen angepaßt. Es ist denkbar, solche Unterflurleuchten auch einzusetzen, um bei Richtungswechselbetrieb die Richtungstrennung zu markieren. Aufwand und Ausfallwahrscheinlichkeit setzen der Perfektion allerdings Grenzen.

2.2 Anforderung an die Zeichen, ihre Anordnung und Schaltung

Die über die Benutzung der einzelnen Fahrstreifen getroffenen Dispositionen sind den Fahrern grundsätzlich durch Signale über den einzelnen Fahrstreifen anzuzeigen. Ausnahmen sind bisher nur bei dreistreifigen Fahrbahnen unter folgenden Voraussetzungen gemacht worden:

— Änderung des Betriebszustandes nur zu Zeiten schwachen Verkehrs,
— Beibehaltung des einzelnen Betriebszustandes jeweils über mehrere Stunden (z. B. wenn vormittags zwei Fahrstreifen stadteinwärts und einer stadtauswärts, dazwischen je Richtung ein Fahrstreifen — mit Überholverbot — für den Verkehr freigegeben werden).

Unter diesen Voraussetzungen sind in der Vergangenheit *beidseits der Fahrbahn* Wechselverkehrszeichen angeordnet worden, die mit Zeichen 468 StVO die jeweilige Fahrstreifenbenutzung signalisieren (Bild 5). Eine solche Signalisierung wirft Probleme auf. Verdeckungseffekte durch große Fahrzeuge sind denkbar. Sie wird deshalb nicht empfohlen.

Für die Fahrstreifensignalisierung über den einzelnen Fahrstreifen eignen sich grundsätzlich alle international vereinbarten Verkehrszeichen mit Gebots- und Verbotscharakter. Tatsächlich sind in den 60er und 70er Jahren großflächige Verkehrszeichen für die Fahrstreifensignalisierung verwendet worden. Diese Zeichen werden in Wechselverkehrszeichen-Gehäusen dargeboten. In Prismentechnik können 3, in Rollotechnik, Plättchentechnik oder Lichtpunkttechnik kann dagegen eine Vielzahl von Zeichen dargeboten werden. Bild 6 gibt ein Beispiel für die Fahrstreifensignalisierung mit Wechselverkehrszeichen in Rollotechnik über den Fahrstreifen wieder. Zeichen mit empfehlendem Charakter sind nicht geeignet. Bild 7 zeigt ein Beispiel der in England für die Fahrstreifensignalisierung entwickelten Matrixzeichen.

Bei mechanisch arbeitenden Wechselverkehrszeichen dauert der Zeichenwechsel länger als bei Lichtzeichen, die nur ein- oder ausgeschaltet werden müssen. Lichtzeichen haben i. a. auch einen größeren Aufforderungscharakter. Heute werden für die Fahrstreifensignalisierung in erster Linie Dauerlichtzeichen nach § 37 StVO (Bild 8) verwendet.

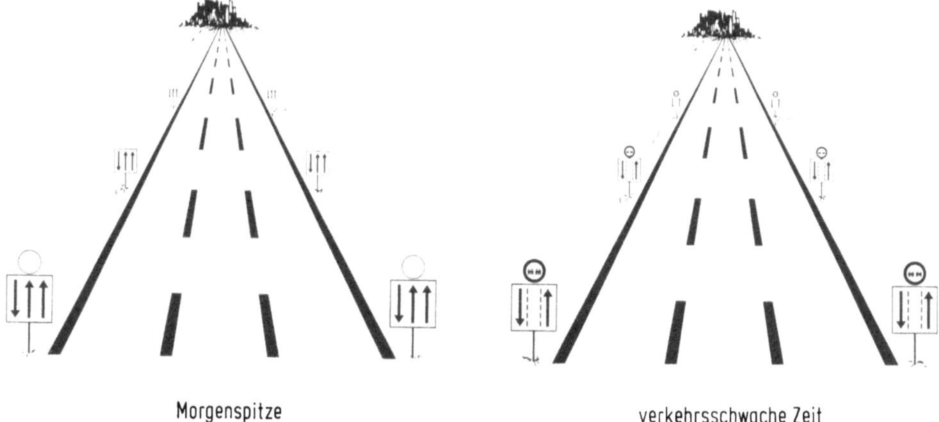

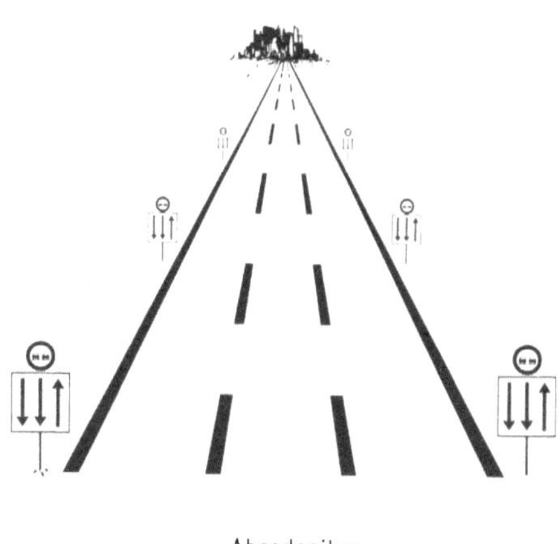

Bild 5. Fahrstreifensignalisierung an dreistreifigen Straßen mit beidseitig neben der Fahrbahn stehenden Wechselverkehrszeichen

Rote gekreuzte Schrägbalken (Andreaskreuz) ordnen an:
Der Fahrstreifen darf nicht benutzt werden, davor darf nicht gehalten werden.
Ein grüner, nach unten gerichteter Pfeil bedeutet:
Der Verkehr auf dem Fahrstreifen ist freigegeben.
Damit die Fahrer beim Erlöschen des grünen Pfeils nicht sofort mit dem Sperrsignal konfrontiert werden und keine Sperrsignale überfahren oder riskante Räumvorgänge einleiten, wird zwischen diesen beiden Zeichen — während der Räumzeit (vgl. Abschn. 1.3) — ein blinkender gelber Pfeil gezeigt, der zugleich anzeigt, nach welcher Seite geräumt werden muß (Überleitpfeil).
Für die Schaltung der Fahrstreifensignale gilt: für das Räumen von Fahrstreifen nach vorn ist vor der Überleitstelle analog Bild 1, B, b der Verkehr mit Hilfe von Überleitpfeilen abzulenken. Zunächst wird das erste Sperrsignal hinter der Überleitstelle eingeschaltet. Die darauf folgenden Signale werden erst in die Anzeige *„Fahrstreifen gesperrt"* geschaltet, wenn das letzte Fahrzeug auf dem Fahrstreifen am jeweiligen Signal

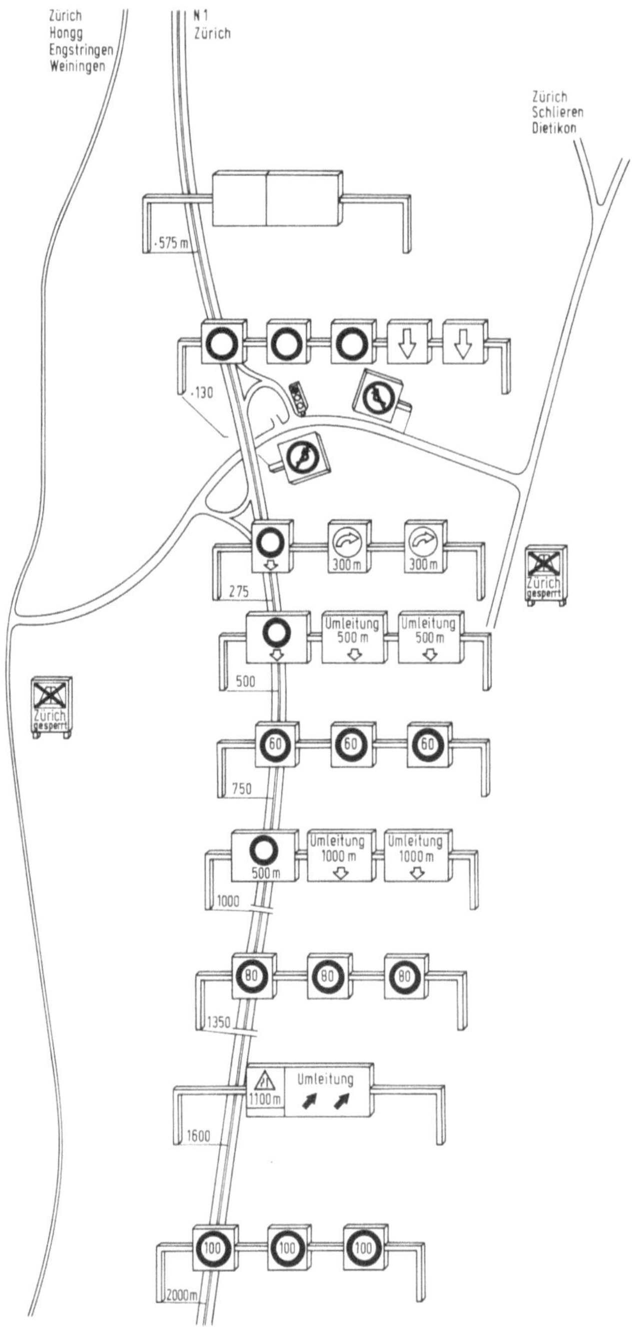

Bild 6. Beispiel für die Fahrstreifensignalisierung einer dreistreifigen Autobahnfahrbahn mit Hilfe von Wechselverkehrszeichen. Dargestellt ist die Umfahrung einer Störstelle analog Bild 1, B b [14]

Bild 7. Englische Matrixzeichen, die für die Fahrstreifensignalisierung entwickelt wurden.

vorbeigefahren ist. (Progressive Sperrung). Kann bei schwachem Verkehr (vergl. Abschn. 1.4) nach der Seite geräumt werden, dann können alle Grünpfeile des zu räumenden Fahrstreifens synchron durch den blinkenden gelben Überleitpfeil ersetzt werden. Am Ende der Räumzeit können synchron die Überleitpfeile durch das rote Sperrsignal ersetzt werden. Die Einschaltung von Sperrsignalen ist besonders bedeutsam, wenn der Fahrstreifen dem Gegenverkehr zugewiesen werden soll. Ist geprüft, daß ein Fahrstreifen frei ist, dann können synchron alle Freigabesignale über diesen Fahrstreifen geschaltet werden. Schwierigkeiten beim Räumen zur Seite können sich ergeben, wenn der benachbarte Fahrstreifen bei hohen Verkehrsstärken den überzuleitenden Verkehr nicht übernehmen kann. Dies kann im Extremfall zu Räumzeiten führen, die der Zeit zum Durchfahren der gesamten Steuerstrecke — bei Umfahren von Störstellen nur der Zeit bis zum Passieren der Engpaßstrecke — (mit der jeweils möglichen Geschwindigkeit) entspricht.

Bild 8. Einsatz von Dauerlichtzeichen nach § 37 StVO mit zusätzlichen Wechselverkehrszeichen bei der Zusammenführung von Verkehrsströmen (Betriebszustand gemäß Bild 1, A links, Situation auf der einmündenden Fahrbahn)

Bild 9. Einsatz von Matrixzeichen für die Fahrstreifensignalisierung in England. (Wegen der spitzwinkligen Abstrahlung können die auf der rechten Seite der Fahrbahn befindlichen Fahrstreifensignale von der linken Fahrbahnseite nicht erkannt werden.)

Als minimale Räumzeit muß man beim Räumen zur Seite 30 s ansetzen. Diese Zeit ergibt sich, wenn man einen maximalen Signalabstand von 300 m und eine mittlere Geschwindigkeit von 36 km/h zugrunde legt. (Bei der Fahrstreifensignalisierung der Heerstraße in Berlin werden beim Räumen zur Seite Räumzeiten von 45 Sekunden zugrunde gelegt. Weitere 45 s wird der geräumten Fahrstreifen in beiden Richtungen gesperrt, bevor er für den Gegenverkehr freigegeben wird).
Zur sicheren Führung der Fahrer durch die Fahrstreifensignalisierung müssen sie spätestens am Verschwindepunkt eines Signals das darauffolgende zweifelsfrei erkennen können. Deshalb sollten die Portale mit den Fahrstreifensignalen über gerade Strecken innerorts höchstens einen Abstand von etwa 300 m haben. Bei gekrümmten Strecken und bei Sichthindernissen muß der Abstand entsprechend geringer sein. Von jeder Zufahrt — bei Straßen mit Randbebauung auch von jeder Grundstücksausfahrt — muß die Fahrstreifensignalisierung eindeutig erkennbar sein. Besonders hohe Anforderungen sind dabei dann zu stellen, wenn der Richtungswechsel die gesamte Fahrbahn betreffen kann (siehe Bild 2, D b) und Fahrer, die aus einem Grundstück auf die Straße fahren wollen, entsprechend dem jeweiligen Betriebszustand entweder nach rechts oder nach links einbiegen müssen.
Dauerlichtzeichen müssen sich deutlich von Wechsellichtzeichen unterscheiden. Geht man davon aus, daß Wechsellichtzeichen einen Größtdurchmesser von 30 cm haben, dann können Dauerlichtzeichen auf 60×60 cm² großen Leuchtfeldern bei richtiger Formgebung ausreichend von Wechsellichtzeichen unterschieden werden. Die lichttechnische Tragweite der Dauerlichtzeichen ist auf die Zeichen-(Portal-)abstände abzustellen. Jede unnötige Erhöhung der Lichtstärke ist zu vermeiden. Die Richtcharakteristik der Signalgeber ist zu beachten. Bei der üblichen spitzwinkligen Abstrahlung sind die Zeichen aus nahen seitlichen Positionen nicht mehr erkennbar (Bild 9). Wo in einem Straßenzug mit Fahrstreifensignalisierung an Knoten Wechsellichtzeichen eingesetzt werden, sollten die Dauerlichtzeichen, auch wenn sie sich ausreichend von Wechsellichtzeichen unterscheiden, einen Mindestabstand von etwa 50 m von den Wechsellichtzeichen haben, damit nach einem grünen Dauerlichtpfeil nicht ein dicht dahinter befindliches rotes Wechsellicht übersehen wird. Da häufig das Bedürfnis be-

steht, über die Weisungen mit Dauerlichtzeichen hinaus auch andere Weisungen zu
geben (z. B. das Linksabbiegezeichen in Bild 2, D c, Linksabbiegeverbotszeichen oder
Geschwindigkeitsbeschränkungen), sind zusätzlich zu den Fahrstreifensignalen i. a.
Wechselverkehrszeichen erforderlich. Mechanische Wechselverkehrszeichen sind dabei so auszulegen, daß sie auch bei Stromausfall die vorgeschriebene Fahrstreifenbenutzung anzeigen.

2.3 Signalsicherung

Bei der Zusammenführung von Verkehrsströmen bedürfen die Freigabesignale (einschließlich der Überleitsignale) der zuführenden Fahrstreifen, die Verkehr auf den sel-
ben weiterführenden Fahrstreifen leiten, einer Signalsicherung. Diese muß bewirken,
daß über den zuführenden Fahrstreifen einer Zufahrt nur dann ein Freigabesignal erscheint, wenn über dem zuführenden Fahrstreifen der anderen Zufahrt ein Sperrsignal
wirksam geworden ist. Im Richtungswechselverkehr sind die Überleit- und Freigabesignale jeweils durch gegenläufiges Sperrsignal abzusichern, d. h. die Freigabezeit ist
einschließlich der Zwischenzeit durch ein Sperrsignal für die Gegenrichtung zu si-
chern. Diese *Verriegelungen* dürfen auch bei notwendiger manueller Steuerung vom Be-
diener nicht ohne besondere Vorkehrungen aufgehoben werden.
In jedem Einzelfall sind die Vorsorgemaßnahmen bei Ausfall von Lampen und Strom-
zuführung besonders sorgfältig zu prüfen. Dem Ausfall von Lampen ist durch entsprechende Bestückung (Doppelfaden, Ersatzlampe) mit Ausfallmeldung zur Zentrale entgegenzuwirken. Bei Richtungswechselbetrieb ist i. a. sowohl eine Arbeits- als auch
eine Ruhestromüberwachung vorzusehen. Daß bei Ausfall eines Sperrsignals das kor-
respondierende Freigabesignal sofort abgeschaltet werden muß, ist zwar notwendig,
aber nicht in allen Fällen hinreichend. Es sind deshalb für jede Fahrstreifensignalisierung bestimmte Ausfall-, Abschalt-, Einschalt- und Notprogramme zu erarbeiten.
Bei Ausfall der Fahrstreifensignalisierung müssen die zusätzlich erforderlichen Wechselverkehrszeichen mit von der Fahrstreifensignalisierung unabhängiger Energiever-
sorgung die Verkehrsregelung übernehmen. Diese sind so zu konstruieren, daß bestimmte Bilder auch bei Stromausfall und Versagen der Pufferung wirksam werden.
Dies kann durch entsprechende mechanische Ausführung unter Ausnutzung der
Schwerkraft oder einer Federspannung erreicht werden.
Wo die Fahrstreifensignalisierung mit Wechsellichtzeichen verknüpft ist, müssen auch
die Auswirkungen von Ausfällen der Fahrstreifensignalisierung auf die Wechsellichtzeichen und umgekehrt durch entsprechende Vorsorgeprogramme sicher aufgefangen
werden.

3 Steuerung

3.1 Grundgedanken der Steuerung

Bei der Zusammenführung von Verkehrsströmen und beim Richtungswechselbetrieb
geht es darum, im zu steuernden Abschnitt das Fahrstreifenangebot im Dispositionszeitraum der jeweiligen Nachfrage aus den beiden Richtungen optimal anzupassen.
Entsprechend dem Fundamentaldiagramm besteht die Möglichkeit, jede Steuerung
auf folgende Bewertungs-(Regel-)Größen aufzubauen:

1. die *Verkehrsstärke* in ihrer absoluten Größe und im Verhältnis zur Verkehrsstärke
   der anderen Richtung (Ziel: gleiche Auslastung der Fahrstreifen beider Richtungen),
2. die *mittlere Geschwindigkeit* oder die Reisezeit im zu steuernden Abschnitt (Ziel:
   Minderung der Reisezeiten insgesamt) und
3. die Dichte des Verkehrs (Ziel: Überschreitung der optimalen Dichte vermeiden).
   Anstelle der Dichte kann dabei mit der leichter zu messenden *Belegung* gearbeitet
   werden.

Prinzipiell sind alle drei Regelgrößen geeignet, dasselbe Ziel, nämlich die Verbesserung der Leichtigkeit und der Leistung des Verkehrs, zu erreichen.

Für die Umfahrung von Störstellen gelten im Prinzip die gleichen Zielsetzungen. Der
Unterschied besteht allerdings darin, daß das mögliche Fahrstreifenangebot verringert
wird und — mit Ausnahme von planmäßigen Fahrstreifensperrungen zum Zwecke von
Wartungsarbeiten, die in verkehrsschwache Zeiten gelegt werden — dadurch i. a. die
Nachfrage höher als das Angebot ist. In diesem Fall kann mit der Fahrstreifensignalisierung allein der Verkehr nicht mehr unterhalb der optimalen Dichte gehalten werden. Die Steuerung muß dann darauf hinwirken, daß der Durchfluß durch den zeitwei-
ligen Engpaß (s. Bild 1, B a und Bild 2, E) maximal wird. Im allgemeinen wird man
die am Engpaß verfügbaren Fahrstreifen im Verhältnis der zufließenden Verkehrsstärke zuteilen. Unter Umständen muß eine Richtung bevorzugt werden (z. B. in der
Morgenspitze der Verkehr zum Stadtzentrum oder zur Begrenzung der Staulängen).

Für Umleitungen über andere Straßen (s. Bild 1, B b) müssen Bedarfs-Umleitungs-
pläne aufgestellt werden, die den verschiedensten denkbaren Situationen Rechnung
tragen.

Die Fahrstreifen-/Fahrbahnzuweisung an Abfertigungsstellen richtet sich i. d. R. nach
Entscheidungen des Betreibers, die er normalerweise nach der Nachfrage (dem Zufluß) trifft. Im allgemeinen wird in besonderen Betriebsplänen festgelegt, wann welche
Abfertigungsstellen für bestimmte Verkehre freizugeben oder geschlossen zu halten
sind. Bei Parkeinrichtungen und dgl. kann auch mit Hilfe von automatischen Ein- und
Aus-Zählern ohne Zutun des Menschen entschieden werden, wann die Einfahrt in bestimmte Bereiche freigegeben wird.

Auf die bei der Fahrstreifenzuweisung an Abfertigungsstellen angewendeten Steuerungen wird im folgenden nicht weiter eingegangen, da diese entweder auf menschliche Entscheidungen im Einzelfall oder auf nicht für die Fahrstreifensignalisierung typischen Verfahren (z. B. Steuertechnik von Parkleitsystemen) beruhen.

3.2 Zusammenführung von Verkehrsströmen

Fahrstreifensignalisierungen, welche die Zusammenführung von Verkehrsströmen bei Fahrstreifensubtraktion erleichtern sollen (Einfahrhilfen), sind nicht nur bei periodisch wiederkehrenden wechselnden Nachfragen aus den beiden Zufahrten hilfreich. Gerade bei ungewöhnlichen Situationen wie störungsbedingten Umleitungen, Großveranstaltungen, ferien- oder feiertagsbedingten höheren Verkehrsnachfragen aus bestimmten Richtungen, können sie sich als besonders hilfreich erweisen. Sie werden deshalb i. d. R. verkehrsabhängig gesteuert.

Die Verkehrsdaten als Basis für die Steuerung werden dazu in beiden Zufahrten auf allen Fahrstreifen möglichst weit vor der Zusammenführung ständig mit Hilfe von Detektoren (i. a. Induktionsschleifen in der Fahrbahn) erfaßt, automatisch bewertet und in der Zentrale im Display angezeigt. Es ist zweckmäßig, auf jeder Zufahrt drei hintereinanderliegende Meßquerschnitte vorzusehen, die aus jeweils einer Doppelschleife je Fahrstreifen bestehen. Dadurch lassen sich Störungen im Zufluß bei der Steuerung berücksichtigen und der Ausfall einzelner Schleifen kompensieren. Gemessen werden pro Fahrstreifen die Belegung der Schleifen, die Verkehrsstärken und die Geschwindigkeiten. Übliche Dispositionszeiträume sind 10 bis 15 min; als untere Grenze sind 5 bis 6 min anzusehen. Die Meßdaten jeder Zufahrt werden miteinander kombiniert und einer *exponentiellen Glättung* unterworfen, damit kurzzeitige Spitzen nicht unnötige Umschaltungen auslösen.

Es wäre nicht sachgerecht, schon bei schwachem Verkehr allein aufgrund des Verhältnisses der Verkehrsstärken der beiden Zufahrten ständig von einem Betriebszustand in den anderen zu wechseln. Bei Anlagen aus zwei zweistreifigen Zufahrten, die in eine dreistreifige weiterführende Fahrbahn einmünden (Bild 1, A), wird man Umschaltungen nicht in Erwägung ziehen, solange die *zulässige Belastung* des einen Fahrstreifens, der den Verkehr von zwei Fahrstreifen aus der Zufahrt 1 aufnehmen muß, nicht erreicht ist. Unterhalb der *zulässigen Belastung* dieses Fahrstreifens bringen Umschaltungen kaum Zeitgewinne, dienen nicht der Erhöhung der Verkehrssicherheit und werden von den Verkehrsteilnehmern als unnötig empfunden.

Die Möglichkeiten, aber auch die Grenzen von Einfahrhilfen werden am Beispiel von Anlagen nach Bild 1, A anhand des auf eine Stunde bezogenen Mengenkriteriums deutlich. Dabei wird für Fernautobahnen vereinfachend unterstellt, daß jeder Fahrstreifen Verkehrsstärken von 1 500 Fz/h bewältigen kann. Drei Fahrstreifen könnten danach 4 500 Fz/h, zwei Fahrstreifen Zufahrten von 3 000 Fz/h übernehmen. Nach den Ausführungen im vorstehenden Absatz würde ein Umschaltwunsch von der Steuerung erst dann entgegengenommen, wenn die Verkehrsstärke auf der Zufahrt 1 etwa 1 500 Fz/h überschreitet und eine steigende Tendenz zeigt. Es ist dann zu prüfen, ob der Verkehr aus der Zufahrt 2 (zwei weiterführende Fahrstreifen) auf einen Fahrstreifen zusammengedrängt werden kann, d. h. eine geringere Verkehrsstärke hat und im Dispositionszeitraum haben wird. Ist dies der Fall, kann umgeschaltet werden. Schwierig wird die Entscheidung, wenn auf beiden Zufahrten mehr als 1 500 Fz/h, z. B. jeweils 2 000 Fz/h, ankommen und somit auf der Zufahrt 1 (mit einem weiterführenden Fahrstreifen) ein Rückstau unvermeidlich ist. Solange die zulässigen Rückstaulängen nicht begrenzt werden müssen, könnte man daran denken, die beiden weiterführenden Fahrstreifen dann abwechselnd — unter Beachtung der Mindestlaufzeit eines Betriebszustands von 5 bis 15 min — den beiden Zufahrten im Verhältnis der Verkehrsstärken zuzuweisen, um die Zeitverluste vor der Zusammenführung insgesamt zu minimieren und für den einzelnen Fahrer zu begrenzen. Dabei ist aber zu berücksichtigen, daß das Räumen zur Seite bei hochbelasteten Fahrstreifen schwierig ist und daß ein Umschalten auch Sicherheitsprobleme aufwirft. Wo die im Abschn. 1.3 beschriebenen Einsatzbedingungen (Verkehrsstärkeverhältnis bei hoher Gesamtnachfrage über längere Zeit 2:1) nicht vorliegen, sind Einfahrhilfen mit Hilfe von Fahrstreifensignalisierungen nur bedingt hilfreich. Man wird dann aufgrund von früheren vergleichbaren Verkehrssituationen bei Verkehrsstärken, bei denen das Räumen noch durchgesetzt werden kann, den relativ besten Betriebszustand einschalten und bis zum Nachlassen der Nachfrage beibehalten. Diese pragmatische Lösung wird auch gestützt durch die in [17] getroffene Feststellung in der Praxis, daß der Verkehr nicht so schnell auf Umschaltungen reagiert, wie allgemein erwartet wird. Danach ist bisweilen der erwartete Vorteil erst nach 15 min eingetreten.

Bei ausgeführten Anlagen nach Bild 1, A hat sich für eine automatische Steuerung die *Belegung* als eine zweckmäßige Steuergröße erwiesen [17]. Aus Analysen des Verkehrsablaufs an mehreren Doppelinduktionsschleifen in den Zufahrten konnten zufriedenstellende Zusammenhänge zwischen der Belegung und der Geschwindigkeit bei verschiedenen Belastungsstufen ermittelt werden (Bild 10). Die Belegung hat den Vorteil, daß sie gerade bei niedrigen Geschwindigkeiten besonders deutlich auf Geschwindigkeitsunterschiede (die auf Beeinträchtigung der Leichtigkeit des Verkehrs hindeuten) reagiert. Erst wenn ein empirisch festzulegender Schwellenverlust der Belegung auf der Zufahrt 1 (nur ein weiterführender Fahrstreifen) überschritten wird, berücksichtigt der Steuerrechner einen Umschaltwunsch. (Bei Fernautobahnen entspricht der Schwellenwert der Belegung etwa 1 300–1 500 Fz/h). Im übrigen ist die Differenz der Belegung beider Zufahrten maßgebend für die Zuweisung von zwei oder einem Fahrstreifen der weiterführenden Fahrbahn. Eine Umschaltung zugunsten einer Zufahrt erfolgt jedoch nur dann, wenn ihre Belegung um eine generell festgelegte Mindestdifferenz größer ist als die der anderen Zufahrt. Dadurch wird ein zu häufiges Umschalten vermieden.

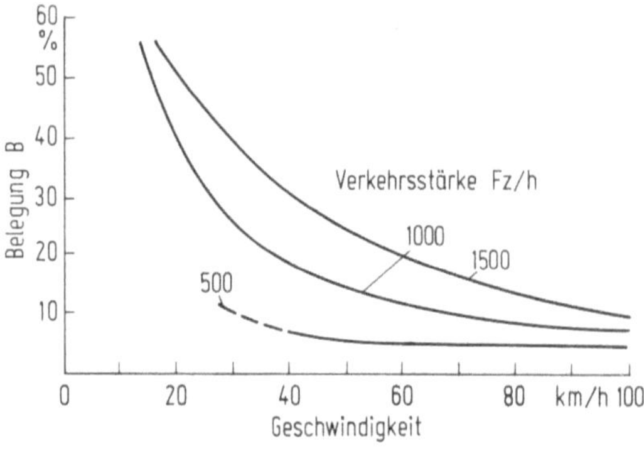

Bild 10. Zusammenhang zwischen Belegung, Geschwindigkeit und Verkehrsstärke auf einem Fahrstreifen [17]

Für Einfahrhilfen der vorbeschriebenen Art können modular aufgebaute, handelsübliche Steuergeräte mit eingebauten Mikroprozessoren zur Meßwertaufbereitung verwendet werden. Das Anwenderprogramm besteht dabei aus einem Steuer- und Überwachungsteil. Ein Programmdurchlauf und eine Reaktionszeit bei Störungen von 1 s sind ausreichend.

Die Betriebszustände sollten über der i. a. stärker belasteten Zufahrt (und deren Fahrstreifen so markiert sind, daß sie ohne Unterbrechung in die weiterführende Fahrbahn übergehen) an wenigstens 4, die andere Zufahrt an wenigstens 3 Signalportalen vor der Zusammenführung angezeigt werden.

3.3 Richtungswechselbetrieb

3.3.1 Richtungswechselbetrieb mit Festzeitsteuerung

Richtungswechselbetrieb wird häufig dort vorgesehen, wo die in Abschn. 1.3 geforderten Verkehrsstärkenverhältnisse an allen Werktagen ein- bis zweimal auftreten, oder wo vor und nach zeitlich fixierten Großveranstaltungen (Messen, Sportveranstaltungen usw.) für bestimmte, vorher bekannte Strecken besonders hohe Verkehrsstärken in dieser oder jener Richtung auftreten. Sollen nur diese Fälle in die Fahrstreifensignalisierung einbezogen werden, dann kann sich die Steuerung auf eine zeitabhängige Auswahl vorher festgelegter Betriebszustände beschränken.

Ein typisches Beispiel für die zeitabhängige Steuerung ist der prinzipiell in Bild 11 dargestellte Richtungswechselbetrieb im Südwesten von Washington [13]. Der in den Richtungswechsel einbezogene Streckenabschnitt 'einer Autobahn ist in drei durch Schutzplanken voneinander getrennten Fahrbahnen aufgeteilt. Die beiden äußeren Fahrbahnen sind nur in einer Richtung zu befahren und weisen je drei Fahrstreifen auf. Auf der mittleren Fahrbahn (zwei Fahrstreifen) wird ab 2 Uhr nachts die Richtung *„nach Washington"* und um 14 Uhr die Richtung *„aus Washington"* signalisiert. Da der Richtungswechsel bei schwachem Verkehr vorgenommen wird, ist das Räumen nach vorn und die Prüfung des Freiseins der mittleren Fahrbahn vor dem Richtungswechsel kein Problem.

Wenn sich die Fahrer an den Richtungswechselbetrieb gewöhnt haben, ist auch bei Fahrstreifen mit Richtungswechsel, die nicht von anderen Fahrstreifen durch Schutzplanken getrennt sind, ein Räumen bei schwachem Verkehr leicht. Verkehrsmessungen beim Richtungswechselbetrieb auf der Heerstraße in Berlin zeigen [12], daß die Fahrer, wenn ihnen drei der fünf Fahrstreifen zugewiesen sind, den in Straßenmitte befindlichen Fahrstreifen zwar bei insgesamt hoher Nachfrage ebenso in Anspruch nehmen, wie die beiden anderen Fahrstreifen. Stehen ihnen aber bei weniger als 800 bis 1 000 Fz/h in einer Richtung drei der fünf Fahrstreifen zur Verfügung, dann fahren auf dem in Straßenmitte befindlichen Fahrstreifen weniger als 10 % dieses Richtungsverkehrs. Es ist dann relativ leicht, zwischen den Flutstunden auf den im Bild 2, A c dargestellten Betriebszustand (Freihalten des Fahrstreifens in Fahrbahnmitte) überzugehen. Bild 12 zeigt für den Fall, daß dem Verkehr einer Fahrrichtung drei Fahrstreifen zugewiesen sind, die Verteilung des Richtungsverkehrs auf die drei Fahrstreifen in Prozent des gesamten Richtungsverkehrs.

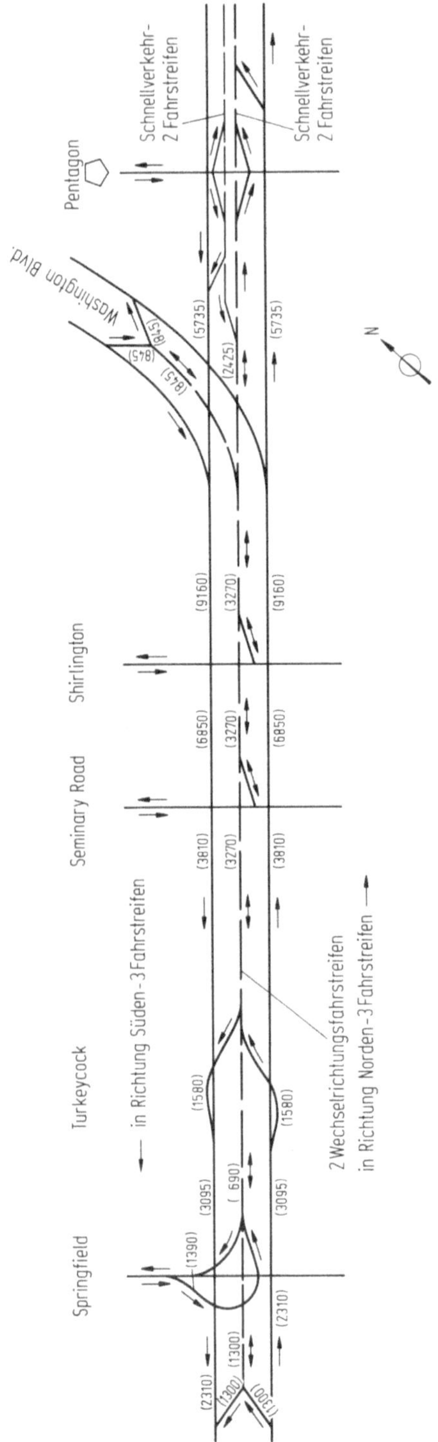

Bild 11. Prinzipielle Darstellung des Richtungswechselbetriebs im Südwesten von Washington. Die mittlere Fahrbahn wird vormittags stadteinwärts, nachmittags stadtauswärts befahren

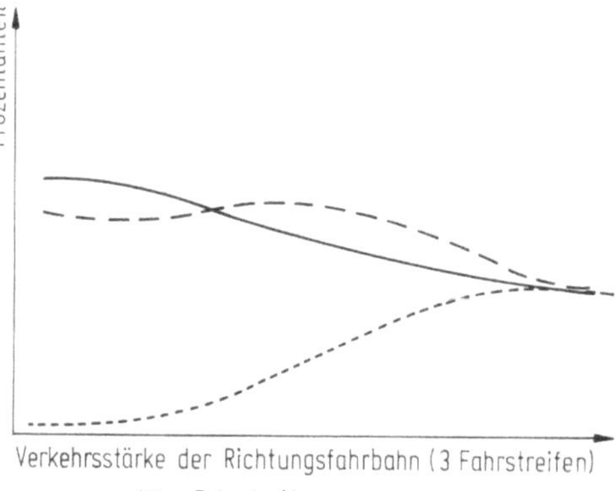

Bild 12. Verteilung des Richtungsverkehrs auf drei zugewiesene Fahrstreifen in Abhängigkeit von der Verkehrsstärke des Richtungsverkehrs [12]

Wird die Verkehrsrichtung zeitabhängig während eines Tages häufiger gewechselt, dann bedürfen die gewählten Schaltzeiten in bestimmten Abständen einer Überprüfung, ob sie noch der Nachfrage entsprechen.

In den wenigsten Fällen lassen sich an Strecken, die mit Einrichtungen für den Richtungswechselbetrieb ausgestattet werden, höhengleiche Kreuzungen und Einmündungen nicht umgehen. Das gilt besonders für Innerortsstrecken. Wie bereits in Abschn. 1.3 ausgeführt wurde, sollen Knotenpunkte, die im Zuge einer Strecke mit Richtungswechselbetrieb liegen, signalgesteuert betrieben und untereinander zu einer „Grünen Welle" koordiniert werden [15]. Als Koordinierungsrichtung ist stets die stärker belastete Richtung zu bevorzugen. Die zugelassenen Geschwindigkeiten in dem Straßenzug können zwischen 50 und 70 km/h liegen. Höhere Geschwindigkeiten als 50 km/h sind bei zügiger Streckenführung und in Anbetracht des voraussetzungsgemäß hohen Anteils von Durchgangsverkehr angemessen.

Der gleichzeitige Betrieb von alternierender Fahrstreifenzuteilung und Knotenpunktsignalisierung ist jedoch an eine Reihe von verkehrlichen und baulichen Randbedingungen gebunden. Die durch Fahrstreifensignale angezeigte Verkehrsführung muß durch die Knotenpunkte kontinuierlich durchlaufen und darf hier nicht unterbrochen werden [6, 2].

Aus steuerungstechnischer Sicht ergeben sich infolge der Überlagerung der zwei Signalisierungssysteme der Fahrstreifenzuteilung und Knotensignalisierung gewisse Verknüpfungen und Übergangsbedingungen. Die Zuteilung der Fahrstreifen im Querschnitt hat direkte Auswirkungen auf die Leistungsfähigkeit des Knotenpunktes in der Hauptrichtung; sie kann eine Randbedingung für die Umlaufzeit sein und damit indirekt auch die Koordinierung zwischen den Knotenpunkten beeinflussen. Bei gleicher Grünzeitverteilung ändert sich die Leistungsfähigkeit der Hauptrichtung etwa proportional zu einer Veränderung der Fahrstreifenzuteilung. Die Fahrstreifenzuteilung muß grundsätzlich Vorrang vor der Knotenpunktsteuerung haben und muß in alle vorgesehenen Betriebszustände unter Aufrechterhaltung der Knotenpunktsteuerung umgeschaltet werden können. Dabei sollen die Räumvorgänge im Verlauf der grünen Welle ablaufen, bezogen auf den Knotenpunkt also während der Grünzeit für die betreffende Richtung. Die Fahrstreifensignalisierung soll für nicht mehr als einen Fahrstreifen

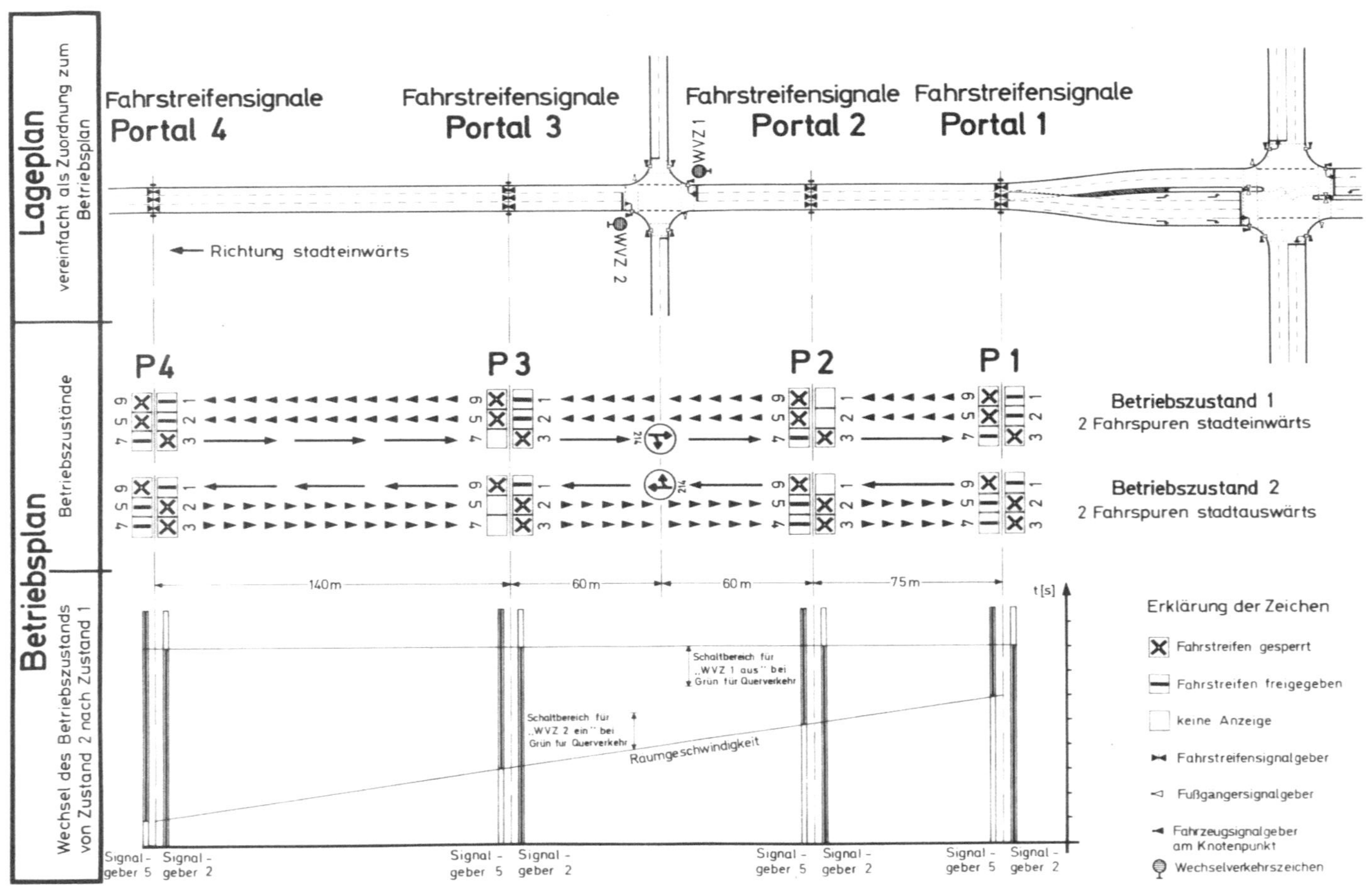

Bild 13. Beispiel für die Verknüpfung von Fahrstreifensignalisierung (einschließlich Wechselverkehrszeichen) und Knotensignalisierung beim Wechsel des Betriebszustands der Fahrstreifensignalisierung an einem höhengleichen Zwischenknoten in einer Strecke mit Richtungswechsel-betrieb [6]

gleichzeitig geändert werden. Bild 13 zeigt ein Beispiel für den Wechsel des Betriebszustandes der Fahrstreifensignalisierung unter Berücksichtigung der Knotensteuerung und der Aufhebung des Linksabbiegeverbots für die eine und der Anordnung des Linksabbiegeverbots für die andere Verkehrsrichtung an Zwischenknoten mit Hilfe der Wechselverkehrszeichen WVZ 1 und WVZ 2.

In den Betrieb der Fahrstreifen- und Knotenpunktsteuerung sind ggf. tangierende Maßnahmen einzubeziehen, durch die auf der Strecke selbst oder auf den einmündenden Nebenstraßen wichtige Informationen über den aktuellen Betriebszustand auf der Strecke mit Fahrstreifensignalisierung gegeben werden. Auf der Strecke kann sich eine Geschwindigkeitsempfehlung für das Fahren in der grünen Welle als zweckmäßig erweisen. In den Nebenstraßen kann in Wechselverkehrszeichen die jeweilige Fahrstreifenzuteilung der Hauptverkehrsstraßen angegeben werden, wenn dies bei breiten Querschnitten, z. B. mit 5 Fahrstreifen, für den einbiegenden Verkehr als erforderlich angesehen wird. Ein Beispiel dafür ist in Bild 14 wiedergegeben. Bei voraussetzungsgemäß geringem einbiegenden Verkehr ist auch daran zu denken, auf einer festen Beschilderung anzuzeigen, daß die Linkseinbieger nur in den entferntesten, die Rechtsabbieger nur in den ersten Fahrstreifen einfahren sollen.

Wenn auf der Hauptstrecke auch die Betriebsform des Ein-Richtungsverkehrs vorgesehen ist, müssen in den Nebenstraßen für den einmündenden Verkehr entsprechende Richtungsgebote angezeigt werden. Gegebenenfalls werden auch Verkehrslenkungsmaßnahmen im weiteren Straßennetz erforderlich.

Alle von einer Fahrstreifensignalisierung abhängigen Dauerlichtzeichen, Wechselverkehrszeichen und Wechsellichtzeichen an Knoten müssen nach Sicherheitskriterien

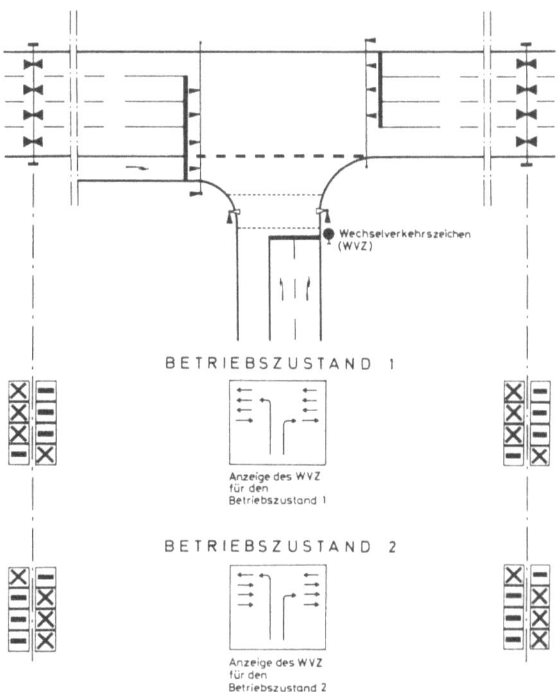

Bild 14. Vorankündigung des auf den in Richtungswechselbetrieb geltenden Betriebszustands für den einbiegenden Verkehr an einem Zwischenknoten [6]

elektrotechnisch untereinander verknüpft werden. Die gesamte Signalsicherung bedarf einer zentralen Überwachung. Auch die Steuerung der einzelnen Anlageteile sollte zentral erfolgen. Nach dem Rückmeldeprinzip sollten alle maßgeblichen Zustände in der Zentrale angezeigt und registriert werden. Verkehrlich zusammengehörige Anzeigen werden zweckmäßig zu einer Gruppe zusammengefaßt, damit sie einfacher überwacht und umgeschaltet werden können. Werden einzelne Anlageteile aus der Gruppe herausgenommen, z. B. für Wartungsarbeiten, ist darauf zu achten, daß gegenüber den weiterlaufenden benachbarten Anlagen keine verkehrsgefährdenden Signalisierungszustände auftreten.

Die Zentralsteuerung erfolgt in der Regel mit einem Verkehrsrechner, dessen Kapazität vom Umfang und von der Komplexität der Steuerung abhängig ist. Dieser Rechner muß nicht gleichzeitig die Signalsteuerung an den ggf. einbezogenen Knotenpunkten übernehmen. Diese kann von einem anderen Verkehrsrechner wahrgenommen werden. Es muß aber eine ständige Abstimmung mit der Knotenpunktsignalisierung hergestellt sein.

3.3.2. Richtungswechselbetrieb mit verkehrsabhängiger Steuerung

Die beträchtlichen Investitionskosten für Fahrstreifensignalisierungseinrichtungen für den Richtungswechselbetrieb legen es nahe, die Möglichkeiten dieser Einrichtungen nicht nur während der morgendlichen und abendlichen Flutstunde sowie bei Veranstaltungsverkehren zu nutzen, sondern ständig. Dazu ist an Stelle einer zeitabhängigen eine verkehrsabhängige Steuerung erforderlich. Von einer besseren Anpassung an die Verkehrsnachfrage wird u. a. auch eine Einsparung von Kraftstoff erwartet.

Die bei verkehrsabhängigen Einfahrhilfen getroffenen Feststellungen gelten auch hier:

— nicht das Verhältnis der Verkehrsstärken der beiden Verkehrsrichtungen sollte allein für die Zuweisung von Fahrstreifen an die Richtungsverkehre maßgebend sein, sondern es bedarf einer bestimmten Mindestauslastung der Fahrstreifen (eines Schwellenwertes), bevor Umschaltungen von Vorteil sind,

— es ist zu berücksichtigen, daß während der Dauer des Umschaltvorganges (mit den Phasen Räumen-Sichern-Freigeben) — die mit der Auslastung der Fahrstreifen und der Länge des Umschaltabschnitts wächst — dem Verkehr ein vermindertes Fahrstreifenangebot zur Verfügung steht. Bei häufigem Umschalten wird die erwartete Steigerung der Leichtigkeit und Leistung durch eine schnellere Reaktion der Steuerung auf kurzfristig veränderte Verkehrsstärkenverhältnisse um die Leistungsverluste beim Umschaltvorgang geschmälert. Umschaltungen sind deshalb nur dann zweckdienlich, wenn sich insgesamt ein Gewinn ergibt und — sofern Unfälle keine Änderung erzwingen, sollte jeder Betriebszustand mindestens 5 min lang — möglichst aber länger — beibehalten werden, um Verunsicherungen zu vermeiden.

Da z. Z. in der Bundesrepublik Deutschland zwar positive Erfahrungen mit zeitabhängig gesteuertem Richtungswechselbetrieb, aber noch keine praktischen Erfahrungen mit verkehrsabhängig gesteuertem Richtungswechselbetrieb mit Hilfe von Fahrstreifensignalisierung vorliegen, haben es HOFFMANN und LEICHTER übernommen,

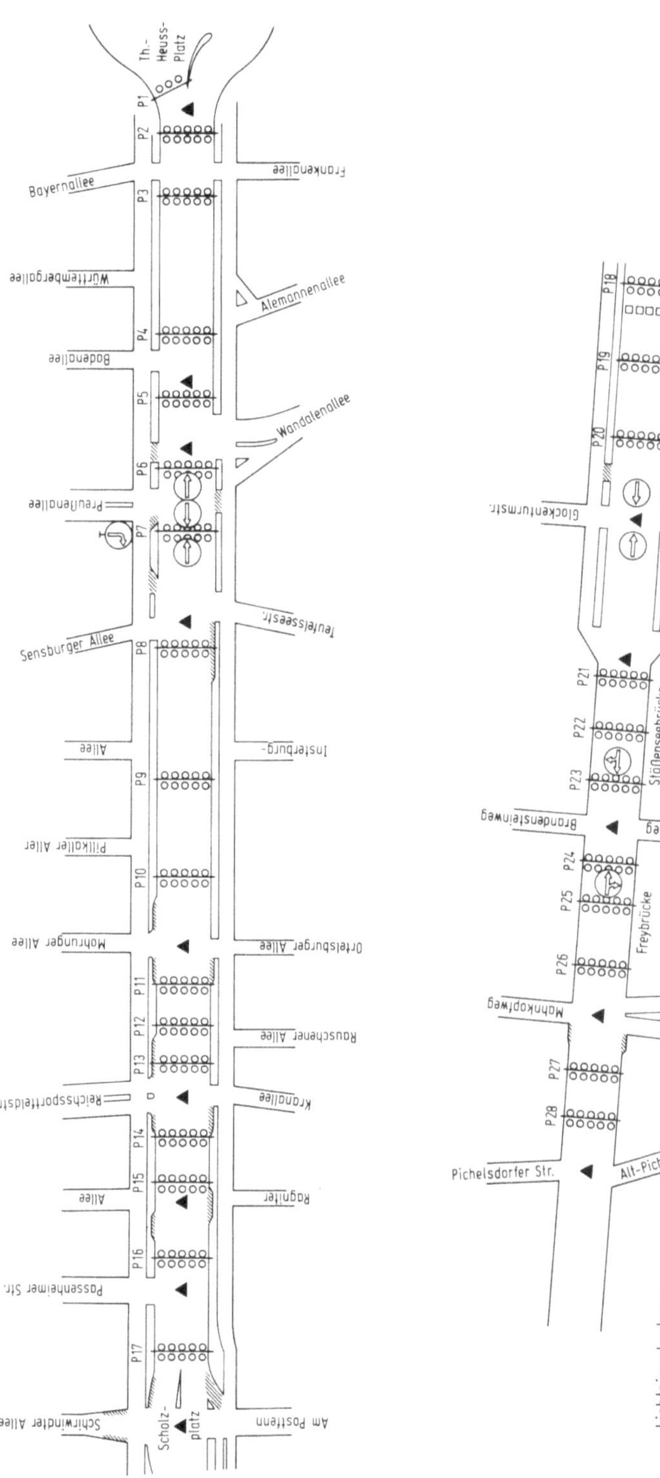

Bild 15. Einrichtungen für den Richtungswechselbetrieb auf der Heerstraße in Berlin [15]

die Möglichkeiten und Grenzen einer verkehrsabhängigen Steuerung zu erforschen
[12]. Sie bedienen sich dabei der Simulation und der Daten des z. Z. zeitabhängig gesteuerten Richtungswechselbetriebs mit signalgesteuerten End- und Zwischenknoten
auf der Heerstraße in Berlin (Bild 15). Die nachfolgenden Ausführungen stützen sich
deshalb vorwiegend auf den von ihnen 1980 erstatteten Zwischenbericht und ihre Materialien zum Schlußbericht.

Den Steuerungsmodellen wird ein Straßenzug mit $f \leq 6$ über die gesamte Länge des
Straßenzuges in einheitlicher Breite durchgehenden Fahrstreifen zugrunde gelegt, der
n signalisierte Zwischenknoten enthält und in $a \ll n$ Schaltabschnitte unterteilt wird.
Innerhalb eines jeden Schaltabschnittes müssen die verkehrlichen Gegebenheiten
möglichst konstant sein und getrennt von anderen Schaltabschnitten laufend in allen
Fahrstreifen erfaßt werden. Die Fahrstreifenzuweisung ist für die gesamte Länge eines
Schaltabschnittes einheitlich; sie kann sich aber von der unmittelbar benachbarter
Schaltabschnitte unterscheiden. An den Übergängen von aneinander anschließenden
Abschnitten können sich Unverträglichkeiten ergeben, wenn der optimale Betriebszu-
stand in einem Abschnitt nicht mit dem optimalen Betriebszustand des angrenzenden
Abschnitts übereinstimmt. In solchen Fällen sind in Iterationsschritten Gesamtopti-
mierungen für den gesamten Straßenzug erforderlich. Diese Schwierigkeiten kann
man mindern, indem man den Straßenzug in möglichst wenig Schaltabschnitte unterteilt, oder vermeiden, indem man die gesamte Strecke bei der Steuerung als einen
Schaltabschnitt behandelt. In [12] wird die Zahl der Schaltabschnitte — analog zur
Heerstraße — auf höchstens 5 begrenzt. Bild 16 zeigt beispielhaft die Verträglichkeit
der Schaltzustände in unmittelbar benachbarten Schaltabschnitten. Dabei wird davon
ausgegangen, daß jeder Fahrrichtung immer mindestens ein Fahrstreifen zugewiesen
wird (kein Einbahnverkehr).

Bei der Steuerung der Straßenknoten wird mit einer Signalprogrammauswahl aus Programmen mit unterschiedlichen Umlauf- und Freigabezeiten sowie mit unterschiedli-
chem Koordinierungskonzept gearbeitet.

Der Verkehr wird in jedem Schaltabschnitt für jeden Fahrstreifen und jede Richtung
an Meßstellen außerhalb der Rückstaubereiche erfaßt. Unter der Voraussetzung, daß
er an der Meßstelle im stabilen Bereich bleibt, wird so die wirkliche Nachfrage (in
Fz/h) erfaßt. Die Meßwerte (Verkehrsstärke, Geschwindigkeit, Belegung) aus 1- und
5-Minuten-Intervallen werden auch hier exponentiell geglättet und auf den Entscheidungszeitraum (z. B. die nächsten 6 min) prognostiziert.

Im Rahmen des Forschungsvorhabens sollten Steuerungsmodelle, die auf den drei in
Abschn. 3.1 genannten Regelgrößen basieren, entwickelt, bewertet und miteinander
verglichen werden. Stellgrößen sind für alle drei Modelle die Zahl der zugewiesenen
(zuzuweisenden) Fahrstreifen und das Signalprogramm am kritischen Knoten (Veränderung der Freigabe- und/oder der Umlaufzeit).

Das erste Modell (FSBEL) beruht auf der Regelgröße Verkehrsstärke, die auch *Belastung* genannt wird. Maßgebend sind die *Verkehrsstärken* beider Fahrrichtungen. Nach
Verteilung des Richtungsverkehrs auf die ihnen zugewiesenen (zuzuweisenden) Fahrstreifen berechnet man für jede Fahrrichtung den *Auslastungsgrad* β, das ist das Verhältnis der tatsächlichen Belastung zur möglichen Belastung. Da die mögliche Belastung der Fahrstreifen — wie im Abschn. 3.3.1 dargelegt — von der Signalsteuerung
an den Straßenknoten (Umlaufzeit, Freigabezeit) abhängt, finden die am kritischen
Knoten im Schaltabschnitt gegebenen Bedingungen Eingang in die Optimierungsrech-

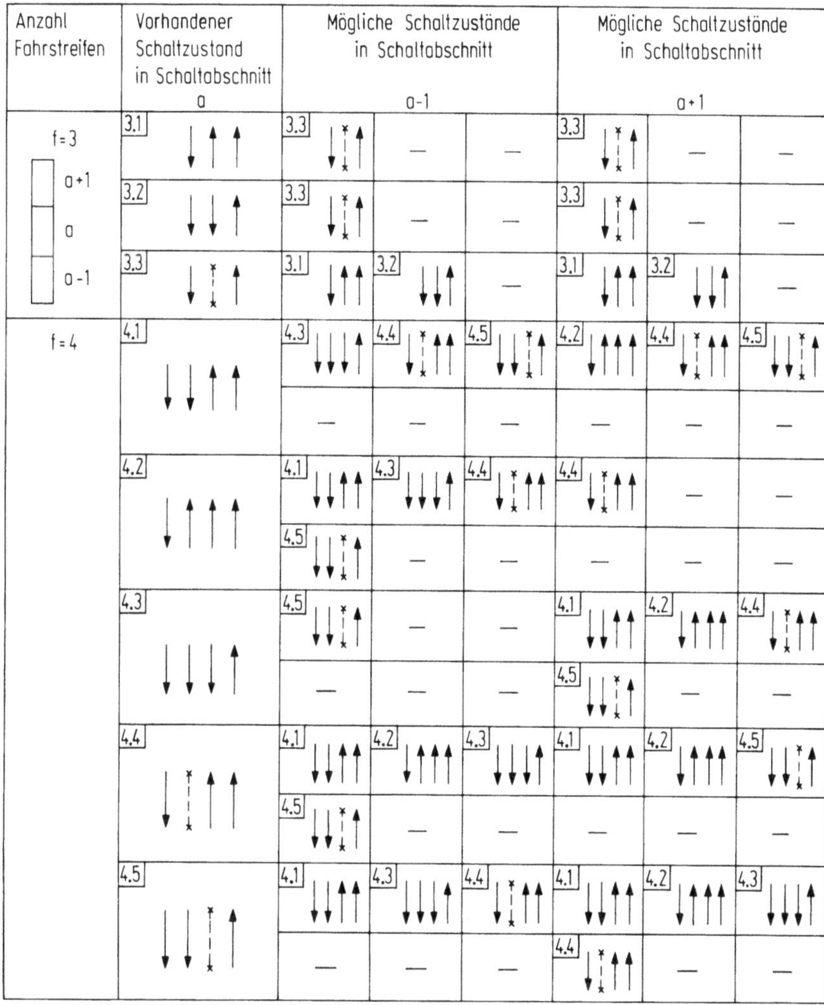

Bild 16. Beispiel für die Verträglichkeit der Schaltzustände in unmittelbar benachbarten Schaltabschnitten bei 3 und 4 Fahrstreifen [12]

nung. Ziel der Optimierung des Modells FSBEL ist es, den Auslastungsgrad β in beiden Richtungen möglichst gleich groß zu machen. Die Zuweisung von mehr Fahrstreifen wird erst ins Auge gefaßt, wenn der Auslastungsgrad einen oberen Schwellenwert (z. B. $\beta = 0,8$) erreicht. Bei Erreichen eines unteren Schwellenwertes für beide Fahrrichtungen (z. B. $\beta = 0,2$) wird der mittlere der fünf Fahrstreifen für den durchfahrenden Verkehr gesperrt (Betriebszustand nach Bild 2, A c).

Das zweite Modell (FSOPT) arbeitet mit der Regelgröße *Reisegeschwindigkeit*. Es zielt auf die Optimierung der Reisegeschwindigkeiten bzw. die Minimierung der Reisezeiten aller Kfz, die den Schaltabschnitt durchfahren, ab. Aufgrund des empirisch gewonnenen (zu gewinnenden) Zusammenhangs zwischen Reisezeit und Auslastung der zugewiesenen Fahrstreifen wird unter Berücksichtigung der Verlustzeiten während eines eventuellen Umschaltvorganges im Rahmen einer Gewinn- und Verlustrechnung — ähnlich wie beim Steuerungsmodell PBIL zur Minimierung der Wartezeiten am Einzelknoten [1] — geprüft, ob für den Entscheidungszeitraum eine andere Fahrstreifenzuweisung zu geringeren Reisezeiten führt.

Das dritte Steuerungsmodell (FSFUND) basiert auf der Regelgröße Dichte. Stellvertretend für die Dichte wird mit der Belegung gearbeitet. Die Abkürzung FUND weist auf das Fundamentaldiagramm hin, das nach Untersuchungen in [4, 10] und [16] auch für planmäßig durch Lichtsignale in Pulks zusammengedrängten Verkehr gilt, wenn die Verkehrsdichte auf die Pulklängen und die Verkehrsstärke auf die Vorbeifahrdauer der Pulks bezogen wird. Für jedes Fahrstreifenangebot sind analog Bild 17 die steuerungsrelevanten Belegungen zu ermitteln.

Ziel dieses Modells ist es, die Belegung für beide Verkehrsrichtungen möglichst niedrig und unterhalb B_{opt} zu halten. Unterhalb B_{frei} führt auch hier die Zuweisung weiterer Fahrstreifen zu keiner Verbesserung des Verkehrsflusses, selbst wenn die Verkehrsstärkeverhältnisse die in Abschn. 1.3 geforderten Verhältnisse übertreffen. Eine Entscheidungslogik hat ständig zu prüfen, ob unter Beachtung einer erforderlichen Umschaltzeit mit dann insgesamt reduziertem Durchfluß durch den Querschnitt eine veränderte Fahrstreifenzuweisung für die beiden Fahrrichtungen zu Vor- und Nachteilen führt. Hierbei werden im Prinzip drei Hauptentscheidungen getroffen:

— Liegt für eine Fahrtrichtung gebundener Verkehrsfluß und für die Gegenrichtung freier Verkehrsfluß vor, dann erfolgt ohne weitere Abfrage ein Umschalten zugunsten der Fahrtrichtung mit dem gebundenen Verkehrsfluß, sofern nicht bereits die maximal mögliche Fahrstreifenzuweisung erfolgt ist.

— Liegt für eine Fahrtrichtung gebundener Verkehrsfluß und für die Gegenrichtung teilgebundener Verkehrsfluß vor, dann wird mit den augenblicklichen Belastungs-

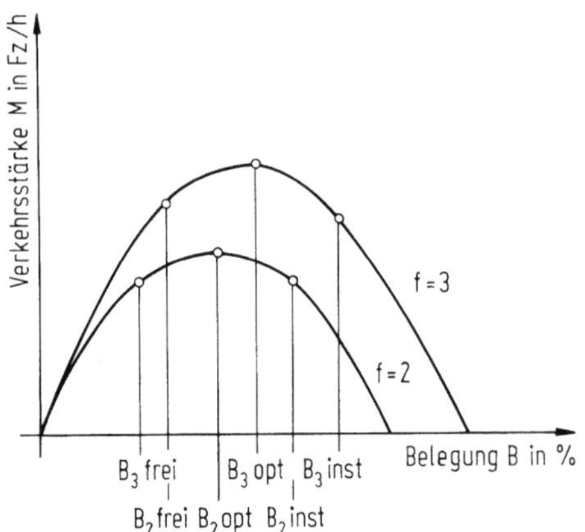

Bild 17. Beispiel für die empirische Ermittlung steuerungsrelevanter Belegungsgrößen B für verschiedene Fahrstreifenangebote [12]. Es bedeuten: $f = 2$: dem Verkehr stehen zwei Fahrstreifen zur Verfügung; $f = 3$: dem Verkehr stehen drei Fahrstreifen zur Verfügung; B_{frei}: bis zu dieser Belegung herrscht freier Verkehrsfluß, darüber teilgebundener Verkehr; B_{opt}: bei dieser Belegung kann eine maximale Verkehrsstärke bewältigt werden; B_{inst}: von dieser Belegung an wird der Verkehrsfluß instabil (Übergang vom teilgebundenen Verkehr zum gebundenen Verkehr)

verhältnissen ohne Kurzzeitprognose mit Belegungsgraden entsprechend der denkbaren Fahrstreifenveränderung eine Gewinn-Verlust-Rechnung erstellt. In diese geht auch der Leistungsverlust für den gesamten Querschnitt während des Umschaltvorganges ein. Bei einem zu Buche schlagenden Gewinn wird umgeschaltet.

— Liegt für eine Fahrtrichtung teilgebundener Verkehrsfluß und für die Gegenrichtung freier Verkehrsfluß vor, dann erfolgt eine Fahrstreifenreduktion zu Lasten der Fahrtrichtung mit bisher freiem Verkehrsfluß nur dann, wenn die Belastungsverhältnisse bei dem dann reduzierten Angebot nicht zu einer Überschreitung des optimalen Belegungsgrads führen [12].

Hoffmann und Leichter kommen aufgrund der bis Ende 1981 durchgeführten Untersuchungen zu folgendem Schluß [12]:

„Das Steuerungsmodell FSOPT, mit dem die Minimierung der Gesamtreisezeiten im Schaltabschnitt bzw. im Straßenzug angestrebt werden soll, hat nur dann Gültigkeit, wenn es sich um einen stabilen Verkehrsfluß handelt, d. h. wenn die von den Detektoren gemeldete Verkehrsstärke auch der tatsächlichen Nachfrage entspricht. Dagegen kann das Steuerungsmodell FSFUND unter Heranziehung von geglätteten Ganglinien des Belegungsgrads für jede Fahrtrichtung auch auf Überlastung von Streckenabschnitten mit entsprechender Fahrstreifenzuweisung reagieren; es ist jedoch in sich komplizierter und verlangt vor allem für sämtliche Meßstellen eine gut abgesicherte funktionsmäßige Beschreibung des Zusammenhangs zwischen dem Belegungsgrad (stellvertretend für die Dichte) und der Verkehrsstärke.

In die weiteren Untersuchungen soll daher ein Steuerungsmodell „FSKOMB" zur verkehrabhängigen Fahrstreifensignalisierung durch die Kombination der Vorteile beider Steuerungsverfahren einbezogen werden. Somit soll nach Ablauf der Gültigkeitsdauer eines aktuellen Schaltzustands in einem Schaltabschnitt in jedem Minutenintervall die Abfrage nach dem geglätteten Belegungsgrad für die jeweilige Meßstelle erfolgen. Überschreitet der dann vorliegende Belegungsgrad einen als Schwellenwert in Abhängigkeit von der verfügbaren Fahrstreifenzahl optimalen Wert B_{opt} (siehe Bild 17), bei dem der maximale Durchfluß zu erzielen ist, so werden im wesentlichen die Elemente des Steuerungsmodells „FSFUND" übernommen. Liegt der geglättete Belegungsgrad für beide Fahrtrichtungen unterhalb von B_{opt}, so ist die Verkehrsnachfrage in dem zu steuernden Straßenzug geringer als das Leistungsangebot, so daß eine Minimierung des Reisezeitaufwands — auch als Zeichen des erwünschten Fahrkomforts — vorrangig angestrebt werden kann."

3.4 Umfahrung von Störstellen

Für die Entwicklung von Steuerungsprogrammen zur Umfahrung von Störstellen sind zunächst die möglichen Betriebszustände (s. Bild 1, B und Bild 2, C) für alle denkbaren Fälle, bei denen in den von Portalen für die Dauerlichtzeichen begrenzten Fahrbahnabschnitten ein oder mehrere Fahrstreifen vorübergehend nicht für den Verkehr zur Verfügung stehen, zu ermitteln. Weiter ist für alle dann möglichen Fahrstreifenzuweisungen an der Engpaßstelle die Engpaßleistung festzustellen. In die Voruntersuchung ist auch die mögliche Änderung der Knotensteuerung etwa betroffener Straßenknoten einzubeziehen, um zu einer maximalen Engpaßleistung zu kommen. Aufgrund dieser Voruntersuchung sind Steuerprogramme (die sich i. d. R. aus Programmbausteinen zusammensetzen) zu entwickeln, die alle notwendigen Signalsicherungen und Verknüpfungen mit betroffenen Knotensteuerungen beinhalten, und im Bedarfsfall in Abhängigkeit von der Verkehrsnachfrage für die einzelne Steuerungsmaßnahme ausgewählt werden.

Bei planmäßiger Fahrstreifensperrung (z. B. für Wartungsarbeiten) sind die Umschaltzeiten von vornherein bekannt. Sie können deshalb i. d. R. in verkehrsschwache Zeiten gelegt werden. Bei plötzlichen Störungen (z. B. durch Unfälle) ist die schnelle Entdeckung der Störung und ihrer Auswirkung (welche Fahrstreifen sind noch uneingeschränkt verfügbar?) ein Problem, für das noch keine befriedigende Lösung vorliegt. Bisher eingesetzte Störfallentdeckungssysteme bestehen i. d. R. aus Schleifendetektoren, die in dichter Folge (in 100 bis 150 m Abstand) in jedem einzelnen Fahrstreifen eingebaut sind [8]. Sie vermögen nichtmetallische Hindernisse nicht zu entdecken. Im allgemeinen wird erst aus Veränderungen im Verkehrsfluß auf den Störfall geschlossen [18]. Zur Zeit können damit noch nicht alle Störfälle sicher erkannt werden. Außerdem vermögen solche Schleifensysteme selbst bei extrem dichter Schleifenfolge nur bedingt festzustellen, ob und wie weit Fahrzeugteile in benachbarte Fahrstreifen ragen. Zur Sicherheit bedürfen die Schleifendetektorensysteme noch der Ergänzung durch fernsteuerbare Fernsehkameras, die nach Entdeckung der Störung auf jede mögliche Störstelle gerichtet und fokussiert werden können. Eine vollautomatische Steuerung einer Umfahrung von Störstellen, bei denen allein der Rechner aufgrund von Detektormeldungen ein geeignetes Störfallprogramm auswählt, ist z. Z. nur in Sonderfällen verantwortbar. Die Vorarbeiten des eingesetzten Steuerrechners und seine dem verantwortlichen Menschen vorgeschlagenen Lösungen sind aber eine wertvolle Hilfe.

4 Zusatzeinrichtungen

In vielen Ländern der Welt wird über eine zunehmende Nichtbeachtung von Verkehrszeichen und Signalen durch die Fahrer berichtet. Von dieser Entwicklung sind auch Fahrstreifensignale nicht ausgenommen. Beispielsweise wird in [11] von der Fahrstreifensignalisierung der Heerstraße in Berlin berichtet, daß sich dann, wenn der mittlere Fahrstreifen bei schwachem Verkehr für den durchgehenden Verkehr gesperrt ist (s. Bild 2, D c), Frontalunfälle auf diesen Fahrstreifen ereignen. Auch bei Einfahrhilfen an Autobahnknoten ist bekannt geworden, daß namentlich Lkw-Fahrer auf dem rechten Fahrstreifen der Autobahn beim Betriebszustand, der im Bild 1, A rechts, dargestellt ist, die Sperrzeichen nicht beachten und dem einfahrenden Verkehr keinen Platz machen. Aus diesen Gründen sind weltweit Zusatzeinrichtungen erdacht und ausgeführt worden, die darauf abzielen, die Beachtung der Fahrstreifensignale durch mechanische Sperren zu erzwingen.

Bei der Zusammenführung von Verkehrsströmen (Bild 1, A) und bei der Fahrstreifenzuweisung an Abfertigungsstellen (Bild 1, C und Bild 3) — insbesondere vor durch Sperrsignale (X) gesperrten Tunnelröhren — werden deshalb zusätzlich zu der Fahrstreifensignalisierung mechanische Schranken angeordnet. Solche Schranken sind bereits in Bild 3 (Elbtunnel Hamburg) als dicke kurze Striche dargestellt. Sie werden von der Seite in den zu sperrenden Fahrraum geschwenkt, müssen retroreflektierend ausgebildet und u. U. auch beleuchtet werden. Als mechanische Sperre sollen sie das Einfahren in gesperrte Bereiche oder gar in den Gegenverkehr verhindern. Gleichzeitig unterstützen sie durch ihre Leitwirkung die Fahrstreifensignalisierung.

Zur Vermeidung schwerer Frontalzusammenstöße durch Nichtbeachtung von Sperrzeichen beim Richtungswechselbetrieb werden in Chicago entsprechend dem jeweili-

Bild 18. Ausfahrbare Trennschwellen zur Trennung der beiden Fahrrichtungen (Chicago)

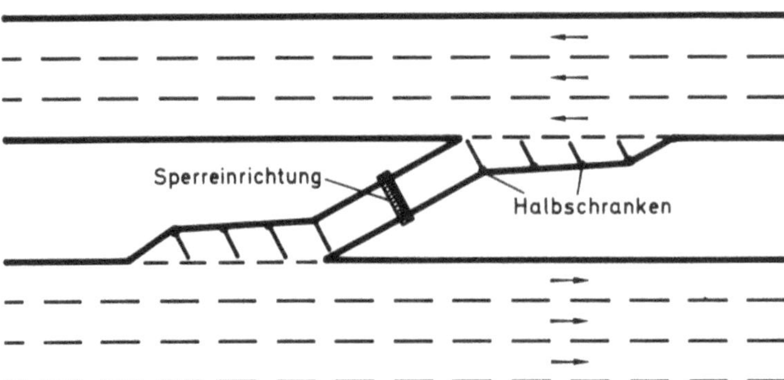

Bild 19. Ausstattung einer Überleitstelle zur Fahrbahn mit Richtungswechselbetrieb mit Schranken und Sperreinrichtung (Washington)

gen Betriebszustand zur mechanischen Trennung der beiden Fahrrichtungen schwere Trennschwellen bis etwa 30 cm über die Fahrbahnoberfläche ausgefahren (Bild 18). Beim Richtungswechselbetrieb im Südwesten von Washington (Bild 11) ist die dem Richtungswechsel unterworfene mittlere der drei Fahrbahnen durch Schutzplanken von den Nachbarfahrbahnen abgetrennt. Nur an bestimmten Überleitstellen kann von den außen liegenden Richtungsfahrbahnen auf die Umkehrfahrbahn übergewechselt werden. Halbschranken und eine Sperreinrichtung sollen dort zusätzlich zu den Signalen verhindern, daß Fahrzeuge in den Gegenverkehr fahren (Bild 19). Daß es gut ist, bei Fahrstreifensignalisierung nicht ohne Netz zu arbeiten, zeigen die Bilder 20 und 21. Das Bild 20 gibt eine solche Sperreinrichtung, bei der ein Drahtnetz bei Sperrung abgesenkt wird, in der Stellung *„frei"* wieder. In Bild 21 ist die Wirkungsweise einer anderen Sperreinrichtung in drei Phasen wiedergegeben.

Bild 20. Sperreinrichtung, die die Einfahrt in den Gegenverkehr nach Richtungswechsel verhindert (Chicago). Bei Sperrung wird das Stahlnetz abgesenkt

a b c

Bild 21. Wirkungsweise einer Sperrichtung: **a** Einfahrt in Fahrbahn gleicher Verkehrsrichtung erlaubt, **b** Einfahrt in den Gegenverkehr gesperrt, **c** Verhinderung einer Einfahrt in den Gegenverkehr (Entwicklung Van Zelm Ass.)

5 Wirksamkeit und Wirtschaftlichkeit der Fahrstreifensignalisierung

Die Einrichtung einer Fahrstreifensignalisierung bedingt einen vergleichsweise zur normalen Knotenpunktsignalisierung hohen technischen Aufwand:

— Die Ausführung der Signalgeber, ggf. als Matrixzeichen, ihre Anordnung an Brückenportalen oder unter einer Tunneldecke,
— Wechselverkehrszeichen als flankierende Maßnahmen für die Verkehrslenkung oder für Notprogramme auf der Strecke,
— Erfassung des Verkehrsablaufes an Meßstellen auf einer längeren Strecke in allen Fahrstreifen,
— lange Kabelverbindungen für Energie- und Steuerleitungen sowie für die Datenübertragung,
— die Einrichtung einer Zentralsteuerung mit einem Verkehrsrechner und Überwachungseinrichtungen

verursachen auf der Seite der Betreiber erhebliche Investitionskosten. Wenn zusätzlich spezielle bauliche Maßnahmen erforderlich werden, wie z. B. Rechtsabbiegefahrstreifen, Busbuchten, Umgestaltung von Knoten, so ergibt sich ein Investitionsbetrag, der auf Jahreskosten umgerechnet und um die Kosten für Betrieb und Instandhaltung erweitert, durch jährliche Nutzen mindestens aufgewogen werden sollte.
Auf der Nutzenseite stehen Einsparungen für den Bau und die Vorhaltung zusätzlicher Fahrstreifen sowie Einsparungen an Zeit- und Betriebskosten und erwartete Einsparungen bei Verbesserung der Verkehrssicherheit und Minderung der Umweltbelastung durch Abgase. Ein vereinfachtes Verfahren zur Berechnung der Gesamtwirtschaftlichkeit von betrieblichen Verbesserungen wird in [5] angegeben. Für Fahrstreifensignalisierungen bei der Zusammenführung von Verkehrsströmen wird in [5] ein Beispiel einer vereinfachten Nutzen-Kosten-Rechnung mitgeteilt.
Aus den vorliegenden verkehrstechnischen Materialien über ausgeführte Fahrstreifensignalisierungen in der Bundesrepublik Deutschland läßt sich aber überschläglich folgendes Bild gewinnen:
Bei Tunnelsteuerungen kann aus betriebstechnischen Gründen [7] auf eine Fahrstreifensignalisierung i.d.R. nicht verzichtet werden. Sie erlaubt zudem eine optimale Kapazitätsausnutzung sowie Einsparungen an den laufenden Betriebskosten auf dem Sektor Belüftung und Beleuchtung. Bezogen auf hohe Belastungsspitzen in einer Richtung sind ggf. auch Anteile an reduzierten Baukosten bei Einsparung einer ganzen Tunnelröhre in Rechnung zu setzen. Da die Fahrstreifensignalisierung zudem nur eine Einzelkomponente der gesamten Tunnelsteuerung darstellt, kann bei der Fahrstreifensignalisierung von hochbelasteten Tunneln insgesamt von einem Überschuß der Nutzen gegenüber den Kosten ausgegangen werden.
Der Nutzen einer Einfahrhilfe bei der Zusammenführung von Verkehrsströmen auf Autobahnen wird von der Häufigkeit ihres erforderlichen und zeitgewinnbringenden

Einsatzes und damit stark von der vorhandenen zeitlichen Verkehrsverteilung an einer solchen Einrichtung abhängen. Nur die Verlagerung von Staulängen von einer auf die andere Zufahrt würde noch keinen Nutzen bringen. So ist die örtliche Verkehrsstruktur genau zu analysieren; zunächst müssen auch Erfahrungen von ersten Anwendungen gewonnen werden, um die Wirksamkeit beurteilen zu können.

Bestimmte Baustellensituationen können aus übergeordneten betrieblichen Gründen eine mobile Fahrstreifensignalisierungseinrichtung erforderlich machen, z.B. bei häufiger wechselnden Verkehrsführungen. Bei sorgfältig geplantem Einsatz kann durch die Gesamtnutzen eine Deckung der Kosten erreicht werden, wenn die Verkehrssicherheit wesentlich verbessert werden kann.

Der Richtungswechselbetrieb auf städtischen oder stadtnahen Hauptverkehrsstraßen ist sehr eng an verkehrliche und bauliche Voraussetzungen gebunden. Stark gerichteter Verkehr, wie er zu Zeiten des Berufsverkehrs allgemein auftritt, reicht als Einsatzkriterium nicht aus, zumal die Spitzen in einer Fahrrichtung vielfach nur am Morgen deutlich ausgeprägt sind. Der Anteil des abbiegenden Verkehrs in einem für die Fahrstreifensignalisierung mit Richtungswechselbetrieb vorgesehenen Straßenzuges muß klein sein. Es muß die Möglichkeit bestehen, Linksabbiegevorgänge zumindest zeitweise gänzlich zu unterbinden. Wenn auf aufwendige Umbauten mit hohem Platzbedarf an Knotenpunkten verzichtet werden kann, läßt sich bei täglichem Einsatz und häufiger Nutzung in Zusammenhang mit Großveranstaltungen mit sparsamen Fahrstreifensignalisierungen unter günstigen örtlichen und verkehrlichen Gegebenheiten eine positive Nutzen-Kosten-Bilanz erreichen.

6 Literatur

1 Albrecht, H.; Philipps, P.: Ein Programmsystem zur verkehrsabhängigen Signalsteuerung nach dem Verfahren der Signalprogrammbildung (PBIL). Bonn: Hg. Bundesminister für Verkehr, Abt. Straßenbau. Schriftenreihe Straßenbau und Straßenverkehrstechnik, Heft 240 (1977)

2 Behrendt, J.: Fahrstreifensignalisierung. Straßenverkehrstechnik, Heft 2 (1977) 58-63

3 Burmeister, P.: Untersuchungen zum Verkehrsablauf bei Fahrstreifensignalisierung auf der Heerstraße in Berlin. Bonn: Forschungsgesellschaft für das Straßenwesen, Kirschbaum-Verlag 1971 Bericht über die Straßenbautagung Berlin 1970, S. 87-91

4 Edie, L.C.; Foote: Discussions of traffic stream measurements and definitions. London: Beitrag zum 2. Internationalen Symposium „Theory of Road Traffic Flow" 1963

5 Emde, W.; Everts, K.; Hamester, H.; Schroelkamp, W.: Vereinfachtes Verfahren für die Bewertung von betrieblichen Maßnahmen zur Verbesserung des Verkehrsablaufs. Forschungsbericht der Beratenden Ingenieure Dr. Heusch/Boesefeldt, Aachen. Veröffentlicht vom Bundesminister für Verkehr, StB 13/38.58.60-10/13013 Va 82 vom 17.2.82, mit Anwendungsbeispielen vom 31.3.82

6 Richtlinien für Lichtsignalanlagen RiLSA-Lichtzeichenanlagen für den Straßenverkehr, Forschungsgesellschaft für Straßen- und Verkehrswesen 1981

7 Analyse der Steuerungsanlagen in Straßentunnel, Forschungsgesellschaft für Straßen- und Verkehrswesen 1980

8 Bericht über das OECD-Seminar „Traffic Control and Driver Communication" 1982 in Aachen, Thema II. Forschungsgesellschaft für Straßen- und Verkehrswesen 1982

9 Herzke, K.; von Arnim, A.: Die Verkehrseinrichtungen des Autobahnelbtunnels in Hamburg. Straße Brücke Tunnel, Heft 5 (1975) 118-130

10 Hoffmann, G.; Leichter, K.: Qualität des Verkehrsablaufs auf Straßenzügen mit koordinierten Lichtsignalanlagen. Berlin: Schlußbericht zum F. A. DFG — We 52/13 (1973)

11 Hoffmann, G., Genz, H., Hoffmann, G.: Verkehrstechnische Probleme beim Umschaltvorgang in der Fahrstreifensignalisierung. Bonn: Hg. Bundesminister für Verkehr, Abt. Straßenbau. Schriftenreihe Straßenbau und Straßenverkehrstechnik, Heft 395, 1983

12 Hoffmann, G., Leichter, K., Schober, W.: Entwicklung eines Steuerungsmodells zur verkehrsabhängigen Fahrstreifensignalisierung. Bonn: Hg. Bundesminister für Verkehr, Abt. Straßenbau. Schriftenreihe Straßenbau und Straßenverkehrstechnik, Heft 417, 1984

13 Krell, K.: Probleme der Steuerung von Straßen-Korridoren. „Bedeutung von Verkehrslenkungssystemen". Essen: Vulkan-Verlag Dr. W. Classen, 14-22 (1976)

14 Krell, K.: Möglichkeiten und Grenzen Kybernetischer Hilfen im Straßenverkehr. Straße und Autobahn, Heft 4 (1972) 137-143

15 Kurz, E., Habermann, G., Milowski, J., Korgitzsch, U., Schönleiter, J.: Fahrstreifen-Signalregelung. Bonn: Hg. Bundesminister für Verkehr, Abt. Straßenbau. Schriftenreihe Forschung Straßenbau und Straßenverkehrstechnik, Heft 417, 1984

16 Martin, W.: Verkehrsablauf auf Stadtstraßen mit Lichtsignalanlagen. Dissertation Fakultät Bauingenieur- und Vermessungswesen, TH Karlsruhe, 1975

17 Scheuer, W.; Hahn, U.: Die Fahrstreifensignalanlage am Autobahndreieck Heumar. München: Siemens-Signalgeräte. Grünlicht, Informationen zur Straßenverkehrstechnik (1982)

18 Schmarsel, W. u. a.: Verkehrssicherung und -regelung im Rheinalleetunnel Düsseldorf. Straßenverkehrstechnik, Heft 5 (1970) 155-163

Teil J

Parkleitsysteme

1 Ausgangssituation in städtischen Bereichen

Ziel eines Parkleitsystems ist es, den parkplatzsuchenden Verkehr in Abhängigkeit von der Belegung der angeschlossenen Parkflächen über optimale Routen zu führen und auf ein Minimum zu beschränken.

Zwischen fließendem und ruhendem Verkehr bestehen enge Wechselbeziehungen, da jede Fahrt mit dem privaten Pkw an ihrem Ende mit einem Parkvorgang verbunden ist. Gerade in den Innenstadtbereichen zählt das Parken mit zu den größten verkehrstechnischen Problemen. Verdeutlicht wird dies auch durch die Ergebnisse einer Untersuchung [1], nach der ein Pkw im Durchschnitt nur zwei von 24 Tagesstunden fährt, den Rest des Tages, mehr als 90 %, wird das Fahrzeug geparkt. Als Folge der Vernachlässigung des ruhenden Verkehrs wurden Flächen in Anspruch genommen, die eigentlich anderen Funktionen zugedacht waren. So werden u.a. durch Parken Bürgersteige blokkiert und vielfach Beeinträchtigungen des fließenden Verkehrs und öffentlichen Nahverkehrs im Hauptverkehrsstraßennetz bewirkt. Abgesehen davon, daß das begrenzte Angebot an Verkehrsflächen im Citybereich — vor allem bei Städten mit dichter Bebauung und engem, historisch gewachsenem Straßennetz — eine Vergrößerung der Parkflächen selten zuläßt, wäre eine allzu großzügige Bereitstellung von Parkflächen nachteilig für die Lebensqualität und Attraktivität der City. Ein bestimmter Umfang an Parkplätzen im Citybereich ist jedoch unbedingt für die Lebensfähigkeit erforderlich. Der öffentliche Nahverkehr kann hier nicht als alleinige ausreichende Lösungsmöglichkeit betrachtet werden.

Die Parkflächen, die mittlerweile eingerichtet wurden bzw. geplant sind, liegen allerdings nicht immer günstig zu den Einfallstraßen und sind oft auch ungünstig verteilt. Aus städtebaulichen Gründen und zur Erhaltung anderer städtischer Funktionen kann nicht immer der verkehrsgünstigste Platz gewählt werden. Die Folge davon ist, daß einige günstig gelegene, zielnahe — in der Regel ältere — Parkflächen häufig überfüllt sind, und Warteschlangen den fließenden Verkehr stören, andererseits weniger günstig gelegene — oft neuere — Parkflächen noch freie Plätze aufweisen.

Bei der Beurteilung des Nutzens im Rahmen der Planung von Verkehrsanlagen haben sich in den letzten Jahren die Aspekte und Gewichtungen verändert. Während früher z.B. bei der Einrichtung von Parkflächen vor allem die Erreichbarkeit (Zugänglichkeit) von Zielbereichen sowie die Länge der nötigen Fußwege als Beurteilungskriterien herangezogen wurden, spielen heute Umweltbelastungen (durch Lärm, Abgase, Behinderungen) und Energieverbrauch eine bedeutende Rolle. Aus diesen und aus den bereits genannten städtebaulichen Gründen müssen oft — und meist zu Recht — verkehrliche Gesichtspunkte bei der Wahl eines Standortes zurücktreten. Durch verkehrstechnische Maßnahmen muß dieser Nachteil wieder behoben werden. Abhilfe kann durch *frühzeitige* Information und Wegweisung der Parkplatzsuchenden geschaffen werden.

In der allgemeinen Verwaltungsvorschrift zur Straßenverkehrsordnung [2] wird gefordert, daß zu größeren Parkplätzen und Parkhäusern hingewiesen werden soll. Die Praxis zeigt jedoch, daß diese Vorschrift häufig ungenügend gehandhabt und erst in unmittelbarer Nähe von Parkanlagen auf diese hingewiesen wird. Eine solche Beschilderung hilft dem *Ortsunkundigen* erst in der Schlußphase seiner Suchfahrt. Doch kann unter Umständen selbst eine flächendeckendere Parkplatzwegweisung ihren Zweck dann verfehlen, wenn die angezeigte Parkfläche besetzt vorgefunden wird.

Dem *Ortskundigen* stellt sich das gleiche Problem. Obwohl er eigentlich aufgrund seiner Ortskenntnis auf keine Parkplatzwegweisung angewiesen ist, kann er erst an Ort und Stelle feststellen, ob die angefahrene Parkfläche noch aufnahmefähig ist.

Die bestehenden Informationen in Form einer statischen Hinweisbeschilderung sind somit in den meisten Fällen nicht ausreichend. Die Information sollte vielmehr darin bestehen, daß *freie* Parkanlagen aufgezeigt werden und ihr Auffinden durch eine kontinuierliche Wegweisung gewährleistet ist, so daß die Verkehrsteilnehmer erst gar nicht in die Richtung besetzter Parkflächen fahren. Dies kann jedoch nur durch eine *dynamische* Hinweisbeschilderung (Wechselwegweisung) erreicht werden, die sich permanent verändernden Bedingungen anpassen kann. Aus dieser Überlegung heraus ist das *Parkleitsystem* entstanden.

2 Idee, Wirkungsweise und Aufbau
eines Parkleitsystems

Ein Parkleitsystem (PLS) ist ein variables, zentralgesteuertes Verkehrslenkungssystem, das entsprechend der Belegung der einzelnen angeschlossenen Parkplätze bzw. -häuser in den Knotenpunktzufahrten des innerstädtischen Straßennetzes dem Parkplatzsuchenden die günstigsten — in der Regel die kürzesten — Wege zu den nächstgelegenen freien Stellplätzen zeigt. Das im Straßenraum sichtbare Hauptelement des Parkleitsystems bildet somit der Wegweiser, der, als Wechselwegweiser ausgebildet, den Wegweisungsrichtlinien und den übrigen einschlägigen Bestimmungen entsprechen sollte.

Als Ziele des Einsatzes eines Parkleitsystems sind zu nennen:

— Zielführung zu den Parkflächen,
— frühzeitige Information über den Belegungszustand einzelner Parkhäuser bzw. -plätze,
— rationelle Nutzung aller vorhandenen Parkraumkapazitäten und ggf. Nachfrageverteilung,
— Reduzierung des Parkplatzsuchverkehrs und der damit verbundenen negativen Begleiterscheinungen wie Zeitverluste, Umweltbelastungen, Kraftstoffverbrauch und Behinderung des fließenden Verkehrs durch Rückstau vor den Parkplatzeinfahrten durch Warteschlangen.

Die Wirkungsweise eines Parkleitsystems stelle sich nun so dar, daß die an das System angeschlossenen Parkflächen ihre Belegung bzw. freien Kapazitäten an eine Auswerteschaltung melden, und gemäß den Ergebnissen eines Auswerteprogramms eine Steuereinrichtung entsprechende Schaltbefehle an die angeschlossenen Wechselwegweiser im Straßennetz gibt.

Bei den Wechselwegweisern läßt sich die Pfeilführung und/oder die Zielangabe gemäß der ermittelten Route variieren. Der Parkplatzsuchende wird kontinuierlich zu freien Parkflächen geführt. Zur Verdeutlichung wird die Funktionsweise eines Parkleitsystems anhand des Beispiels in Bild 1 erläutert.

Von den fünf abgebildeten Parkhäusern weisen zwei noch freie Kapazitäten auf. Ein am Knotenpunkt A ankommender Fahrer trifft auf einen Wegweiser, dessen Pfeile in zwei Richtungen zeigen. Fährt er an dieser Stelle geradeaus, so erhält er am Knotenpunkt C die Information, weiterhin geradeaus zum Parkhaus *„Post"* zu fahren, da die Parkhäuser nach links und rechts besetzt sind. Ist nach einer gewissen Zeit auch das Parkhaus *„Post"* besetzt, so erhalten später ankommende Kraftfahrer bereits am Knotenpunkt A die Information, nach links zum freien Parkhaus *„Hbf"* zu fahren, indem die Geradeausrichtung am Knotenpunkt A nicht mehr angezeigt wird.

Der Aufbau des Gesamtsystems setzt sich aus einer Reihe von Einzelelementen zusammen, die in anlagentechnischer und verkehrstechnischer Hinsicht sorgfältig geplant werden müssen und deren einwandfreies Funktionieren gewährleistet sein muß.

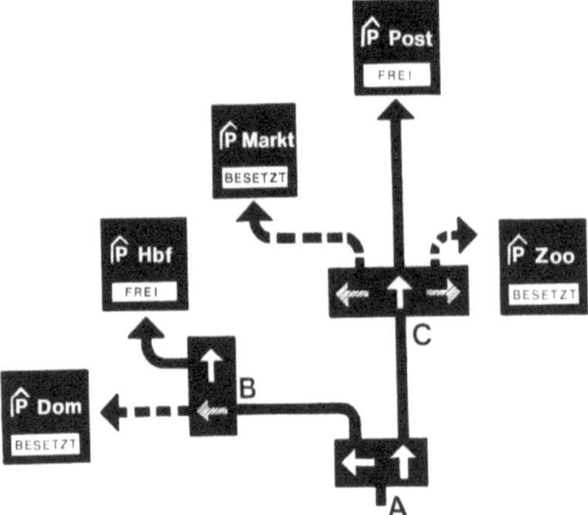

Bild 1. Funktionsweise eines Parkleitsystems

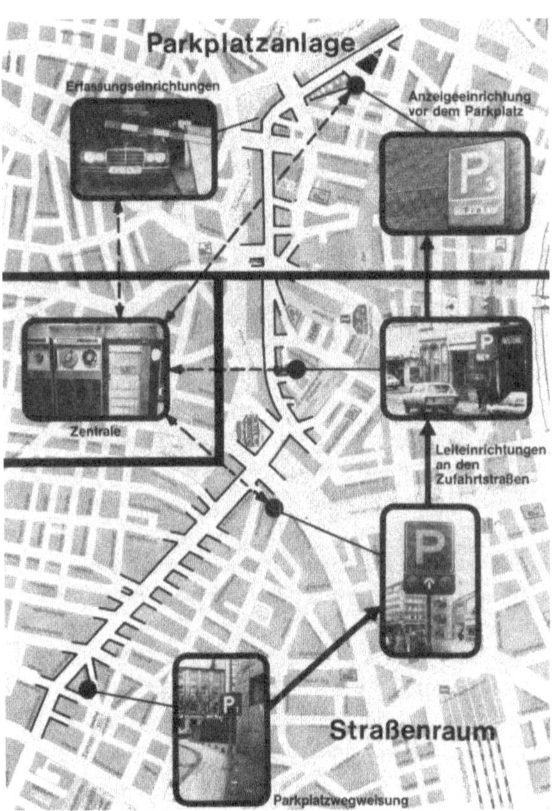

Bild 2. Aufbau eines Parkleitsystems

Diese Elemente sind im wesentlichen (Bild 2):

— die Parkhäuser und Parkplätze mit Erfassungs- und Zähleinrichtungen an den Zu-
  und Abfahrten
— die Zufahrtsstraßen einschließlich der jeweiligen Verkehrsregelungseinrichtungen
  und evtl. zusätzlichen Erfassungseinrichtungen (vgl. Abschn. 6.4)
— feste Parkplatzhinweisbeschilderung in den Zufahrtsstraßen
— Wechselverkehrszeichen (Wechselwegweiser) als variable Hinweisbeschilderung in
  den Zufahrtsstraßen (Leiteinrichtung) und an den Einfahrten der Parkflächen
  selbst (Anzeigeeinrichtung)
— Steuerungszentrale (evtl. mit Unterzentralen) einschließlich Hard- und Software
— Wegweisung zur Ableitung der Fahrzeuge nach dem Parkvorgang.

Das Zusammenwirken der Einzelelemente wird aus Bild 2 deutlich. Der Parkplatzsuchende wird von außen nach innen auf seiner Fahrt zur Stadt durch folgende Informa-
tionskette geleitet:

— An den Einfallstraßen kann allgemein auf das Parkleitsystem hingewiesen, und
  es kann empfohlen werden, den angezeigten Routen (den Pfeilen der Wechselwegweiser) zu folgen.
— Die weitere Führung folgt einer festen Beschilderung, solange keine Verzweigung
  nach mehreren Richtungen vorliegt. An wichtigen Verzweigungspunkten, die weit
  vom Zentrum entfernt sind, kann der Hinweis auf verschiedene Citybereiche erfolgen, um eine gewisse Vorsortierung vorzunehmen.
— Im weiteren Verlauf seiner Route trifft der Kraftfahrer auf variable Parkhinweis-
  schilder (Leiteinrichtung), die ihm die Richtung zu noch freien Stellplätzen zeigen. Je weiter er sich seinem möglichen Abstellplatz nähert, desto geringer wird
  das Alternativroutenangebot, das heißt, daß er schließlich auf ein variables Hinweisschild stößt, das in mindestens eine Richtung nur noch zu *einem* Parkhaus hinweist. Ein solcher Parkwegweiser wird auch als Direktwegweiser bezeichnet.
— Befindet sich der Kraftfahrer zwischen dem Direktwegweiser und dem Parkhaus,
  sind gegebenenfalls weitere feste Wegweiser erforderlich, die ihn im System halten.
  Dies gilt auch, wenn zwischen zwei räumlich hintereinander liegenden variablen
  Wegweisern Abbiegevorgänge notwendig sind.
— Unmittelbar vor oder am betreffenden Parkhaus sind Transparente mit *Frei/Be-
  setzt*-Anzeige erforderlich (Anzeigeeinrichtung).

Da das Parkleitsystem nur Empfehlungen ohne Verbindlichkeit für den Verkehrsteilnehmer geben kann, ist die Einheitlichkeit der Ausführung der unterschiedlichen
Schildertypen sehr wichtig. Ihre Zugehörigkeit zum Parkleitsystem muß erkennbar
sein. Beispiele möglicher Ausführungen werden in Bild 7 gegeben.

3 Voraussetzungen und Einsatzgrenzen für die Einrichtung von Parkleitsystemen

3.1 Parkplatzangebot und -nachfrage

Ein wirkungsvoller Einsatz eines Parkleitsystems ist nur dann gegeben, wenn die Anzahl der Parkplatzsuchenden insgesamt die Parkmöglichkeiten nicht überschreitet, wenn also das Verhältnis von Nachfrage und Angebot unter eins liegt. Ein Parkleitsystem schafft grundsätzlich keine neuen Parkflächen, sondern kann nur eine ausgleichendere Verteilung auf vorhandene Parkflächen bewirken.

Der Einsatz eines Parkleitsystems ist nicht sinnvoll, wenn das Parkplatzangebot in allen Sektoren des gesamten Bereichs immer größer ist als die -nachfrage. In Fällen, wo man stets damit rechnen kann, ohne große Suche einen Parkstand zu finden, sind kostengünstigere statische Parkwegweisungssysteme durchaus hinreichend.

3.2 Lage der Parkflächen

Der Parkplatzsuchende wird immer bemüht sein, möglichst in unmittelbarer Nähe seines Ziels einen Abstellplatz zu finden. Ein relativ zielnahes Parkplatzangebot ist somit Voraussetzung für ein Parkleitsystem, das davon ausgeht, den Verkehrsteilnehmer — vor allem den Ortskundigen — solange zu dem von ihm gewünschten Parkplatz zu weisen, wie dort noch freie Plätze vorhanden sind. Erst im Besetztzustand erfolgt eine Abweisung zu anderen Parkplätzen, die erfahrungsgemäß nur angenommen werden, wenn sie in zumutbarer Entfernung zum tatsächlichen Ziel liegen.

Bezüglich der Lage der Parkanlagen innerhalb des städtischen Straßennetzes ist es günstiger, wenn die Zu- und Abfahrten abseits von Hauptverkehrsstraßen liegen. Mögliche Behinderungen des fließenden Verkehrs können dadurch weitgehend ausgeschaltet werden, vorausgesetzt, daß der erforderliche Stauraum in den Seitenstraßen ausreichend ist.

3.3 Bauliche Voraussetzungen

Grundsätzlich kann jede Parkfläche an ein Parkleitsystem angeschlossen werden, gleich, ob es sich um einen Park*bau* (Hoch- oder Tiefgarage) oder um einen ebenerdigen Park*platz* handelt. Es sollten jedoch nur solche Parkflächen in ein Parkleitsystem einbezogen werden, die eine zuverlässige Fahrzeugerfassung zulassen. Die baulichen Gegebenheiten müssen daher so gestaltet sein, daß die Parkflächen nicht unkontrolliert von allen Seiten, sondern nur über bestimmte Zu- und Abfahrten angefahren bzw.

verlassen werden können. Ein- und Ausfahrten müssen klar getrennt sein, damit die
ein- und ausfahrenden Fahrzeuge kontinuierlich und einwandfrei erfaßt werden können.
Weiterhin sollten nur solche Parkflächen in das Parkleitsystem einbezogen werden, die
über eine bestimmte Mindestkapazität verfügen, die bei etwa 50 Parkständen anzuset-
zen ist. Bei kleineren Parkflächen steht der Aufwand für Erfassung und Anzeigen in
keinem Verhältnis zum Kapazitätsbeitrag zum gesamten System. Zudem muß die
Schwelle für die Steuerung des Systems immer niedriger angesetzt werden als der Ab-
solutwert der Kapazität (vgl. Abschn. 6.3 und 6.4).

3.4 Betriebliche Voraussetzungen

Voraussetzung für eine möglichst hohe Bereitschaft zur Benutzung eines Parkleitsystems durch Parkplatzsuchende ist das einwandfreie Funktionieren des Systems. Alle
Überlegungen müssen also darauf abzielen, Vertrauenswürdigkeit und Plausibilität
einer solchen Anlage zu gewährleisten. Wenn ein Kraftfahrer trotz Hinweis auf eine
freie Parkanlage eine besetzte Parkanlage vorfindet, oder wenn er trotz Hinweis auf ein
besetztes Parkhaus dort dennoch einen Stellplatz findet, wird die Annahmebereitschaft sehr schnell sinken. Gerade bei Ortskundigen, die sich am Anfang nur zö-
gernd auf ein Parkleitsystem einstellen werden, kann diese Annahmebereitschaft wesentlich durch ein einwandfreies Funktionieren des Systems gesteigert werden.
Eine weitere Voraussetzung für ein einwandfreies Funktionieren eines Parkleitsystems
besteht darin, daß weitgehend alle innerhalb des Einzugsbereichs liegenden Parkanlagen angeschlossen sind. Solange ein Parkleitsystem nur auf einige ausgewählte Parkplatzanlagen hinweist, werden sich insbesondere Ortskundige bei ihrer meist zielorien-
tierten Parkplatzsuche nur in beschränktem Maße nach dem Parkleitsystem richten.
Ferner sollten alle an ein Parkleitsystem anzuschließenden Parkflächen in etwa die
gleiche Gebührenstaffelung aufweisen, wenn es sich um lagemäßig gleichwertige Parkflächen handelt. Bei Parkflächen mit geringer Attraktivität ist zu erwägen, weniger
Parkentgelt als bei lagegünstigeren bzw. anderweitig attraktiveren Parkanlagen zu erheben. Problematisch ist auch, daß oft in der Nähe von geschlossenen (bewirtschafte-
ten) Parkanlagen immer noch eine Reihe von Parkständen am Straßenrand (evtl. mit
Parkuhren) anzutreffen sind. Vor allem Kurzparker werden eher versuchen, dort einen
freien Parkstand zu finden, als ein Parkhaus anzufahren, wo sie wegen der Gebührenstaffelung gleich den Betrag für eine Stunde zahlen müssen.
Bei stark frequentierten, privat betriebenen Parkplatzanlagen besteht die Gefahr, daß
die Betreiber den Anschluß an ein Parkleitsystem ablehnen. Der Grund liegt in der Be-
fürchtung möglicher Umsatzrückgänge, da den einzelnen Betreiber normalerweise
nicht die optimale Ausnutzung aller Parkflächen, sondern nur die maximale Auslastung seines eigenen Parkhauses interessiert. Hier gilt der Hinweis, daß die lagegünsti-
gen Parkhäuser nach wie vor gut belegt sein werden, sich allerdings Warteschlagen davor abbauen, wenn an den entsprechenden Stellen Hinweise auf freie und nahe
gelegene Alternativparkplätze erfolgen. Mit bestehenden Parkleitsystemen konnten
solche Erfahrungen bereits gemacht werden.

3.5 Zeitliche Einsatzgrenzen

Der zeitliche Einsatzbereich für Parkleitsysteme unterliegt grundsätzlich keinen Einschränkungen. Zeitweise geschlossene Parkflächen werden in der Steuerungsmimik wie total belegte Parkflächen behandelt, d. h. die Wechselwegweiser weisen nicht mehr auf diese Parkflächen hin. In verkehrsschwachen Zeiten kann das Parkleitsystem — mit seinen eingangs beschriebenen Aufgaben — abgeschaltet werden, da man davon ausgehen kann, auf jeder Parkfläche einen Platz zu finden. Allerdings sollte normalerweise in Bereichen mit einem Parkleitsystem die alte statische Parkwegweisung abgebaut werden, um den Schilderwald zu reduzieren. Das bedeutet, daß die Wegweiser des Parkleitsystems die Funktion der alten statischen Wegweisung mit übernehmen. Bei zeitweiser Abschaltung der Steuerung müssen daher die Wechselwegweiser in einen Anzeigezustand übergehen, der eine kontinuierliche Wegweisung zu den offenen Parkplatzanlagen gewährleistet. Während der Abschaltung der Steuerung muß die Erfassung an den Parkflächenein- und -ausfahrten weiterlaufen, da bei Wiedereinschalten der aktuelle Belegungsgrad (Kapazitätsreserve) jeder Parkfläche bekannt sein muß.

3.6 Räumliche Einsatzgrenzen

Der Einsatz von Parkleitsystemen beschränkt sich auf Gebiete mit knappem Parkplatzangebot. In den meisten Fällen sind dies die *Ballungsgebiete* und hier besonders die zentralen Bereiche des Einkaufsverkehrs, wobei die Größenordnung der Stadt selbst keine Rolle spielt. Es müssen lediglich mehrere (im Grenzfall mindestens zwei) Parkflächen vorhanden sein, die über unterschiedliche Zufahrten zu erreichen sind. Andererseits kommen jedoch auch andere Gebiete in Frage, die durch ihre Attraktivität einen erheblichen Zielverkehr hervorrufen. Auf solche Einsatzmöglichkeiten außerhalb der innerstädtischen Bereiche wird in Kapitel 9 eingegangen. Im Rahmen der Überlegungen zu den räumlichen Einsatzgrenzen spielt auch die Art der Steuerung eine Rolle. Es sind zentral gesteuerte oder dezentral gesteuerte Systeme vorstellbar.

4 Vorgehensweise bei der Konzeptentwicklung

4.1 Allgemeines

Wenn in einem Gebiet die Parksituation mit Hilfe eines Parkleitsystems verbessert werden soll und die notwendigen Voraussetzungen gegeben sind bzw. geschaffen werden können (z. B. einwandfreie Erfassung und Abfertigung der Fahrzeuge), so beginnt die Planung des Systems mit der Entwicklung der verkehrstechnischen sowie der systemtechnischen Komponenten. Diese Planung läßt sich in fünf Planungsschritte unterteilen:

1. Feststellung der einzubeziehenden Parkflächen und deren Kapazität und Nutzung (z. B. auch Anteil der Dauerparker).
2. Analyse der Zu- und Abfahrtsmöglichkeiten der Parkflächen sowie des gesamten betroffenen städtischen Netzes (Fahrtmöglichkeiten, Abbiegeverbote).
3. Erstellung der Zielführungspläne (Zielspinnen) für jede Parkfläche.
4. Überlagerung aller Zielführungspläne und Ermittlung der Wegweisungsstandorte, -typen und -inhalte.
5. Planung der technischen Ausführung der Anzeigen und des Steuerungsverfahrens sowie Ermittlung der Steuerungsparameter.

Von den vorgenannten Planungsschritten werden im folgenden einige näher erläutert.

4.2 Erstellung der Zielführungspläne (Zielspinnen) für jede Parkfläche

Nach Analyse der allgemeinen strukturellen und verkehrlichen Gegebenheiten eines geplanten Einsatzbereichs, der Festlegung der einzubeziehenden Parkflächen und Analyse deren Kapazität, Nutzung sowie technischen und betrieblichen Ausstattung beginnt die gezielte Untersuchung der Zu- und Abfahrtsmöglichkeiten zu den einzelnen Parkflächen.

Die Lenkung des in eine Stadt einströmenden Verkehrs erfolgt zunächst in den Außenbereichen mit der Zielangabe *„Zentrum"* und im engeren Bereich mit Hinweisen auf die Parkmöglichkeiten über die verkehrsgünstigsten Routen zu den jeweiligen Parkhauseinfahrten. Die kontinuierliche Zielführung sollte in Zielspinnen [3] dargestellt werden, aus denen sich dann die Führung von den Einfallstraßen zu den einzelnen Parkflächen erkennen läßt. In Bild 3 ist dazu ein Beispiel wiedergegeben.

Bei dieser Festlegung der Einzelführungen sind je nach örtlichen Forderungen bestimmte Grundsätze zu berücksichtigen. So sollte der parkplatzsuchende Verkehr so-

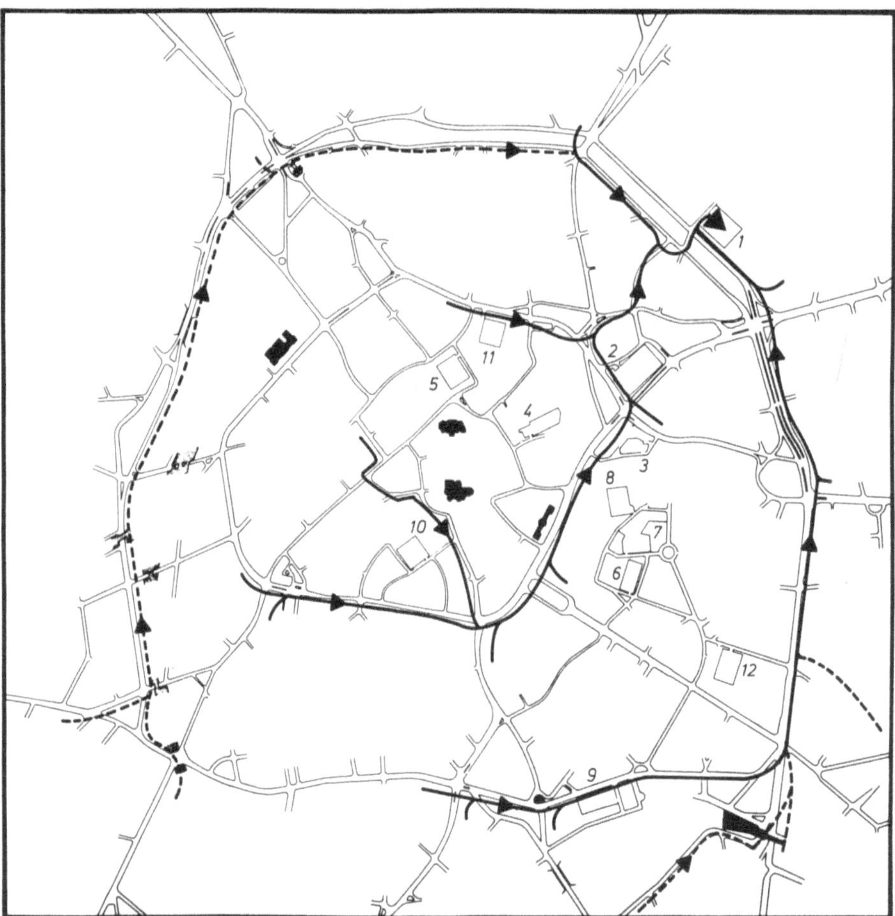

Bild 3. Zielführung zu einer Parkfläche

weit wie möglich nur über leistungsfähige Straßenzüge geleitet und über das vorhandene Straßennetz gleichmäßig verteilt werden. Andererseits ist aber die Anzahl der verschiedenen Routen, über die die jeweiligen Parkflächen zu erreichen sind, so gering wie möglich zu halten, um dadurch die Zahl der erforderlichen Wegweiser sowie die notwendigen Informationen auf ein Minimum zu beschränken.

4.3 Überlagerung aller Zielspinnen und Ermittlung der Wegweiserstandorte

Aus der Überlagerung aller Einzelzielspinnen ergeben sich die Standorte der Wechselwegweiser. Solange die Zielfäden über gemeinsame Straßenzüge verlaufen, sind nur bei abknickender Führung — feste — Schilder erforderlich. Sobald die Zielführung

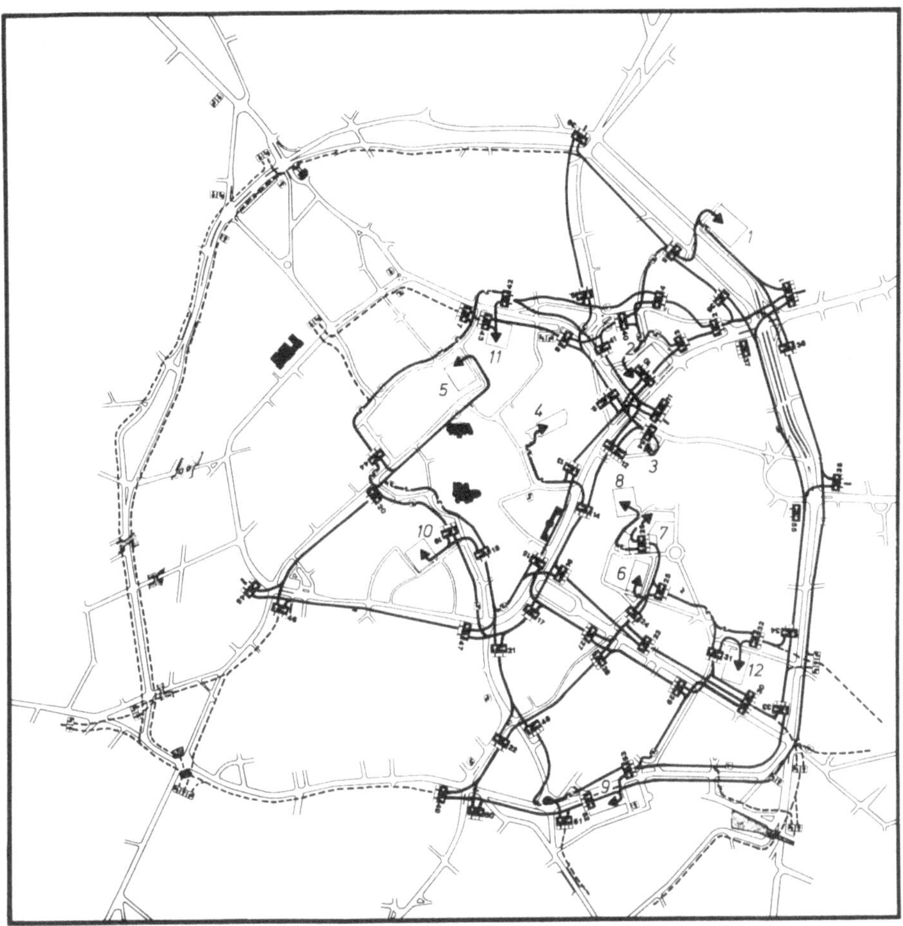

Bild 4. Überlagerung aller Zielführungen und Bestimmung der Wechselwegweiserstandorte

sich aufspaltet, werden an diesen Stellen Wechselwegweiser notwendig. Die Anzahl der von dem jeweiligen Knoten ausgehenden Zielfäden ergibt die Anzahl der Felder mit unterschiedlichen Pfeilrichtungen auf dem Wechselwegweiser an. Verfolgt man die ausgehenden Zielfäden weiter bis zu ihrem Zielpunkt, d. h. zu den angeschlossenen Parkflächen, so lassen sich in Abhängigkeit von der Belegung der jeweiligen Parkhäuser die Pfeilrichtung und die Zielnamen ggf. in den einzelnen Richtungsfeldern festlegen. In Bild 4 ist ein Beispiel für eine Überlagerung wiedergegeben.

Die Verknüpfung der einzelnen Richtungsfelder der Wechselwegweiser mit den Parkflächen kann in einer Matrix dargestellt werden. Ein Ausschnitt einer solchen Matrix ist in Bild 5 dargestellt. Die in den Spalten eingetragenen Kreuze stellen die Zuordnung der Richtung (Pfeile) zur Parkfläche dar. Sind beispielsweise einer Pfeilrichtung eines Wechselwegweisers fünf Parkhäuser zugeordnet, so erlöscht dieser Pfeil erst dann, wenn alle fünf Parkflächen belegt sind.

Nr.	Parkfläche (Name)	Wechselwegweiser Nr. 1			2		3		4		5		6		7		8	
	Typ	←	↑	→	↑	→	↑	→	←	↑	←	↑	↑	→	↑	→	←	↑
	(Nr.)	3	2	1	2	1	2	1	3	2	3	2	2	1	2	1	3	2
1	P-HAUS MONHEIMSALLEE			X							X				X		X	
2	P-HAUS COUVENSTRASSE		X		X			X	X			X			X			X
3	P-HAUS BLONDELSTRASSE		X		X		X					X	X		X			X
4	P-HAUS BÜCHEL		X		X		X					X	X		X			X
5	P-HAUS MOSTARDSTRASSE		X					X		X		X		X		X		
6	P-HAUS WIRICHSBONGARDSTR.	X										X			X			X
7	P-PLATZ WESPIENSTRASSE	X										X			X			X
8	P-PLATZ REIHSTRASSE	X										X			X			X
9	P-HAUS LAGERHAUSSTRASSE	X										X			X			X
10	P-HAUS JESUITENSTRASSE		X		X		X					X	X		X			X
11	P-HAUS SEILGRABEN		X					X		X		X		X	X			
12	P-HAUS LOTHRINGERSTRASSE	X										X			X			X

Bild 5. Verknüpfungsmatrix der Parkflächen und Wechselwegweiser

5 Hinweise zu den systemtechnischen Komponenten

5.1 Erfassungssysteme

Die Erfahrungen mit dem Aachener Parkleitsystem [4–8] zeigten, daß dem Erfassungssystem große Bedeutung zugemessen werden muß. Die automatische Erfassung der ein- und ausfahrenden Fahrzeuge ist über die folgenden Einrichtungen möglich:

— Induktionsschleifen,
— Infrarot- oder Lichtschranken,
— Schrankenbaumschließschutz,
— Parkscheingeber oder Codekartenleser.

Im allgemeinen erfolgt die Erfassung über Induktionsschleifen in den Ein- und Ausfahrten der Parkflächen. Dabei muß zwischen *„normalen" Parkplatzsuchenden* und *Dauerparkern* (mit gemieteten Stellplätzen) unterschieden werden können. Daher ist oft eine Kopplung mit dem Codekartenleser erforderlich, falls beide Benutzergruppen die gleiche Ein- oder Ausfahrt befahren. Läßt sich allgemein keine eindeutige Trennung von Ein- und Ausfahrt erreichen, so muß das Erfassungssystem so ausgelegt werden, daß nach Fahrtrichtungen unterschieden werden kann (z. B. Doppelschleifen).
Die Erfassung der ein- und ausfahrenden Fahrzeuge über die oben angegebenen Einrichtungen führt nur dann zu zuverlässigen Belegungswerten, wenn die Meldeimpulse von exakt arbeitenden elektronischen Zählgeräten aufgenommen und weiterverarbeitet werden. Mängel zeigten sich bei älteren elektromechanischen Zählwerken (Walzen), die aufgrund ihrer Trägheit nicht exakt arbeiteten, wenn etwa gleichzeitig ein- und ausfahrende Fahrzeuge registriert werden mußten. Bei der Lage und Anordnung der Schleifen muß darauf geachtet werden, daß sie nur in der vorgesehenen Weise überfahren werden können und nicht etwa im Rangierbereich von Stellplätzen liegen.

5.2 Wechselverkehrszeichen

Hinsichtlich der Bauart, der Gestaltung und Informationsinhalte existieren unterschiedliche Varianten. Grundsätzlich kann zwischen lichttechnischen und mechanischen Wechselverkehrszeichen unterschieden werden. Wesentlich bei Parkleitsystemen ist, daß die Verkehrszeichen den Charakter einer Richtungsempfehlung, also keinen Gebots- oder Verbotscharakter haben. In diesem empfehlenden Charakter eines Parkleitsystems, und damit in der Annahmebereitschaft der Kraftfahrer, liegt auch vor allem die Problematik bei einem solchen System. Daher ist hinsichtlich informationstechnischer Erfordernisse besondere Sorgfalt bei der Planung erforderlich.

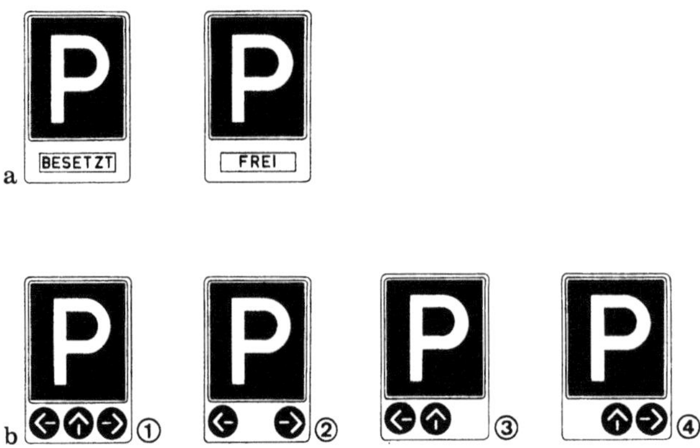

Bild 6. **a** Anzeigeeinrichtung und **b** Leiteinrichtung

Unterschieden wird zwischen den Wechselverkehrszeichen der Leiteinrichtung und den Zeichen der Anzeigeeinrichtung an den Parkhäusern (Bild 6).

Für alle Zeichentypen gilt, daß auf eine besondere Auffälligkeit geachtet werden soll, um den Wahrnehmungs- und Befolgungsgrad besonders in Gebieten mit einem hohen Anteil Ortskundiger zu verbessern.

Die Wechselwegweiser des älteren Aachener Systems bestehen aus einem blauen, innen beleuchteten transparenten P-Schild und einem darunter angebrachten Signalträger mit Leuchtpfeilen entsprechend den abgehenden Richtungen. Die leuchtenden Pfeile geben an, daß in der entsprechenden Richtung noch freie Parkstände zu erreichen sind. Verlöscht der Pfeil, so sind in dieser Richtung alle Plätze besetzt. Die ältere Bauart der Aachener Wechselwegweiser enthält keine weiteren Informationen. Die Erfahrungen zeigen, daß dieses System nicht befriedigt. Die Parkplatzsuchenden folgen der Richtung des verloschenen Pfeils, da nicht auf die Ursache des Verlöschens hingewiesen und möglicherweise angenommen wird, es handele sich nur um einen (Glühlampen)-Defekt. Erforderlich scheint daher, daß wenigstens in bestimmten Fällen ausdrücklich auf die Belegung der Parkhäuser hingewiesen wird. Es ist grundsätzlich richtig, auf einem Hinweisschild nur wenige Informationen zu geben, um die Entscheidung für die Verkehrsteilnehmer nicht zu komplizieren. Der leuchtende Pfeil allein sagt jedoch nur wenig über die Lage einer Parkfläche zu dem gewünschten Zielbereich. Dies gilt insbesondere für Ortsfremde.

Die neuere Bauart der Aachener Wechselwegweiser besteht aus vertikal getrennten Einzelelementen. Jeder Richtung ist ein solches Element mit einem Leuchtpfeil zugeordnet. Die Direktwegweiser, d. h. Wechselwegweiser im Straßennetz, die in einer Richtung nur noch auf *eine* Parkfläche hinweisen, haben in diesem Feld bereits hier eine Frei/Besetzt-Anzeige in grüner bzw. roter Schrift. Auf diese Weise soll noch einmal verstärkt auf eine volle Belegung des Parkplatzes in dieser Richtung hingewiesen und eine Weiterfahrt verhindert werden. Dies ist vor allem dann wichtig, wenn es sich bei der Zufahrtsstraße um eine Sackgasse handelt. Es ist zu erwarten, daß der ausdrückliche Hinweis auf den Besetzt-Zustand stärker befolgt wird als allein ein erloschener Pfeil. Bei den Wechselwegweisern der neuen Aachener Bauart wird zudem der Name des Parkhauses bzw. ein Zielbereich angezeigt.

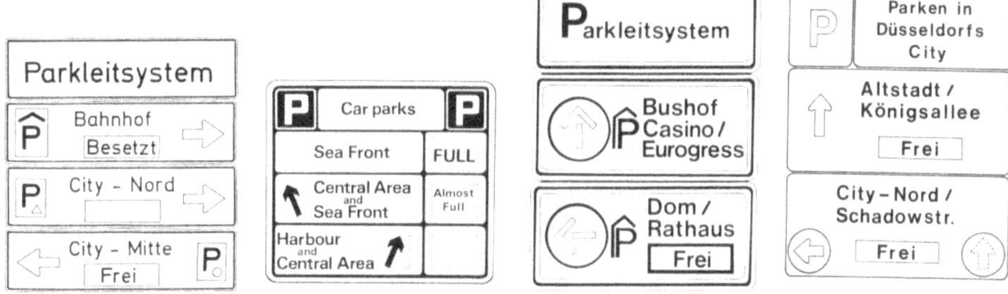

Bild 7. Beispiele von Wechselwegweisern realisierter und geplanter Parkleitsysteme

Weitergehende Möglichkeiten bietet die Faseroptik. Damit lassen sich beliebige Zeichen, Überblendungen von Zeichen und unterschiedliche Farben darstellen. Die Technik der Faseroptik bietet ferner die Möglichkeit, einzelne Symbole blinkend darzustellen. Beispielsweise könnte bei Belegung im gleichen Feld über einem schwachleuchtenden Pfeil ein blinkendes Diagonalkreuz angezeigt werden.

Das Parkleitsystem gibt — wie erläutert — nur Empfehlungen, die keine Verbindlichkeit für den Verkehrsteilnehmer haben. Daher sind Einheitlichkeit der Ausführung und Erkennbarkeit der Zugehörigkeit zum System sehr wichtig. Da teilweise Wechselwegweiser, teilweise einfache feste Schilder sich im System abwechseln und ergänzen, sollten sie durch ein einheitliches Symbol gekennzeichnet sein. Empfohlen wird, die Wegweiser nach dem Baukastenprinzip zu gestalten. Damit ist ein flexibler Bausteineinsatz mit einer Kombination fester und variabler Felder für jeden Standort möglich. Bei Änderungen der Routenführung zu den verschiedenen Parkflächen, Erweiterung des Systems oder Herausnahme einzelner Parkflächen ist ein leichter Austausch der betroffenen Bausteine möglich.

Einige Beispiele unterschiedlicher Ausführung der Wechselverkehrszeichen der *Leit*einrichtung geplanter oder realisierter Parkleitsysteme sind in Bild 7 wiedergegeben. Die Zeichen der *Anzeige*einrichtung werden allein vom jeweiligen Parkhaus beeinflußt und geben den derzeitigen Belegungszustand an. Da nur zwei unterschiedliche Informationen angezeigt werden müssen, kann die Konstruktion möglichst einfach gehalten werden. Werden auf den Wechselwegweisern (Leiteinrichtungen) die Namen der Parkhäuser angegeben, so ist auch am Parkhaus selbst der Name deutlich — nach Möglichkeit auch auf der Frei/Besetzt-Anzeige — anzugeben. Die Verwendung von Parkhausnummern auf den Wegweisern anstelle von Namen hat sich als wenig sinnvoll erwiesen.

6 Möglichkeiten der Steuerung eines Parkleitsystems

6.1 Allgemeines

Zur automatischen Steuerung und Überwachung eines Parkleitsystems sind unterschiedliche Konzepte denkbar. Die Wahl eines geeigneten Konzepts hängt ab von der Ausdehnung des zu beeinflussenden Netzbereichs, von der zur Verfügung stehenden Steuerungshardware und der Zielsetzung der geplanten Maßnahme. Soll die Steuerung allein in Abhängigkeit von der Belegung der angeschlossenen Parkflächen erfolgen, so kann ein allein auf elektrischen Zählimpulsen aufgebautes, fest vorgegebenes Verfahren eingesetzt werden. Soll auch die Verkehrssituation im benachbarten Straßennetz berücksichtigt werden oder ist sogar ein Zusammenwirken mit anderen Beeinflussungsmaßnahmen geplant, so sollten Verkehrsrechner mit entsprechender Software eingesetzt werden.

6.2 Realisiertes Aachener System

Das in Aachen seit 1971 eingesetzte Parkleitsystem wird über eine fest vorgegebene Entscheidungslogik gesteuert: Zähleinrichtungen registrieren die ein- und ausfahrenden Fahrzeuge, die durch Induktionsschleifendetektoren oder über Kontakte der Parkscheingeber erfaßt werden. Mit Hilfe von Differenzzählern wird kontinuierlich die Anzahl der freien Parkstände registriert und angezeigt. Die Zähleinrichtungen (Ausgangsstellung = verfügbare Stellplatzzahl) sind so konstruiert, daß der von jedem einfahrenden Fahrzeug erzeugte Impuls den Zählerstand um eins verringert, während die Impulse der ausfahrenden Fahrzeuge den Zählerstand erhöhen. Ist eine Parkfläche besetzt, so durchläuft der Zähler den Nullwert und schaltet damit den Strom ab.
Zur Steuerung der beiden unterschiedlichen Wechselverkehrszeichen (Leit- und Anzeigeeinrichtung) ist jede Parkfläche mit zwei Differenzzählwerken ausgestattet. Ein Zähler ist mit einem von drei übergeordneten Steuergeräten verbunden, wo der Steuerbefehl entweder direkt umgesetzt oder gespeichert wird, während der andere Zähler direkt die Schaltung des jeweiligen Besetzt/Frei-Transparents an der Einfahrt übernimmt. Der Schwellenwert für die Schaltung der Hinweispfeile der Leiteinrichtung wird in Form eines sogenannten Vorlaufs eingestellt. Die Zählerstände der beiden Differenzzähler weisen daher immer eine Differenz auf, die zu einer vorzeitigen Ausschaltung der Pfeilsymbole vor der eigentlichen Füllung der Parkfläche führt. Je nach Entfernung des letzten direkt auf eine Parkfläche hinweisenden Pfeilsymbols beträgt diese Differenz der beiden Zähler zwischen 5 und 20 Fahrzeuge. Beide Differenzzähler sind mit Korrekturtasten ausgerüstet, damit eventuelle Um- oder Nachjustierungen vorgenommen werden können. Eine unmittelbare Ausschaltung eines Pfeils erfolgt

aber nur, wenn der entsprechende Pfeil nur auf diese belegte Parkfläche hinweist, bzw. wenn auch schon die übrigen mit diesem Pfeil verknüpften Parkflächen belegt sind.

In Aachen wurde ein dezentrales Steuerungssystem mit drei Steuergeräten in drei Unterzentralen installiert. An jedes Steuergerät konnten bis zu 10 Parkflächen mit ihren Erfassungssystemen und bis zu 16 Parkleitsystem-Hinweistafeln angeschlossen werden. Die Unterzentralen sind über eine Ringleitung untereinander verbunden, mit der über Stichleitungen die Systemteile der einzelnen Parkflächen verbunden sind. Über die Ringleitung werden die Steuergeräte über den Besetzt/Frei-Zustand sämtlicher an das Parkleitsystem angeschlossenen Parkflächen informiert. Die Unterzentralen übersetzen in Empfängerbaugruppen die von den Parkplatzzähleinrichtungen ankommenden Belegungszeichen und leiten sie an Programmrangierbaugruppen weiter, die wiederum mit Befehlsumsetzern verbunden sind. Über die Befehlsumsetzer werden in den Wechselverkehrszeichen die gewünschten Pfeilsymbole angesteuert. Die Steuerung des gesamten Systems ist auf eine Gleichspannung von 60 V ausgelegt.

Im Rücklauf, d. h. beim Entleeren der Parkanlagen, werden die Richtungspfeile erst wieder eingeschaltet, wenn ein maßgebender Belegungsgrad unterschritten wird und wieder genügend freie Stellplätze angeboten werden können. Die Einführung dieser *„Dämpfung"* in den Anzeigen beim Wiederfreiwerden von Stellplätzen ist notwendig, um zu vermeiden, daß unter Hochbelastung an einer Parkanlage ein ständiger Wechsel des Anzeigezustandes stattfindet.

Die realisierte Aachener Konzeption erlaubte keine zentrale Überwachung der Wirkungsweise des Gesamtsystems sowie der Funktion und Anzeigenzustände der einzelnen Elemente. Beispielsweise konnten Glühlampendefekte in den Wechselverkehrszeichen nur vor Ort festgestellt werden.

6.3 Konzeption für eine Steuerung mit einem Verkehrsrechner

Aufgrund mehrjähriger Erfahrungen mit dem vorab beschriebenen System sollte die Konzeption überarbeitet werden mit der Zielsetzung, eine flexible Handhabung und genauere Steuerung zu erreichen und eine zentrale Überwachung zu ermöglichen. Ferner sollte die Einpassung eines Parkleitsystems in andere innerstädtische Lenkungsmaßnahmen und seine Verknüpfungsmöglichkeiten untersucht werden. In einem Forschungsauftrag [9] wurden dazu die Steuerungskriterien erarbeitet, ein Steuerungsmodell entwickelt und eine entsprechende Hardwarekonfiguration beschrieben.

An die *Steuerungskriterien* sind folgende Anforderungen zu stellen:

1. Sie sollen verkehrstechnische Größen sein, die den Verkehrsablauf vor dem Parkvorgang (Anfahrt auf einer Zufahrtsstraße, Parkplatzsuche, Parkplatzzufahrt), den Zustand eines Parkplatzes (Belegung) und auch den Verkehrsablauf nach einem Parkvorgang (Parkplatzausfahrt, Abfahrt auf der Straße) beschreiben.

2. Sie müssen über ein Datenerfassungssystem meßbar oder indirekt über Einflußgrößen berechenbar sein.

Die ermittelten Werte der Steuerungskriterien werden mit vorgegebenen Schwellenwerten verglichen, um eine Entscheidung über eine eventuell zu treffende Schaltung der Wechselverkehrszeichen zu finden. Die Anzeige an den Einfahrten ist von der Belegung der jeweiligen Parkfläche abhängig. Die Belegung B kann bei vorheriger Kenntnis der sich auf dem Parkplatz befindlichen Fahrzeuge Q_V durch die Differenz von Zufluß Q_P und Abfluß Q_A zur Zeit t aktuell ermittelt werden:

$$B(t) = Q_V + Q_P(t) - Q_A(t) \text{ in Fz.}$$

Parkplatzzufluß Q_P und -abfluß Q_A können über Erfassungseinrichtungen (z. B. Induktionsschleifen in den Zu- und Abfahrtsrampen) in beliebigen Zeitintervallen ermittelt werden. Die Bestimmung des Kriteriums Belegung kann zwar ohne Schwierigkeiten vorgenommen werden, da die Einflußgrößen ebenfalls sehr einfach quantifiziert werden können, die Anzeige an den Leiteinrichtungen erfolgt jedoch in bestimmten Abständen vor dem Parkplatz. Für die Überwindung der Strecke Leiteinrichtung — Parkplatz wird also Zeit benötigt, so daß die Information (*Pfeil ein* oder *Pfeil aus*) auf einem prognostizierten Belegungswert beruht, den der Kraftfahrer nach einer Fahrzeit am Parkplatz antreffen wird. Dieses Kriterium wird die Belegungserwartung BE genannt und setzt sich zusammen aus der Belegung B des Parkplatzes und einem Wert Q_{PE} (Parkerwartung), der sowohl die Anzahl der Fahrzeuge berücksichtigt, die sich zwischen der Leiteinrichtung und dem Parkplatz befinden und den Parkplatz anfahren wollen als auch die, die im gleichen Zeitraum den Parkplatz verlassen.
Die Parkerwartung Q_{PE} für einen Parkplatz wird durch mehrere Einflußgrößen bestimmt. Diese Faktoren sind sehr komplexer Art und können nur zum Teil durch Detektoren automatisch gemessen werden. Im übrigen müssen sie durch Vorhermessungen oder Befragungen bestimmt werden, so daß sie dem Steuerungsmodell vorgegeben werden können.
Im Rahmen der Steuerung eines Parkleitsystems ist es auch möglich, den Zufluß aus vergangenen Intervallen nachträglich zu analysieren, da die Anzahl der Fahrzeuge zwischen Leiteinrichtung und Parkplatz und die tatsächlich in den Parkplatz eingefahrenen Fahrzeuge bekannt ist. Der tatsächliche Zufluß des vergangenen Intervalls kann dann dazu benutzt werden, den Prognose*zu*fluß für das bevorstehende Intervall unter Berücksichtigung der sich verändernden Fahrzeugmenge zwischen Leiteinrichtung und Parkplatz zu prognostizieren. Der Prognose*ab*fluß kann ebenfalls mit Hilfe des bekannten Abflusses des letzten Intervalls geschätzt werden.
Als ein weiteres Kriterium zur Steuerung der Leiteinrichtungen kann die Rückstaulänge vor Parkplätzen herangezogen werden. Rückstau kann entstehen, wenn der Parkplatz voll belegt ist (und die Anzeigeeinrichtung auf *besetzt* geschaltet ist), oder der Parkplatz noch freie Plätze hat (und die Anzeigeeinrichtung auf *frei* geschaltet ist), der Zufluß zum Parkplatz aber so stark ist, daß die Leistungsfähigkeit der Parkplatzeinfahrt überschritten wird. Durch den Rückstau kommt es dann zu Behinderungen des fließenden Verkehrs. Diese Beeinträchtigungen können eventuell vermieden werden, wenn durch rechtzeitiges Ausschalten der Hinweispfeile der Leiteinrichtung weitere Parkplatzsuchende davon abgehalten werden können, diesen Parkplatz anzufahren.
Die verschiedenen Vorgänge werden in einem Steuerungsmodell zusammengefaßt.
Die Aufgaben des Steuerungsmodells für ein Parkleitsystem:

— Messen von relevanten Größen, die eine Änderung der Anzeigen bewirken können,
— Berechnen von Steuerungskriterien,

— Vergleichen der berechneten Kriterien mit Schwellenwerten und

— Bestimmen einer Anzeige

lassen sich als Glieder eines Regelkreises darstellen, dessen Einzelelemente an anderer Stelle [9] beschrieben sind. Der für das Modell entwickelte Steuerungsalgorithmus (Bild 8) kann als ein Teil des Regelkreises angesehen werden.

Damit die Informationen der Wechselverkehrszeichen zutreffen, müssen die Grundlagen für die Ermittlung, ihre Berechnung und ihre Weitergabe an den Verkehrsteilnehmer fortlaufend aktualisiert werden. Dies geschieht in vorher zu bestimmenden, gleichbleibenden Zeitabschnitten.

Der Steuerungsalgorithmus soll anhand von Bild 8 erläutert werden. Über Detektoren werden an den Ein- und Ausgängen der drei aufeinanderfolgenden Systeme *Straße, Zufahrtsrampe* und *Parkplatz* Meßdaten erhoben. Diese Daten — Verkehrsstärke im Querschnitt LE (Leiteinrichtung), Zu- und Abfluß der Zufahrtsrampe bzw. des Parkplatzes — werden dem Steuerungsprogramm mitgeteilt. Hier werden aus diesen Meß-

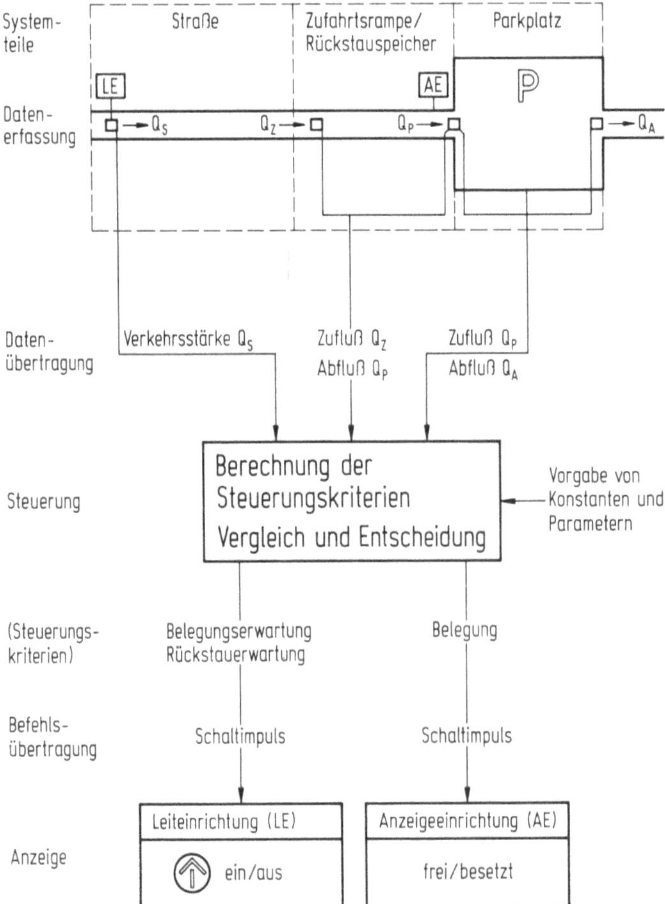

Bild 8. Steuerungsalgorithmus für ein Parkleitsystem

daten die für das Berechnungsintervall geltenden Werte der Steuerungskriterien (z. B. Belegung) errechnet. Für jede Schaltung der Wechselverkehrszeichen sind Schaltkriterien vorgegeben (z. B. durch Schwellenwerte), die in jedem Intervall auf ihre Wirksamkeit überprüft werden. Bei einem Schaltwunsch wird ein Schaltimpuls an die Anzeige- bzw. Leiteinrichtung gegeben.

Für den Steuerungsalgorithmus müssen vorab die konstanten Vorgaben wie Fassungsvermögen der angeschlossenen Parkflächen, Streckenlängen zwischen Erfassungsquerschnitten und Anzeigequerschnitten und Leistungsfähigkeiten der Zufahrtsstraßen sowie die variablen Vorgaben wie Schwellenwerte für Anzeigeeinrichtung und Leiteinrichtung, für das Berechnungsintervall und Prognoseintervall ermittelt und eingegeben werden. Als weitere Vorgabe ist eine Schaltbedingungsmatrix erforderlich, die die Verknüpfung der Hinweispfeile der Leiteinrichtung mit den Parkflächen angibt. Diese Matrix baut auf der bei der Planung ermittelten (Bild 5) Matrix auf, für die bei jeder Verknüpfung (Kreuz in Bild 5) und für jeden Wechselwegweiserstandort ein Zahlenwert eingetragen wird, der den Anteil der zu der bestimmten Parkfläche fahrenden Fahrzeuge angibt.

Die Belegung eines Parkplatzes ist die Summe aller Fahrzeuge, die aus den verschiedenen Richtungen auf den Parkplatz zufahren. Die aus den einzelnen Richtungen eintreffenden Fahrzeuge werden sich je Richtung und je Standort der Leiteinrichtungen unterscheiden. Dabei kann bei der Berechnung der Belegungserwartung BE für eine bestimmte Leiteinrichtung nur der an ihr vorbeifahrende Anteil des prognostizierten Parkplatzzuflusses als maßgebend angesehen werden. Die Anteilfaktoren a_n müssen vor Beginn der Steuerung in der Schaltbedingungsmatrix festgestellt werden und bestimmen die Anzahl der Fahrzeuge an der Gesamtbelegung eines vollbesetzten Parkplatzes. Zur Prognose der Rückstauerwartung SE ist darüber hinaus noch die Kenntnis der zugehörigen Rückstauspeicher notwendig.

Die ständige Aktualisierung der Anzeigen erfordert eine permanente Datenerfassung und -übertragung an das Steuerungsprogramm. Die Berechnung der Steuerungskriterien Belegung, Belegungserwartung und Rückstauerwartung erfolgt in vorgegebenen Zeitschritten. Durch den Vergleich der ermittelten Werte mit vorgegebenen Schwellenwerten wird ein bestehender Schaltzustand der Anzeige- bzw. der Leiteinrichtungen innerhalb eines definierten Zeitintervalls — des Berechnungs- bzw. des Prognoseintervalls — auf seine Berechtigung für das nächste Intervall überprüft und entweder verlängert oder geändert.

6.4 Anlagenkonfiguration

Während bei dem in Aachen realisierten Parkleitsystem nur in Abhängigkeit von der Belegung der angeschlossenen Parkflächen gesteuert wird, bezieht das beschriebene Steuerungsverfahren auch den Zufluß im Straßennetz ein. Folglich sind auch die Zufahrtsstraßen mit Erfassungssystemen auszurüsten. Der Erfassungsquerschnitt D_S (Bild 9) ist durch den Standort der Leiteinrichtung vorgegeben. Der Erfassungsquerschnitt D_z begrenzt — von der Parkfläche her gesehen — das Ende des zugehörigen Stauspeichers. Da dem Steuerungsmodell eine mikroskopische Betrachtungsweise des Verkehrsablaufs zugrunde liegt und die Entscheidungen für die Schaltzustände in

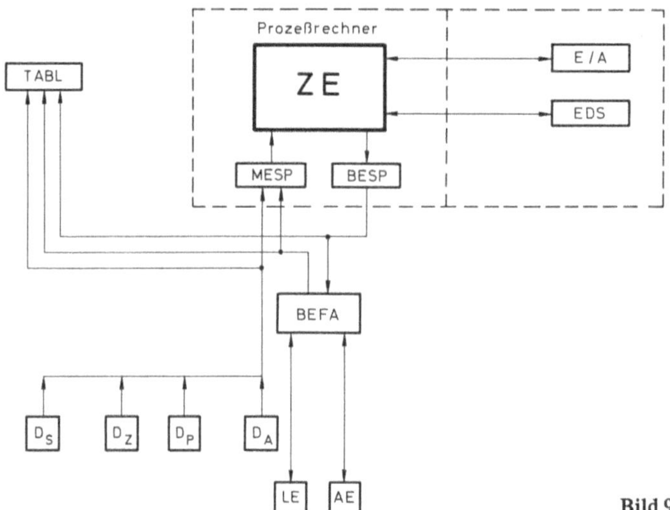

Bild 9. Anlagenkonfiguration

Zeitschritten von Sekunden getroffen werden, ist an den einzusetzenden Prozeßrechner die Anforderung zu stellen, daß die Aufbereitung der Meßdaten, eine Bearbeitung des Steuerungsalgorithmus und die Realisierung der Entscheidung im Sekundentakt möglich ist.

Die vorgeschlagene Konzeption erfordert ferner gute Überwachungsmöglichkeiten für die Funktionsfähigkeit aller Systemteile und Eingriffsmöglichkeiten zur einfachen Versorgung, Änderung und Ein- bzw. Ausschaltung des Steuerungsmodells. Diese Anforderungen werden von einer Zentralsteuerung erfüllt, die mit einem freiprogrammierbaren Prozeßrechner und mit entsprechenden peripheren Geräten ausgestattet ist (Bild 9).

Der Rechner sollte folgende Funktionen erfüllen:

— Überwachung der Erfassungs- und Anzeigenfunktion für jede angeschlossene Parkfläche,
— Überwachung der Anzeigefunktion der angeschlossenen Wechselwegweiser,
— Anzeige und Überwachung von Stausituationen für kritische Zufahrtsbereiche,
— Anzeige, Überwachung und Vorausberechnung des Belegungsgrades für einzelne Parkflächen,
— Steuerung der Wechselwegweiser und Wechselanzeigen an den verschiedenen Parkflächen in Abhängigkeit von der Belegung,
— Speicherung, Auswertung und Darstellung von Verkehrs- und Schaltzuständen sowie
— Bereitstellung von Informationen für parallele Beeinflussungsmaßnahmen sowie Park and Ride.

In Bild 9 ist eine Anlagenkonfiguration dargestellt, die aus folgenden Elementen besteht:

— einem freiprogrammierbaren Speicherbereich in der Zentraleinheit (ZE) zur Aufnahme des Steuerungsmodells (Programm und Versorgungsdaten),

— einem Betriebsprogramm zur Steuerung des Programmablaufs,
— Zugriffs- und Beeinflussungsmöglichkeiten (BESP) für die Anzeige- und Leiteinrichtungen (LA, LE) der Parkplätze,
— Verarbeitungs- und Speichermöglichkeit (MESP) für von den Detektoren (D) auf-
genommene Meßwerte.

Desweiteren ist ein Ein-/Ausgabe-Bedienungsgerät (E/A), ein externer Datenspeicher
(EDS) sowie ein Tableau (TABL) vorgesehen. Abweichend von dieser Darstellung werden heute bei derartigen Anlagen verstärkt interaktive Bildschirmsysteme eingesetzt,
die eine Überwachung und Eingriffsmöglichkeiten erlauben. Obwohl eine automatische Steuerung vorgesehen ist, sollte auch die Möglichkeit manueller Eingriffe gegeben sein, um bei etwaigen Verkehrsstörungen — die der Zentrale beispielsweise über
Funk oder telefonisch von der Polizei mitgeteilt werden — durch Anwahl eines bestimmten, vorprogrammierten Signalisierungsprogramms mit geänderter Parkhaus-
Zielführung, dennoch einen ungestörten Verkehrsablauf für den Parkplatzsuchverkehr
zu erreichen. Diese Eingriffe lassen sich ebenfalls über einen interaktiven Bildschirm
durchführen.
Die vorab beschriebene Strategie und Anlagenkonfiguration ist für engvermaschte, innerstädtische Netze ausgelegt. Für engbegrenzte Bereiche und für spezielle Parkleitsysteme sind auch einfachere Lösungen denkbar. Die großen Fortschritte der Micropro-
zessortechnik in den letzten Jahren ermöglichen auch bei Parkleitsystemen neue
Anwendungsmöglichkeiten. In innerstädtischen Bereichen dürfte es u. U. möglich
sein, vorhandene Verkehrsrechner zur Steuerung der Lichtsignalanlagen auch für die
Steuerung eines Parkleitsystems heranzuziehen. Dazu ist die jeweilige Auslastung zu
überprüfen.

7 Zusammenwirken mit anderen Verkehrsbeeinflussungssystemen

Wesentlich bei Parkleitsystemen ist, daß sie den Charakter einer Richtungsempfehlung, also keinen Gebots- oder Verbotscharakter haben. In diesem empfehlenden Charakter eines Parkleitsystems, und damit in der Annahmebereitschaft der Kraftfahrer, liegt auch vor allem die Problematik bei einem solchen System. Ein Zusammenwirken anderer Maßnahmen in Verbindung mit dem Parkleitsystem ist somit i. w. durch eine Unterstützung des empfehlenden Charakters des Parkleitsystems gekennzeichnet.
Als ergänzende Maßnahmen kommen in Frage:

— variable Abbiegeverbote,
— zeitweilige Sperrung von Verkehrsflächen (allgemein oder nur für bestimmte Verkehrsarten),
— Wechselwegweisung,
— Fahrstreifensignalisierung,
— verkehrsabhängige Signalsteuerung (einschließlich Zu- oder Abschalten von Signalgruppen für bestimmte Richtungen),
— Dosierung des Zuflusses durch Pförtneranlagen,
— akustische Information über Rundfunk.

Weitere Maßnahmen sind denkbar in Verbindung mit Park-and-Ride-Systemen (vgl. Kap. 8.).
Soll der empfehlende Charakter des Parkleitsystems aufrecht erhalten werden, so muß dies auch für die zur Integration herangezogenen Maßnahmen gelten. Lenkungsmaßnahmen mit eindeutig empfehlendem Charakter sind von den angeführten Maßnahmen daher nur die der Wechselwegweisung und die Informationen über Rundfunk. In extremen Situationen und unter Berücksichtigung spezieller örtlicher Gegebenheiten sind jedoch auch einige der übrigen Maßnahmen sinnvoll. Dies gilt vor allem für Knotenpunkte in unmittelbarer Nähe der Parkhäuser, wo u. U. durch variable Abbiegeverbote oder variable Verbote der Einfahrt in die Zufahrtsstraßen bei Belegung der Parkhäuser die empfehlenden Hinweise des Parkleitsystems unterstützt werden können.
Auch Maßnahmen, die eine zügige Entleerung von Parkhäusern ermöglichen, sind bei Bedarf zu berücksichtigen. Dies kann z. B. geschehen durch verkehrsabhängige Schaltung entsprechender Signalprogramme an Nachbarknoten zu Parkhäusern oder Freihaltung einer Spur vom übrigen Verkehr zur flüssigen Einfädelung der das Parkhaus verlassenden Fahrzeuge. Maßnahmen der Integration des Parkleitsystems in die verkehrsabhängige Signalsteuerung können nur unterstützenden Charakter haben. Es ist dabei zu prüfen, inwieweit eine Einschränkung der Grünphasen einiger Lichtsignalanlagen für den Verkehrsfluß innerhalb städtischer Verkehrsnetze zu vertreten ist, oder ob eine solche Maßnahme zu starke Auswirkungen auf den nicht parkplatzsuchenden Anteil des Gesamtverkehrs hat. Die Maßnahme der Grünzeiteinschränkung erscheint nur sinnvoll, wenn gleichzeitig für den zuströmenden Verkehr eine Alternative mit

einer verlängerten Grünzeit angeboten wird. Voraussetzung für den Erfolg ist weiter, daß ein großer Anteil parkplatzsuchender Fahrzeuge vorliegt, der auch bereit ist, der angebotenen Wegweisung durch die Pfeile der Leiteinrichtung zu folgen. Durchführbar ist die Maßnahme jedoch nur an den Knotenpunktzufahrten, die zu jedem Hinweispfeil einer Leiteinrichtung entsprechende Spurensignalisierungen aufweisen.

Da durch das Parkleitsystem nur ein bestimmter Anteil der Verkehrsteilnehmer — nämlich der der parkplatzsuchenden — angesprochen wird, ist eine Verknüpfung des Parkleitsystems mit anderen Steuerungsmaßnahmen, die gebietenden Charakter haben, teilweise nicht sinnvoll oder nicht möglich. Dies gilt vor allem deshalb, weil die Kraftfahrer, die sich nicht auf Parkplatzsuche befinden, nicht durch restriktive Maßnahmen bestraft werden dürfen, die ausschließlich für die Parkplatzsuchenden gedacht sind.

8 Einbeziehung von Park-and-Ride-Anlagen

Wie bereits eingangs angesprochen, schafft ein Parkleitsystem keinen neuen Parkraum, sondern kann nur eine optimale Verteilung bewirken. Für die Funktion eines Parkleitsystems ist daher immer eine gewisse Reserve an freien Parkständen innerhalb der Gesamtheit der angeschlossenen Parkflächen erforderlich. Ist nun der gesamte Parkraum nahezu erschöpft, so sollte die weitere Einfahrt von Parkplatzsuchenden zur Innenstadt reduziert werden. Dies kann erreicht werden durch variable Informationsschilder an den Einfallstraßen, die auf die Parksituation im Innenstadtbereich hinweisen, die Benutzung von öffentlichen Verkehrsmitteln empfehlen und den parkplatzsuchenden Verkehr zu Stadtrandparkplätzen in der Nähe von Haltestellen lenken. Gute Möglichkeiten ergeben sich dafür in Städten, die bereits über Park-and-Ride-Anlagen verfügen. Kleinere Städte sollten für Stadtrandparkplätze in der Nähe von Haltestellen sorgen, an denen z.B. bereits die Buslinien gebündelt vorbeigeführt werden, so daß etwaigen Parkern häufige Busverbindungen angeboten werden können.
Es sollte angestrebt werden, daß die Reisezeit bis zum Ziel mit dem Bus, einschließlich der Übergangs- und Wartezeit, geringer ausfällt als bei Benutzung des eigenen Pkw, einschließlich des Zeitbedarfs für Parkplatzsuche. Während in einem solchen Fall dem P + R-Benutzer der Vorteil deutlich wird, ist für die Allgemeinheit auch bereits schon ein Vorteil gegeben, wenn eine solch günstige Relation nicht erreicht werden kann. Ein Beispiel für ein entsprechendes variables Informationsschild ist in Bild 10 gegeben.

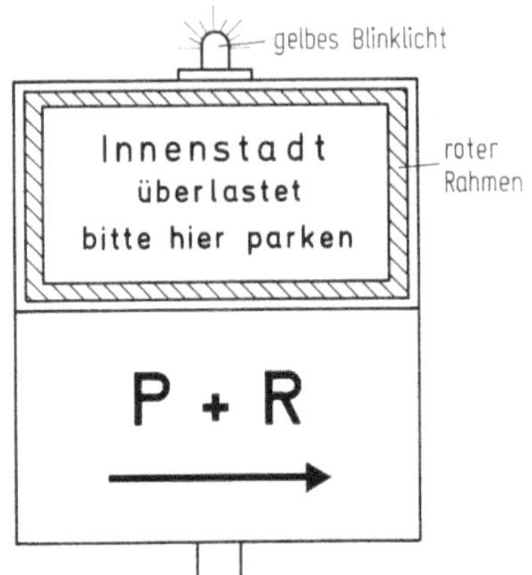

Bild 10. Variables Informationsschild an den Einfallstraßen

9 Einsatz von Parkleitsystemen außerhalb von städtischen Bereichen

Wie bereits dargestellt, beschränkt sich der Einsatz von Parkleitsystemen auf Gebiete mit knappem Parkplatzangebot. In den meisten Fällen sind dies die Ballungsgebiete, und hier besonders die zentralen Bereiche des Einkaufsverkehrs, wobei die Größenordnung der Stadt selbst keine Rolle spielt. Andererseits kommen jedoch auch andere Gebiete in Frage, die durch ihre Attraktivität einen erheblichen Zielverkehr hervorrufen. Hierzu sind zu zählen:

— Flughäfen,
— Fährschiffhäfen,
— Freizeitparks,
— Skigebiete,
— Messe- und Ausstellungsgelände,
— historische Stätten,
— Sportstätten.

Voraussetzung ist hier, daß zumindest zwei unabhängige Parkanlagen vorhanden sind.

Neben einer Anzahl von Städten, in denen Parkleitsysteme mittlerweile existieren, sind auch Planungen für Parkleitsysteme in ländlichen Gebieten für Freizeitverkehr durchgeführt worden [10]. Die Parkplätze in diesen Gebieten zeichnen sich meistens dadurch aus, daß sie alle an einer Zufahrtsstraße liegen, somit die Fahrtrouten festliegen und im Gegensatz zu innerstädtischen Parkleitsystemen keiner Untersuchung bezüglich einer Optimierung (vgl. Kap. 4.) bedürfen. Da die Leitung zu freien Parkplätzen hier eine sehr untergeordnete Rolle spielt, und die Information über den Belegungsgrad der einzelnen Parkplätze hauptsächlich Ziel dieser Systeme darstellt, werden sie auch als Parkplatzinformationssysteme bezeichnet.

Die Steuerungsstrategie und die Hardwarekonfiguration für ein solches System ist ebenfalls bedeutend einfacher als bei dem in den vorangehenden Kapiteln beschriebenen. Bild 11 gibt dazu ein Beispiel.

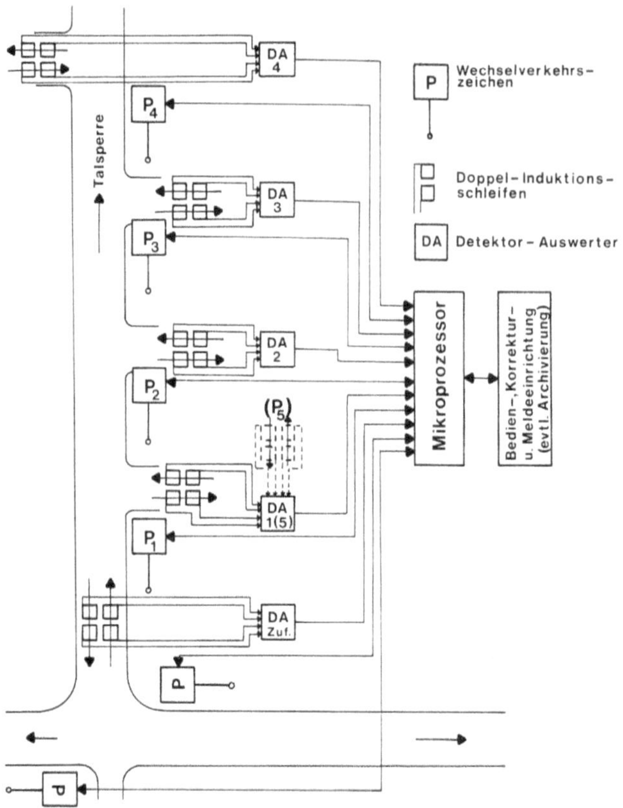

Bild 11. Blockschema einer Anlagenkonfiguration für ein Parkplatzinformationssystem

10 Literatur

 1 Hedler, G.; Linde, R.: Parken in Städten. München: Schriftenreihe Straßenverkehr des ADAC, Heft 12 o. J.
 2 Straßenverkehrs-Ordnung (StVO) mit Allgemeiner Verwaltungsvorschrift (Vwv). Verkehrsblatt-Verlag, August 1980
 3 Schneider, H.-W.: Die Zielspinne als Grundlage der städtischen Wegweisung. Straßenverkehrstechnik 6 (1973) 204–207
 4 Derse, K.-E.: Das Parkleitsystem der Stadt Aachen. Köln: OECD-Symposium: Verbesserung der Verhältnisse in Städten durch Beschränkung des Individualverkehrs 1971
 5 Emde, W.; Heusch, H.: Anwendungsbereich und Untersuchung von Auswirkungen eines Parkleitsystems. Forschungsauftrag des Bundesministers für Verkehr 1974
 6 Everts, K.: Parkleitsystem — Systementwicklung und Erfahrung. Hamburg: Vortrag vor dem VSVI 1974
 7 Derse, K.-E.: Das Parkleitsystem in Aachen, Aufgabe und Wirkungsweise. Tokio, Japan: Ausarbeitung anläßlich des internationalen Symposiums „Road and Traffic in Urban Areas" 1979
 8 Boesefeldt, J.; Kunze, W.; Schneider, H.-W.: Parkleitsystem Aachen, Überarbeitung der Konzeption, Im Auftrag der Stadt Aachen 1981
 9 Lennertz, H.; Philipps, P.: Untersuchung zur Entwicklung eines Steuerungsmodells für Parkleitsysteme. Forschungsauftrag des Bundesministers für Verkehr 1976
10 Heusch, H.; Schneider, H.-W.: Freizeitpark Netphen, Parkplatzinformationssystem, Im Auftrag der Gemeinde Netphen 1980

Sachverzeichnis

MIX
Papier aus verantwortungsvollen Quellen
Paper from responsible sources
FSC® C105338

If you have any concerns about our products,
you can contact us on
ProductSafety@springernature.com

In case Publisher is established outside the EU,
the EU authorized representative is:
Springer Nature Customer Service Center GmbH
Europaplatz 3, 69115 Heidelberg, Germany

Printed by Libri Plureos GmbH
in Hamburg, Germany